砂と人類

いかにして砂が文明を変容させたか

THE WORLD IN A GRAIN
The Story of Sand and How It Transformed Civilization

ヴィンス・バイザー
藤崎百合 訳

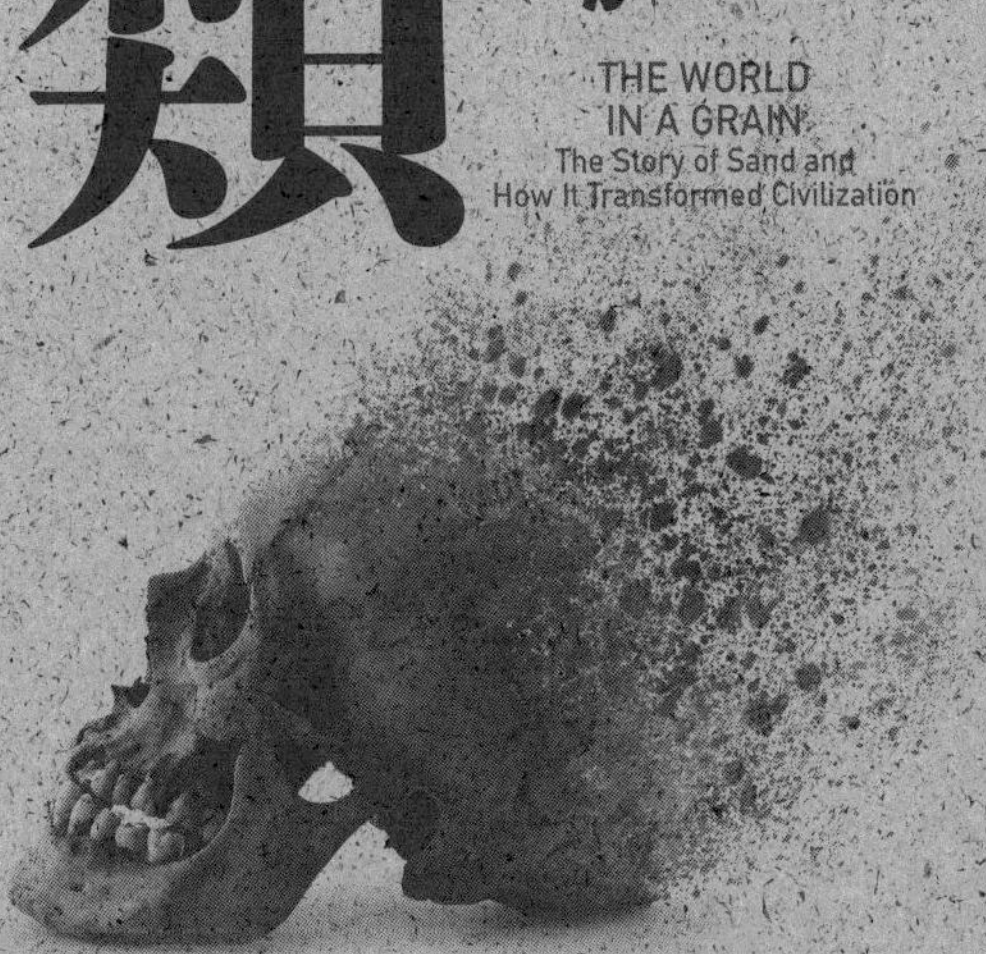

草思社

砂と人類

砂と人類 目次

第1章 世界で最も重要な固体

第1部 砂はいかにして20世紀の工業化した世界をつくったのか 047

第2章 都市の骨格 049

第11章 砂を越えて

The World in a Grain

The Story of Sand and How It Transformed Civilization

by

Vince Beiser

This edition published by arrangement with Riverhead Books, an imprint of Penguin Publishing Group, a division of Penguin Random House LLC through Tuttle-Mori Agency, Inc., Tokyo

第1章 世界で最も重要な固体

現代都市を形づくる主原料

本書の主役は、誰からもほとんど顧みられないのに、誰もそれなしでは生きられないものである。それは世界で最も重要な固体であり、現代文明の、文字どおり土台をなす物質なのだ。

その物質とは、砂である。

砂？　どうしてこんな、物質のなかでもことさら地味で、ちっぽけで、そこらじゅうにあるようなものが重要だというのだろうか。

実は、砂は、現代の都市を形づくる主原料なのだ。都市にとっての砂とは、パンにとっての小麦粉、人体にとっての細胞にあたる。この、目には見えないけれども基本となる材料によって、私たちの多くが暮らす建築環境の大部分がつくられている。

砂は私たちの日々の暮らしの中心にある。今いる場所で、あたりを見回してほしい。足下には床があり、周囲を壁で囲まれ、頭上には屋根があるのではないだろうか。それらの少なくとも一部にコンクリートが使われている可能性はかなり高い。では、このコンクリートとは何だろうか？　要は、砂と砂利をセメントで固めたものである。

窓から外を見てみよう。目に映るすべての建物も、やはり砂でできている。その窓ガラスもそうだし、すべての建物を結んでいる何キロも続くアスファルトの道路も砂でできている。さらに、ノートパソコンやスマートフォンの頭脳であるシリコンチップも、原料は砂だ。今いる場所がサンフランシスコの中心街やシカゴのレイクフロント、香港の国際空港ならば、あなたの足下のその地面は、水底から採取された砂で造成された人工の土地だろう。私たち人間は、無数の砂粒をくっつけてはそびえ立つ構造物を組み上げ、砂粒の分子をばらばらにしては小さなコンピューターチップをつくっているのだ。

アメリカには、巨万の富を砂の上に築いた人々がいる。20世紀のアメリカで屈指の富と権力を誇った実業家、ヘンリー・J・カイザーが最初に手掛けた商売は、北米の太平洋岸北西部の道路建設業者に砂や砂利を売ることだった。また、ヘンリー・クラウンは、一時期エンパイア・ステート・ビルディングを所有していた億万長者だが、彼自身の帝国《エンパイア》の最初の礎となったのは、シカゴの超高層ビル群を建設していた開発業者に売った、ミシガン湖から採取した砂であった。現在、全世界の建設産業によって消費される砂は、毎年およそ１３００億ドル[1]相当にのぼる。

砂は私たちの文化的な意識の奥深くにも入り込んでいる。言語も、砂であふれており、たとえば英語では「砂に線を引く」し、「砂の城を築く」し、「砂に自分の頭を埋める」のだ（それぞれ、「譲れない一線を示す」、「砂上の楼閣」、「困難を直視しようとしない」の意）。中世ヨーロッパでは（そしてメタリカの名曲でも）、サンドマンと呼ばれる眠りの精によって人々は安らかな眠りへと誘《いざな》われていた。それが現代の神話になると、サンドマンはDCコミックスではスーパーヒーローとなり、マーベル・コミックでは恐るべき悪役となった。西アフリカから北アメリカまで、土着文化の創世神話において、砂は土地を生み出す元素として描かれている[2]。チベット仏教の僧侶やナバホ族の砂絵師は何世紀にもわたり砂絵を描いてきた。「砂時計を落ちる砂のように、私たちの人生《デイズ・オブ・アワ・ライブス》の日々も過ぎてゆくのです」、アメリカの有名メロドラマはこの言葉に合わせて番組のタイトルが映し出される。ウィリアム・ブレイクは私たちに「ひと粒の砂に世界を見る」ようにと促し、パーシー・ビッシュ・シェリーは、王たちのなかで最も強大な者でさえも、滅び、忘れ去られ、あたりには「寂莫たる平らかな砂が果てしなく広がる」のみだと私たちに思い起こさせる。砂は極微かつ無限であり、ものをはかる尺度でありながら、はかり知れないものなのだ。

砂は何世紀ものあいだ、いや、何千年ものあいだ、私たちにとって重要な存在だった。少なくとも古代エジプトの時代には、人々は建設のために砂を使っていた。15世紀にイタリアの職人が砂を完全に無色透明なガラスへと変える方法を発見したことで、顕微鏡や望遠鏡をはじめとするさまざまな技術が発達して、ルネサンスの科学革命が推し進められたのだ。

しかし、人々が実際に砂の能力を最大限に引き出し、とてつもない規模でそれを利用し始めたのは、20世紀にさしかかる前後数十年のあいだに、工業化が進んだ近代的な社会が誕生してからのことだった。それまでは、広く使われていたとはいえ職人が用いる材料にすぎなかった砂が、この時期に、文明にとって必要不可欠な構成要素へと生まれ変わった。砂は、急増する人口が必要とする大量生産の建造物や製品をつくるための主原料となったのである。

20世紀の初めには、たとえば集合住宅やオフィスビル、教会、宮殿、要塞など、世界の大規模な建造物のほぼすべてが、石やレンガ、土、木材でつくられていた。そのような建築の場合、世界一高い建物でも階数はせいぜい10階に過ぎなかった。道路には主として砕石が敷かれていたが、まったく舗装されていない道のほうが多かった。窓や食器に使われるガラスはかなり珍しい高価な贅沢品だった。だが、コンクリートやガラスの大量生産と普及によって状況は一変し、工業化が進んだ世界において、人々の暮らし方や生活空間は様変わりすることとなった。

そして、21世紀近くになると、砂の使用量が再び激増した。昔からあるニーズだけでなく、新たに生じたニーズを満たすためである。コンクリートとガラスは、富裕な西側諸国から全世界へとその版図を急激に拡大し始めていた。それとほぼ同時期に、砂からつくられたシリコンチップや高性能のハードウェアを基盤とするデジタルテクノロジーによって、途方もない規模で、なおかつ日常生活のレベルで、世界経済が再構築され始めたのだ。

私たちの生活を支える砂

今日のあなたの生活は砂に依存している。意識していないかもしれないが、そこらじゅうにある砂のおかげで、あなたの生活スタイルが成り立っている。それも、ほとんどあらゆる瞬間においてである。私たちは砂のなかで暮らし、砂の上を移動し、砂を使って連絡をとりあい、自ら砂のなかに身を置いているのだ。

あなたが今朝目覚めた場所がどこであっても、少なくとも部分的には砂が使われた建物のなかだったに違いない。たとえ壁がレンガや木材でつくられているとしても、その土台はおそらくコンクリートだろう。表面にモルタルが塗られているかもしれないが、モルタルも大部分は砂なのだ。壁の塗料に、耐久性を高めるため、非常に細かいケイ砂《しゃ》が含まれていることもよくある。塗料の明るさを増し、吸油性を高め、色むらをなくすために、他のタイプの高純度の砂を混ぜる場合もある[3]。

あなたは起きてから部屋の明かりをつけただろうが、その光の源である電球のガラス球は、溶かした砂からつくられている。よろよろと入った洗面所では、砂を原料とする磁器製の洗面ボウルの上で歯を磨いたと思うが、そのとき流した水は近隣の浄水場で砂を通して濾過《ろか》されたものだ。使った歯磨き粉には含水ケイ酸が含まれていただろう[4]。これも砂の一種で、刺激の少ない研磨剤として、歯のプラークや着色汚れを除去するのに役に立つ。

あなたの下着が適切な位置に留まっているのは、シリコーンと呼ばれる人工的な化合物でつくられた伸縮素材のおかげだが、このシリコーンの原料もやはり砂である。（シリコーンには他にもさまざまな用途がある。シリコーン入りのシャンプーを使えば髪の毛にツヤが出る。シャツのしわ取りにも使われている。また、ニール・アームストロングが履いていたのは靴底をシリコーンゴムで補強したブーツであり、人類最初の足跡を月面に残した。そしてご存知のとおり、最も有名な用途としては、女性たちの胸をかれこれ50年以上にわたって膨らませてきた。）

こうして着替えて身支度を整えたあなたが職場へと車を走らせたその道路は、コンクリートやアスファルトで舗装されている。職場では、コンピューターの画面も、コンピューターを動かすチップも、インターネットに接続する光ファイバーケーブルも、すべてが砂からできている。作成した文書を印刷する用紙は、プリンターのインクの吸収をよくするために、砂をベースとした薄い層でコーティングされているだろう。貼って剝がせる付箋に使われている粘着材さえも、砂からつくられている。

ようやく一日が終わり、あなたはワイングラスを手に腰をおろした。もうおわかりだろうか。ワインボトルやグラスは砂からできているが、なんとワインにも砂が使われている。ワインには、その透明度と色の安定性を高め、保存期間を延ばすために、少量のコロイダルシリカ、つまりゲル状の二酸化ケイ素が「清澄」剤として加えられていることがあるのだ。

砂とは、つまりは、現代生活にとってなくてはならない基本的な原料なのだ。砂なしでは、人類は現代文明を築けなかっただろう。

砂は尽きかけている

そして、信じられないかもしれないが、私たちはその砂を使い果たし始めている。

砂なんていくらでもあると思うかもしれないが、他のあらゆる資源と同じように、利用できる量は限られている。（一般に、砂漠の砂は建設向きではない。水ではなく風によって形づくられた砂漠の砂粒は、丸くなりすぎていて粒同士がしっかりくっつかないのだ[5]。）空気と水を別とすれば、砂は私たちが最も利用している天然資源である。人間が消費する砂と砂利の量は、推定で毎年500億トン近くにのぼるという[6]。これは、カリフォルニア州全土を十分に覆い尽くせる量だ。しかも、ほんの10年前と比べても、消費量は倍増している。

今日の砂に対する需要は非常に大きいため、世界中の川床や海岸から貴重な砂粒がすべて剝ぎ取られ、農地や森林が破壊されつつある。そして、人々は投獄され、拷問され、殺されている。すべては、砂をめぐってのことだ。

この最も地味な物質の消費が世界中でかつてないほど加速している主な要因は、都市の数と規模の爆発的な増加にある。毎年、ますます多くの人が地球上で暮らすようになり、毎年、特に発展途上国で顕著なことだが、ますます多くの人が都市部へと移り住んでいる。

移住はすさまじい規模で起きている。1950年には、世界の都市部の人口は7億4600万人ほどで全人口の3分の1にも満たなかった。しかし、現在では約40億人、つまり全人口の半数以上が、都市部で暮らしている。国連によると、今後30年間でさらに25億人増加するという[7]。現在、都市部の人口は全世界で毎年約6500万人ずつ増えている。これは、1年間あたりニューヨーク市が8個、地球に加わるのに等しい。

コンクリートとアスファルトとガラスでできたこれらの都市を建設するために、人類は地面から大量の砂を奪っており、その量は急激に増加している。その圧倒的大部分が、世界で最も重要な建材であるコンクリートの製造に使われている。国連環境計画によると、平均的な年に全世界で使われるコンクリートを使って赤道沿いに地球を一周する壁を建てたとしたら、その壁は高さ27メートル、幅27メートルになるという[8]。中国だけでも、2011年から2013年の3年間で使ったセメントの量が、20世紀の100年間でアメリカで用いられたセメントの総量を上回るのだ[9]。

ある特定の種類の建設用の砂に対するニーズは非常に高く、アラビア半島の広大な砂漠の端に位置するドバイのような土地が[10]、オーストラリアから砂を輸入している。そのとおり。

オーストラリアの輸出業者は、なんとアラブ人に砂を売っているのだ[11]。

砂とはどういう物質なのか？

改めて、砂とはいったい何なのだろうか。この単純な「砂」の1文字に、多様な物質からなる、さまざまな形や大きさの小さな物体が属している。最も広く用いられている地質学的基準であるウッデンおよびウェントワースの区分法によると、砂という用語には、直径が0・0625ミリメートルから2ミリメートルまでの、ばらばらの粒状になっている硬い物質であればなんでも含まれる。つまり、平均的な砂粒は、人間の毛髪の太さよりも少しばかり大きいということだ。こういった砂粒は、氷河によって石が粉砕されて、あるいは海で貝殻やサンゴが分解されて（カリブ海の砂浜の多くは分解された貝殻でできている[12]）、さらには、火山性溶岩が空気や水と接することで冷えて砕けてつくられる（ハワイの黒砂の海岸はこうしてできた）[13]。

しかし、地上のすべての砂粒の70％近くを占めるのは、石英だ。これこそが、私たちにとって最も重要な砂である。石英とは、「シリカ」とも呼ばれる、二酸化ケイ素すなわち SiO_2 という物質の1つの形態だ。その構成元素のケイ素と酸素は、地球の地殻において最も豊富に存在する元素なので、石英が地球で最もありふれた鉱物の1つであることは驚くにあたらない[14]。世界中の山など、他の地質学上の構造を形成する花崗岩などの岩石に豊富に含まれている。

人間が用いる石英の砂粒のほとんどは、侵食作用によって形成されたものだ。風や雨、繰り返される凍結と融解、微生物、その他の自然の力によって、山や岩石層は侵食され、そのむき出しになった表面が砕かれて小さな粒ができる。それが雨によって下へ下へと運ばれて川に流れ込み、川は数え切れないほどの砂粒を何トンも、はるか離れた場所へと運ぶのだ。こうして水によって運ばれた砂は、川床や川岸、そして川が海へと流れ込む海岸などに堆積する。何世紀ものあいだ、川が岸を越えて氾濫し、流路を変え、やがては巨大な砂の堆積が乾いた地面に残されるということが繰り返される[15]。他の鉱物ならばさらに細かく砕けてしまうこの長く荒々しい旅路を、非常に硬い物質である石英は、砂粒の状態で生き延びることができるのだ。

何億年もかけて、砂は新しくできた堆積物の層の下に埋もれては、隆起して新しい山となり、そして再び侵食されて運ばれるということを繰り返す。地質学者のレイモンド・シーバーは著書『砂の科学』でこう書いている。「砂粒は魂をもっていないが、再び肉体を与えられる。堆積、埋没、隆起、侵食の各周期は砂粒を再生し、各粒子を少しずつ丸くする」[16]。この循環周期は平均2億年である。今度、靴に入りこんだ砂を外へ出すときには、砂粒に少しだけ敬意を払ってほしい。その砂は恐竜よりも前から存在しているのかもしれないのだから。

自然界では、石英には必ず他の物質が混入している。鉄や長石をはじめ、その土地に多くある鉱物がなんでも混ざりこむのだ。(不純物がなければ透明だが、石英の粒は含まれる不純物が酸化するなどして着色する。この石英の色合いがあり、また他の種類の砂粒も混ざっていることから、多くの海岸や砂質堆積物はさまざまな色味の黄色や茶色をしているわけだ）。砂をコンクリートやガラスやその他の製品の原料として使用するには、こういった他の物質をある程度までは取り除く必要がある。

たとえるならば、砂とは、無数の小さな兵士からなる巨大な軍隊のようなもの、あるいは、いくつもの部隊の集まりなのだ。ただしこの軍隊は、殺戮《さつりく》ではなく、創造のために展開している。砂の兵士たちは、破壊するのではなく、建築物や製品をつくるなどして私たちの役に立ってくれるのだ。

砂の種類と用途

一見、砂粒たちは、揃いの軍服を着た兵隊のようにほぼ同じに見える。しかし実際は、砂にもいろいろな種類があって、さまざまな性質、長所、短所を備えており、それによって用途が決まる。この砂は硬いから、あるいは軟らかいから、丸いから、角があるから、色が適しているから、純度が高いから、というように使い道が分かれるのだ。砂によっては、特殊精鋭部隊のように、入念な物理的・化学的処理によって違った能力を身につけるようにもなるし、他の物質と組み合わさることで、元の状態では不可能だった任務をこなせるようになることもある。

建設用の砂、主にコンクリートをつくるのに使われる硬くて角のある砂粒は、この軍隊におけるいわば歩兵である。このタイプの砂は豊富で、簡単に見つかり、特に純度が高いわけでもない。多くは石英だが、採掘された場所に応じてさまざま鉱物が混ざっている。建設用の砂はどの国でも見つかるといってよく、欠かせない仲間である砂利と混ざっていることが多い。建設業界では、砂と砂利を合わせて骨材という。砂と砂利の主な違いは大きさだけだ。いずれも川床や海岸、あるいは内陸の採石場で採られる。砂と砂利という骨材は、コンクリートをつくるために一緒に使われる場合もあるが、砂だけを使って、モルタルやしっくい、屋根ふき材などの建設資材がつくられることもある。

海の砂――海底で見つかる砂で、軍隊でいえば海軍師団にあたるわけだが――これも同様の組成をしており、たとえばドバイにあるヤシの木を模した有名な人工島群など、人工的な土地の造成に役立つ。これらの海底の砂はコンクリートをつくるのにも使うことができるが、洗浄して塩分を落とす必要があり、費用がかかるこの工程をほとんどの土建業者は避けたがる。

ケイ砂とは、より純度が高くてシリカが少なくとも95%[17]を占める砂であるが、建設用の砂や海砂よりも採取される場所が少ない。工業用の砂とも呼ばれるケイ砂は、砂の軍隊のいわば特殊部隊であり、一般の歩兵隊よりも高度な任務につく能力を備えている。ケイ砂は、ガラスづくりに必要な砂であり、高純度のケイ砂はとりわけ重宝される。たとえば、フランスの北部中央部にあるフォンテーヌブロー地域の砂は、純粋なシリカが98%以上を占めている。ヨーロッパの最高級のガラス製品をつくる職人たちは何世紀にもわたってここの砂に頼ってきた。

ケイ砂はまた、金属鋳造用の鋳型づくりや、光沢を出すための釉薬に用いられたり、プールの水を濾過[18]するために使われたりと、他にもたくさんの用途がある。ケイ砂のなかでも特別な性質をもつものは、かなり特殊な役割を担うこともある。たとえばウィスコンシン州西部で採れるケイ砂は、石油やガスを採掘するためのフラッキング（水圧破砕法）での使用に理想的な、独特の形状と構造をしている。

そして、シリカ界の最精鋭部隊ＳＥＡＬチーム６ともいえるのが、他と比べて少量しか採れない、極度に高純度の石英である。この微小なエリートグループは、並外れた偉業を成し遂げられる稀有な性質を備えている。たとえば、コンピューターチップの製造に欠かせないハイテク機器へと組み込まれるのは、これらの粒子だ。他にも、高級ゴルフコースのバンカーのきらした砂や、ペルシャ湾沿いの競馬場でトラックの砂として使われることがあり、あたかもエリートのコマンドーが富豪のボディーガードの仕事を受けるかのようだ。

ほとんどの場合、砂漠の砂が産業用途に使われることはない。建設に用いるには、砂漠の砂粒のほとんどは丸すぎる。水よりも風のほうが、当たりがきついためだ。川のなかでは、砂粒同士がぶつかる衝撃が水によって和らげられる。しかし砂漠では、砂粒が互いに大きな力でぶつかり合うので、それぞれの角が削れて丸くなるのだ[19]。丸い物体は、角のある物体のようにはうまく固定されない。たくさんのビー玉を積み重ねる場合と、たくさんの積み木を積み重ねる場合との違いのようなものだ。

砂の採掘

私たちはこういった小さな兵士たちを、さまざまな方法で、そしてさまざまな場所でかき集めている。ある場所では、多国籍企業が川底から砂をさらい、あるいは巨大な機械を使って丘の中腹をえぐり取っているが、別の場所では地元の人々がシャベルで掘った砂を小型トラックで運び出している。

一般に、砂の採掘は比較的ローテクな産業だ。使用される基本的な装置は１９２０年代からたいして変わっていない。河川や湖の底から採取する場合は、吸引ポンプで吸い上げる。作業台船にクレーンを設置して、二枚貝のように開閉するクラムシェルというショベルで砂を掘り出すこともある。他には、複数のバケットを設置したベルトコンベヤーを船に載せて使う方法もある。水底の砂は採掘が容易だ。表土と呼ばれる不用な土や岩石を取り除く必要がないからだ。しかも、初めから、粉塵サイズの微粒子がほとんど取り除かれた状態になっている。一方で、地上の砂を採る場合は、地表から順々に掘るのが一般的だ。ときには、砂岩を砕くために爆薬や破砕機が使われる。砂岩とは、何千年ものあいだに自然に生じたセメントによって砂が接着してできた岩のことだ。水底の砂であろうと地上の砂であろうと、採取後には、洗浄と、サイズによる何段階もの仕分けが必要となる。

砂はとてもありふれた物なので、世界各国のさまざまな場所に砂の採掘場がある。主要原産国が1つに限られるわけではない。原油にとってのサウジアラビアのような国が、砂には存在しないのだ。砂の採取は、ほとんどの場合、比較的小さい地元企業によって行われている。たとえばアメリカには骨材を採取する企業と政府機関がおよそ4100あり、採取場所は50州すべて、6300カ所にのぼる[20]。西ヨーロッパもこれとよく似た状況だ[21]。

一見、大したことのない小さな規模で行われることが多いとはいえ、砂の採掘はれっきとした採鉱業である。自然の産物を採取する産業であり、その影響は必ず自然界に及ぶ。これらの何千何万という小さな採掘場が、より大規模なたくさんの採掘場と合わさると、周囲への影響はとてつもないものとなる。砂の採掘により、野生生物の生育環境は破壊され、川は汚され、農地が使いものにならなくなる。だが、この被害は軽減させることが可能だ。なかには比較的良心的な会社もあれば、被害のより少ない採掘方法もあり、より慎重な政策をとる政府もある。しかし、世界のいたるところで、土壌から砂を抜き出すプロセスによって、よくても小さな被害が、悪ければ大惨事がもたらされている。

砂の採掘によって失われる砂浜

ほとんどの人にとって、砂のよさを実感し、砂のことを考えさえするかもしれない唯一の場所が、砂浜だろう。この誰からも愛される、太陽の光を浴びて輝く砂浜こそが砂をめぐる世界的な戦いの最前線であり、今そこが集中砲火を浴びているのだ。

カリフォルニア州にある小さな町マリーナは、サンフランシスコから南へ車で2時間ほどの距離だ。町の近くには、太平洋の泡立つ波のなかへと傾斜する広い砂浜が、自然のままの状態で延びている。何キロも続く砂浜の大部分は、州立公園として指定されている。緑とオレンジ色の鮮やかな多肉植物で彩られた小高い砂丘の奥に隠されているのは、絵葉書にしたくなるほど完璧な、自然の美を湛えた砂浜だ。だがそれが、徐々に消えつつある。

「この海岸線は、現在、カリフォルニアで最も速く侵食が進んでいます」。引退した海岸工学者で、近くのモントレーにある海軍大学院大学の教授だったエド・ソーントンは、2017年の初めに浜辺に集まった抗議者の集団に向けて声を張りあげた。「世界で最も美しい、この自然のままの砂浜が、年に3万平方メートル(3ヘクタール)ずつ消えているのです。原因は、砂の採掘にあります」

この抗議活動が行われたすぐ近くに、メキシコに拠点を置く世界的な建設会社セメックスが稼動させていた巨大な浚渫《しゅんせつ》機があった。当時、この機械は、満潮時には水没する遠浅の海岸から、年間に推定27万立方メートルの砂を吸い上げていた。砂粒は袋詰めにされて全国の建設会社に販売された。用途は、サンドブラスト(表面研磨の加工法)[22]や、油井《ゆせい》やガス井《せい》での採掘用だ。

20世紀に入ると、カリフォルニア州の沿岸に、このような海砂の採取場がたくさんつくられた。しかし1980年代の後半、アメリカ連邦政府はそれらの操業を停止する。砂の採取によってカリフォルニア州の名高いビーチが深刻な侵食を受けていることが明らかになったためだ。それでも、セメックスは法の抜け穴を利用して砂の採取を継続していた。採取場が平均満潮線よりも上に位置しているように見えたので、連邦管轄権外だとみなされたのだ。活動家や地元議員は長年にわたり採掘の停止を求めて闘った。そして、海岸でのこの抗議活動の数ヵ月後、彼らはついに勝利した。セメックスが、2020年末までの採取の段階的な停止に同意したのだ。

だが、カリフォルニアの海岸に害を及ぼしている可能性のある操業中の採取場が、少なくともあと1カ所残っている。環境保護活動家は、操業のせいで近くの海岸に侵食が生じ、鳥の生息地が危険にさらされているとして、サンフランシスコ湾での砂の浚渫中止を求めて法廷で争っている[23]。

世界中のほかの場所で砂の採掘者が砂浜にどんな影響を及ぼしているかというと、これはもっと露骨だ。彼らはビーチをごっそり盗んでいるのだ。2008年、ジャマイカの泥棒たちは、島で最も美しいビーチから、400メートルにわたって白砂を奪い去った。もっとスケールの小さい砂泥棒は、モロッコ、アルジェリア、ロシアをはじめ、世界中の多くの海岸で起きている。また、フロリダ州や南フランスなど、バケーションの目的地として人気のある多くの場所では、他の形で人間が介入することでビーチが縮小している。これについては第7章で取り上げよう。

こうした砂浜の損傷は、世界中で進む採掘による被害のほんの一面に過ぎず、それも最も危険なものですらない。

インドネシアでは、2005年以降、砂の採取によって少なくとも24の島が完全に消滅した。島を形成していた堆積物は次から次へと船いっぱいに積み込まれ、大半がシンガポールで降ろされた。シンガポールは海を埋め立ててその領土を拡大するというプログラムを持続するために、途方もない量の砂を必要としているのだ。この都市国家は過去50年間で国土を140平方キロメートル増加させ、さらに今も拡大を続けているため、世界でも群を抜いた砂の輸入国となっている。この需要により周辺国の沿岸や川底の砂は剝ぎ取られ、インドネシアとマレーシア、ベトナム、カンボジアの各国が、シンガポールへの砂の輸出を制限または完全に禁止する事態にまで至っている。

海のなかの砂も安心してはいられない。採掘者たちはその狙いを次第に海底に向けるようになり[24]、大きさが空母ほどもある浚渫機を使って何百万トンもの砂を吸い上げている。ロンドンとイギリス南部の建造物に使われたすべての骨材の3分の1は、イギリス沖合の海底にあったものだ[25]。それよりももっと強く海砂に依存しているのが日本で、毎年およそ4000万立方メートルの砂を海底から引き上げている[26]。これはヒューストンにあるアストロドーム（訳註：世界初のドーム球場で東京ドームとほぼ同じ大きさ）33杯分に相当する。

それだけの砂を海底から引き剝がすのは、海底で暮らす生き物や有機体の生育環境が破壊されることを意味する。堆積物がかき回されて水が濁るため、魚が窒息し、太陽光が遮られて水面下の植生が維持できなくなる[27]。浚渫船からは使い物にならないような小さな砂粒が投棄されるため、水中でさらに汚泥が巻きあがり、採取現場から遠く離れた場所の水生生物にまで影響が及ぶこともある[28]。

フロリダをはじめとするさまざまな場所で、サンゴ礁が海砂の浚渫による被害を受けてきた。貴重なマングローブ林や海草藻場、絶滅危惧種である淡水イルカ[29]やロイヤルタートル[30]が脅かされている。一度の浚渫では大きな影響はないかもしれないが、度重なれば累積影響は甚大なものとなるだろう。大規模な海砂の採取が始まったのは比較的最近なので、十分な調査がなされておらず、環境への長期的な影響がどう表れるのか誰にもわからない。しかし、この方式の急激な普及からすると、今後数年のうちに明らかとなるのは確かだ。

砂の採取が内陸地に及ぼす影響

砂の採取による悪影響は、海岸から遠く離れた内陸地や暮らしにまで及んでいる。アメリカではフラッキング（水圧破砕法）がブームとなり、「フラックサンド（破砕砂）」と呼ばれる砂の需要がすさまじい高まりを見せている。フラッキングとは、シェール層（頁岩層《けつがん》）からオイルやガスを採取する手法であり、大きな物議を醸している。特別に硬くて丸い特殊なタイプの砂粒と化学物質とを混ぜた水を地下に高圧で送り込んで、シェール層の岩盤を砕くのだ。そして、まさにそれに適した砂の巨大な堆積物がミネソタ州とウィスコンシン州でたまたま見つかった。その結果、ノースダコタ州でのフラッキング・ブームにより、上中西部でフラックサンド・ラッシュが始まったのだ。その特別な砂粒を手に入れようとする採掘業者によって、すでに何千ヘクタールもの畑や森林が破壊されている。

途方もない量のもっと一般的な建設用の砂が、川床から浚渫されたり、近くの氾濫原（洪水時に冠水する平地）から採取されたりしている。カリフォルニア中央部では、氾濫原の砂を掘り出したために、川の流れが変わって行き場のない迂回路や深い穴ができて、サーモンにとっての死の罠となっている[31]。オーストラリア北部では、世界でも最大級の希少な食肉植物の多様な植生が、砂の採掘のために根絶やしにされようとしている[32]。

海底からの浚渫と同様、川床の砂の浚渫によって生息環境が破壊されたり水が濁されたりすることで、水のなかで暮らすどんな生き物でもその生存が脅かされるおそれがある。2013年、ケニアの当局は、西部のある州で操業中だった川砂の採取現場をすべて閉鎖した。操業による環境へのダメージを抑えるためだ。スリランカでは、砂の採取により川底があまりに深くまでえぐられてしまったため、海水が川に流れ込み、飲料水の供給ができなくなった[33]。また、2011年にインドの最高裁は、「無制限の砂採掘の憂慮すべき広がりの速さ」によって全国で水辺の生態系が破壊されつつあり、魚類や他の水生生物に致命的な影響が及ぶとともに多くの鳥類が「壊滅的な被害」を受けていると警告を発している[34]。

ベトナムでは、メコン川での砂の採掘が主な原因となってメコンデルタが少しずつ消えつつあると、研究者や世界自然保護基金（ＷＷＦ）は確信している。メコンデルタはベトナムで3万9000平方キロメートルの範囲に広がり、そこで2000万人が生活し、国の食糧の半分と他の東南アジアの国々が消費する米の大部分が供給されている。毎日、この大切な地域から、アメリカンフットボールの競技場1個半に相当する土地が南シナ海へと消えているのだ。すでに何千ヘクタールもの稲作農地が失われ、少なくとも1200世帯が沿岸にあった自宅からの避難を余儀なくされた。これらはすべて、気候変動による海面の上昇と、人為的な理由が重なって引き起こされたことだ。何世紀にもわたり、メコンデルタには、メコン川によって中央アジアの山々から運ばれてくる堆積物が継ぎ足されてきた。しかし近年、川沿いの各国で、東南アジアで急増する都市建設に使うための大量の砂が川床から抜き取られている。その量は年間5000万トン近くに及び、これはコロラド州の州都デンバーを2・5センチの厚さで覆い尽くせるほどの量だ。「流れてくる堆積物の量は半減しています」。こう話すのは、ＷＷＦグレーター・メコン・プログラムの研究者であるマルク・ゴワショだ。これが意味するのは、メコンデルタの自然な侵食が続いているのに、その補充がなされていないということだ。この割合が続けば、21世紀の終わりにはメコンデルタの半分近くが消えているだろう。

また、川からの砂の採取によって、世界中のインフラがはかりしれないほどの損害を受けている。攪拌《かくはん》された堆積物によって給水装置が目詰まりを起こしたり、川床の土砂がすべて取り除かれたために橋の土台がむき出しとなり、支えのない状態のまま放置されたりしているのだ。1998年の調査によると、カリフォルニア州のセントラル・コーストを流れるサン・ベニート川から1トンの砂や砂利が採取されるたびに、インフラに1100万ドル相当の損害が生じているのだという[35]。この費用を納税者が負担しているわけだ。多くの国では、採掘業者があまりに深くまで掘り起こすために、橋や、山の斜面に立つ建物の基礎がむき出しとなり、建造物が倒壊の危機にさらされている。

こういった危機は空論などではない。台湾では2000年に砂の採取によって基礎が揺らいだ橋が崩落した。その翌年、ポルトガルのある橋は1台のバスが通っただけで崩れ、70名が亡くなった[36]。2016年にインドで起きた橋の崩壊では26名が亡くなったが、これも砂の採掘が原因となった可能性がある。

砂の採掘作業そのものによって人々やコミュニティが被害を受けることもある。無防備な作業者が、崩れた砂の壁の下敷きとなり死亡するという事故が何件も起きている。カンボジアからシエラレオネまで、魚や他の水生生物の個体数が減少するにつれて、それで生計を立ててきた漁師たちの暮らしが立ちゆかなくなりつつある。ある地域では、砂の採掘によって堤防が崩れ、農地が破壊され、そのために起きた洪水のせいで何世帯もが土地を離れざるをえなくなった。ベトナムでは２０１７年だけを例にとっても、大規模な砂の採掘が行われた複数の川に大量の土砂が流れ込み、農作物や何百もの家屋がそれに巻き込まれたため、政府が２つの州で砂の採取を完全に停止させた。また、テキサス州ヒューストンでは、政府筋によると、近くのサン・ジャシント川での砂の採取——その多くは違法である——のせいで、２０１７年の大型ハリケーン・ハービーによる洪水被害が深刻化したとのことだ。採掘者により川岸の植生が大量に剝ぎ取られたため、大量のシルト（粗さが細砂と粘土のあいだの土粒子）が露出したままとなり、その後ハービーの雨によって川へと押し流され、川幅の狭くなった場所やヒューストン湖（都市圏の主要な飲料水源）の底に堆積し、近隣地域に水があふれだす原因となったとみられている。

川底の砂も、地域への水の供給に関わる重要な役割を担っている。砂がスポンジの役割を果たし、流れる水をつかまえて地下の帯水層へと浸透させているのだ。だが、その砂が取り除かれてしまうと、水は地下に吸収されることなく海へ向かうのみとなり、帯水層が縮小する。結果として、イタリアやインド南部の一部地域では、川での砂採取が原因で地元の飲料水の供給量が大幅に減少することとなった[37]。帯水層での水の蓄えがなくなったために、農作物が育たなくなった地域もある。また、北京に水を供給する主な貯水池に注ぎこんでいる潮白河《ちょうはくが》（チャオパイホー）での砂の採掘によって、川の生態系が乱されるだけでなく、首都の飲料水[38]の水質が低下するおそれがあると、研究者は懸念している。

採掘が終わったあとのでこぼこだらけの現場は、恐ろしいほど危険な状態にある。アメリカなどでは、一般に、作業終了後に現場をある程度まで元の状態に戻すことが採掘業者に求められる。だが、法整備が進んでいない国では、採掘業者が深い穴を空けたまま土地を放置し、これに雨水やゴミがたまって沼地のようになり、大量に繁殖した蚊が伝染病を媒介するようになるのだ。近年では、こういった穴でたくさんの子どもたちが溺死しているとも報じられている。スリランカやインドでは、砂の採掘により生息地が破壊されたワニたちが川岸近くに移動したため、この10年で少なくとも6人が亡くなった[39]。

砂の違法採取

このような破壊的な状況に対処するため、世界各国の政府が、取り組みの度合いはさまざまではあるものの、砂の採取を規制して、採取の場所と方法を制限し始めている。すると今度は、世界的な砂のブラックマーケットが生まれて活況を呈することとなった。

砂の違法採取にはさまざまな種類がある。合法的な企業の事業が許可されていない範囲にまで及んでいるというケースもこれに含まれる。たとえば2003年に、カリフォルニア州は、当時の世界的な建材大手会社ハンソンの子会社を相手取り、サンフランシスコ湾で認可されていない砂の浚渫を行ったとして訴訟を起こしている[40]。「彼らは、このような砂の略奪行為によって、カリフォルニア州から盗みを働き、納税者を食い物にして私腹を肥やしたのです」。

州政府の司法長官は、当時このように表明した。この件は、最終的に、ハンソン社が州に4200万ドルを支払って和解となった。

他の極端な例としては、こそ泥のレベルから、砂の利権を守るためなら殺人も辞さないという犯罪組織まで、まぎれもない犯罪者たちが存在する。2015年、ニューヨーク州当局は、ホルツビルという町の近くの1・8ヘクタールの土地から違法に何千トンもの砂を掘り取り、その穴に有毒廃棄物を埋めたとして、ロングアイランドの土建業者に70万ドルの罰金を科した。ニューヨーク州環境保護局によると、近隣地域で砂を合法的に採取できる場所がどんどん減っていることから、このような「掘っては埋める」式の作戦が広く行われるようになったという[41]。

他の国のブラックマーケットはもっと過激だ。イスラエルで最も悪名高い犯罪者の1人であり、最近の相次ぐ自動車爆破事件に関与すると言われている男が最初に手を染めた悪事とは、公共のビーチから砂を盗むことだった。また、モロッコでは、建設に使われる砂の半分は違法に採取されたものだと推定されている。モロッコの長い海岸線でビーチがどんどん消えつつあるのだ[42]。ケニアでは、違法採掘業者が、学校を退学して働きにくるようにと子どもたちを勧誘しているという。南アフリカでは、警察が砂の違法採掘者と闘うための選任部隊、グリーン・スコーピオンズを結成した。さらに、犯罪者による砂取引が国境をまたぐこともある。2010年には、マレーシアの当局者数十名が、賄賂や性的な接待への見返りに、違法に採取された砂のシンガポールへの密輸を見逃したとして起訴されている。

大金がからむどんなブラックマーケットでも同じだが、砂からも暴力が生まれている。世界中の国々で、砂の採掘をめぐって、人々は撃たれ、刺され、殴られ、拷問され、投獄されている。ある者は環境破壊を止めようとして、ある者は土地の支配をめぐる争いのなかで、ある者は巻き込まれたために。カンボジアでは、違法採取に抗議するために川の浚渫船に乗り込んだ環境保護活動家を警察が投獄した。ガーナでは、地元の砂の採掘業者に反対して騒ぎを起こしたデモ隊に向けて、治安部隊が発砲した。中国では、2015年に、砂の採掘を行う犯罪集団の12名が警察署の真ん前で刃物を持ち出して暴れたために逮捕された。2016年、インドネシアでは、砂の採掘をやめさせようとした活動家の1人が採掘者から暴行を受けて昏睡状態に陥り、別の1人は拷問を受けて刺殺された。ケニアでは近年、農民と採掘者の争いが相次ぎ、少なくとも9名が亡くなっている。そのうち1人は警察官で、鉈《なた》で叩き斬られて死亡した。

なぜ砂の需要がそれほどまでに大きくなったのか。そして、どうして砂によってこれほどの破壊がもたらされたのか。興味をもった私は、2015年に、インドにおける砂の違法取引について調べ始めた。インドは世界の砂をめぐる危機的状況の中心地であり、世界で最も闇深い砂のブラックマーケットがある場所だ。『タイムズ・オブ・インディア』紙[43]の推定によると、砂の不正取引は年間でおよそ23億ドルもの規模にあるという。伝えられるところでは、「砂マフィア」との闘い、あるいはマフィア同士の争いによって、ここ数年で何百人もの人々が殺害されており、警察官や政府の役人だけでなく、マフィアに邪魔者とみなされた一般人も巻き込まれている。つい最近、私は思いもかけず張り詰めた状況でそのような砂マフィアたちと対峙《たいじ》することになった。それは、あまりに大胆でぞんざいなために現実の出来事とは思えないような殺人事件を調べていたときのことだった。

インドの砂マフィア

2013年7月31日の午前11時を少し回った頃、ニューデリー南東の農村ライプール・カダーの裏通りには、照りつける太陽の光のなか、背の低い質素な家々が並んでいた。あたりには、調理用のスパイスとほこり、そして下水のにおいが、かすかに漂っていた[44]。レンガとしっくいでできた2階建ての家の奥の部屋では、早めの昼食のあと、野菜農家を営む52歳のパレラム・チャウハンが昼寝をしていた。隣の部屋では、パレラムの妻と義理の娘とが後片付けをしており、パレラムの息子のラビンドラは3歳の甥と遊んでいる。

突然、家のなかで銃声が轟いた。パレラムの義理の娘プリーティ・チャウハンがパレラムの部屋へと駆け込み、ラビンドラがそのすぐ後に続く。開け放たれた裏口から、白い布で顔の下半分を覆った2人の男が見え、1人はピストルを握っていた。男たちは3番目の男が運転するオートバイに積み重なるように乗り、爆音を立てて去っていった。

自分のベッドに横たわったパレラムの腹部と首、頭から、血が泡立つように流れ出ていた。プリーティを見つめ、何かを言おうとしたが、その口からは声は出てこない。ラビンドラは近所の人から車を借りて猛スピードで父親を病院へ運んだが、手遅れだった。病院に着いたときには、パレラムはすでに亡くなっていた。

襲撃者の顔は隠されていたが、家族は殺害の背後にいる者の正体を確信していた。10年ものあいだ、パレラムは、ライプール・カダーに本拠地を置く強力な犯罪者組織の取り締まりを求めて、地元の役所や警察に働きかけていた。人々が呼ぶところのこの「マフィア」は、長年にわたって、村の最も大切な資源である砂を強奪し続けていたのだ。

ライプール・カダー周辺の地域は主に農地として使われてきた。ヤムナー川の氾濫原であり、小麦や野菜がよく育つ。村から北へ車で1時間足らずで到着するインドの首都デリーは、人口2500万人を超える世界第2位の巨大都市であり、首都圏は急速に広がっている。ライプール・カダーのあるガウタム・ブッダ・ナガル県を抜ける6車線の新しい高速道路を運転したのだが、行く手には建設現場が次々と現れた。インドの田園地帯で何キロにもわたってガラスやセメント製の新しい建造物がにょきにょきと伸びる様子は、『ゲーム・オブ・スローンズ』のオープニング映像さながらだった。数え切れないほどの、どこにでもあるようなショッピングモール、集合住宅街やオフィスビルだけでなく、複数のスタジアムとF1のサーキットを含む20平方キロメートルもの「スポーツシティ」が建設中だった。

この建設ブームは2005年頃に加速し、同時に砂マフィアも活気づいた。「違法な砂の採掘は以前からありました」。こう話すのは地元農家の権利団体のトップを務めるドゥシャント・ナガルだ。「しかし、土地が盗まれたり、人が殺されたりといった深刻なものではなかったのです」

チャウハン家は何百年も前からこの地域で暮らしてきたのだとパレラムのもう1人の息子のアカシュが話してくれた。大きな茶色の目をした、黒髪が後退しつつある細身の若者だ。ジーンズとグレーのスウェットシャツを身につけ、足元はビーチサンダルだった。私たちは、チャウハン家の居間で、むき出しのコンクリートの床に置かれたプラスチックの椅子に座っていた。彼の父親が殺された場所から数メートルしか離れていない。

一家は約4ヘクタールの土地を所有し、村との共有地として80ヘクタールほどを共同使用している――少なくとも、かつてはそうだった。しかし10年ほど前に、ラージパール・チャウハン（よくある名字で、一家とは無関係だ）と3人の息子が率いる地元の暴力集団が、共有地を乗っ取ってしまったのだ。彼らは土地の表土を剥ぎ取って、何世紀にもわたりヤムナー川の氾濫によって積み重ねられてきた砂を掘り起こし始めた。さらに悪いことに、その作業によって舞いあがった砂ぼこりのせいで周辺の農作物が育たなくなってしまったのだ。

村のパンチャーヤト（評議会）の議員だったパレラムは、砂の採掘中止を求める活動を主導することとなった。ごく単純なことのはずだった。村の土地が盗まれているだけでなく、そもそもライプール・カダーは野鳥保護区域に近いため砂の採掘がまったく許されていない。しかも、進行中の事態については政府も把握している。２０１３年にインド環境森林省から派遣された調査チームが、ガウタム・ブッダ・ナガル県全域での「科学的ではない違法な採掘の横行[45]」を認めているのだ。

それにもかかわらず、パレラムと村人たちは、助けてくれそうな人を１人も見つけられなかった。彼らは何年にもわたって、警察や役所、裁判所に請願書を出したが、何も変わらなかった。よく言われるのは、地元の役人の多くが、砂の採掘者から問題に関わらないよう賄賂を受け取っていることだ。それどころか、違法採掘自体に関与していることも珍しくないという。

賄賂という餌に食いつかない者には、マフィアたちはためらうことなく棍棒を振り下ろす。「私たちは違法採掘者への踏み込み捜査を行っています」とガウタム・ブッダ・ナガル県の採鉱の担当官であるナビン・ダスは言った。「しかし、反撃して銃を撃ってくるので、捜査は非常に困難です」

２０１４年以降、インドでは、砂の採掘者によって少なくとも70名が殺害されている。警察官７名と政府の役人や内部告発者６名以上がこれに含まれる。負傷者の数はそれ以上で、砂の違法採掘者による襲撃によって放送記者が病院送りにされた。その少しあとで、砂の違法採掘をジャーナリストも入っている。２０１５年、私がインドから戻ったほんの数カ月後に、砂の違法採掘を調査していた別のジャーナリストが焼死させられている。

ラージパールと息子たちは、邪魔立てをやめろと言って、パレラムたち家族や村人を脅していた。アカシュは、ラージパールの息子ソヌーを、同じ小学校に通っていた時分から知っていた。「昔はまっとうな男だったのに」とアカシュは言った。「砂の採掘に携わって手っ取り早く金を稼ぐようになると、犯罪者の考え方に染まってしまって、乱暴を働くようになったんです」。村人たちは脅しに屈することなく、地域の裁判所に脅迫の訴えを出した。ようやく2013年の春に警察がソヌーを逮捕して、彼らが使っていた複数台のトラックを押収した。ソヌーはすぐに保釈金を支払って釈放された。

それから少しあとのある朝、パレラムは自転車で採掘場のすぐ横にある畑に向かっている途中でソヌーと鉢合わせしたのだという。アカシュはこう話した。「父はソヌーから言われたんです。お前のせいで刑務所に入れられたんだ、訴えを取り下げろって」。パレラムはそれに従わず、再度警察に訴えた。

パレラムが撃たれて亡くなったのは、そのほんの数日後のことだった。

ソヌーと、彼の兄弟のクルディープ、父親のラージパールが、殺人犯として逮捕された。だが、3人ともすぐに保釈されて出てきた。アカシュはときどき近所で彼らを見かける。「小さな村ですからね」彼は言った。

砂の採掘と闘う人々

私と通訳のクマー・サンバーブは、アカシュに頼んで、マフィアに占領された村の土地を見せてもらうことにした。当日の朝にデリーで借りたレンタカーで現場に向かった。アカシュが運転手に指示を出す。そこは、見逃しようのない場所だった。村の中心部から道路を渡ってすぐのところに、表土が剝ぎ取られた土地が広がっており、そこかしこに3メートルから6メートルの深さの大穴が口を開けていて、家ほどの大きさにまで積まれた砂と岩の山がところどころにあった。採掘場に車を乗り入れて、轍《わだち》に沿って注意深く車を走らせる。あちらこちらでトラックや土を運ぶ機械がゴトゴトと音を立てており、男たちの集団が、少なくとも全部で50人はいたのだが、ハンマーで岩を砕き、シャベルいっぱいに掘り出した砂をトラックに積み込んでいる。男たちは、がたがたと進む私たちの車を凝視した。アカシュが慎重に合図した先を見ると、ジーンズと襟つきシャツを身につけた、背の高いがっしりとした男がいた。ソヌーだ。

その少しあとで、採掘場所のさらに奥まで車を進めてから、ひときわ巨大な穴の写真を撮影するために私たちは車から降りた。数分後、アカシュが、あきらかに私たちに向かって大股で歩いてくる4人の男に気づいた。そのうち3人はシャベルを担いでいる。「ソヌーが来る」とアカシュが呟いた。

私たちは慌てた様子は見せないようにしながら、車へと歩き始めた。だが、遅すぎた。「くそったれが！」ほんの数メートルのところまで近づいたソヌーがアカシュに向かって吠え立てた。「ここで何してやがる」

アカシュは何も言わなかった。サンバーブが、自分たちはただの観光客だというようなことをもごもごと呟く。私たちはみんな車に乗り込もうとしていた。「俺がお前らにすげえもん見せてやろうか？」ソヌーが言う。そして、私たちの車の運転席のドアを乱暴に開けて、運転手に出るよう命じた。運転手はそれに従い、私たちもそれに続かざるをえなくなった。アカシュは賢明にも動かずにいた。

「私たちはジャーナリストだ」とサンバーブが言った。「砂の採掘の様子を見に来たんだ」。

（この会話はすべてヒンディー語だったが、サンバーブが後で翻訳してくれた。）

「採掘だと？」ソヌーが言った。「採掘なんぞしてやしねえ。何を見たってんだ？」

「目に映ったものを見ただけさ。もう帰るところなんだ」

「そうはいくかよ」ソヌーが言った。

こうしたやりとりが数分間続き、緊張は高まった。だがそれは、ソヌーの手下が1人の外国人の存在に注意を向けるまでのことだった。そう、私のことだ。ソヌーと仲間たちは、ためらった。これは苦々しくも不公平なことなのだが、アカシュのような地元の人間よりも、私のような西洋人に危害を加えるほうが、連中にとってははるかに面倒な状況となりうるのだ。彼らに迷いが生じ、一瞬、膠着《こうちゃく》状態に陥った。私たちはこの機会を逃さず、もう一度車に飛び乗ってその場を離れた。ソヌーは私たちが去るのをぎらぎらした目で見つめていた。

これを書いている今現在、ソヌーやその家族に対する訴訟は、インドの緩慢な司法システムのなかでいまだにのろのろと続いている。見通しもよくない。「この国の司法システムでは、お金を出せば何でも買えるんです。目撃者も、警察も、政府の役人でもね」この訴訟についてよく知っている法律専門家が、匿名を条件に話をしてくれた。「そして、こういった輩は、採掘業によって多額の資金を得ているんです」

アカシュは警察の捜査官と連絡をとりながら、父親の殺害についてインドの国家人権委員会に取り上げてもらえるよう努力を続けている。だが、母親はこの件から一切手を引いてくれとアカシュに懇願している。アカシュの兄弟であり、殺害事件の一番の目撃者となるはずだったラビンドラが、昨年、鉄道線路のそばで死んでいるのが見つかってからはなおのことだ。ラビンドラは電車に轢《ひ》かれたようだったが、なぜそんなことになったのか、はっきりしたことはわかっていない。

インドの各地で、多くの人々が砂の採掘を規制するためにさまざまな方法を試みている。国家グリーン審判所とは、環境問題に対応する一種の連邦裁判所であるが、この審判所は一般市民でも砂の違法採掘について提訴が可能だ。村人たちはデモを組織し、道路をふさいで砂を積んだトラックの交通を妨げている。毎日のように地元や国の政府の役人が砂の採掘と闘う決意を表明し、トラックを押収し、罰金を科し、人々を逮捕している。警察は、無許可の採掘場を見つけるためにドローンまで使い始めた。

だが、インドは人口が10億人を超える広大な国だ。何百の、いや、ほぼ確実に何千という場所で、砂の違法採掘がひそかに行われている。厳重な取り締まりのための最も崇高な取り組みさえも、その多くは、汚職や暴力によって骨抜きにされるだろう。

しかも、これはインドだけの話ではない。何十もの国で、砂の大規模な違法採取が行われている。いずれにせよ、世界のほぼすべての国で砂は採掘されているのだ。全世界に影響を及ぼす、じわじわと積み重ねられつつある危機的状況が、最も極端な形で表れたのがインドだというだけのことなのだ。

根底にあるのは、需要と供給の問題だ。持続的に採取可能な砂の供給は限られている。だが、砂の需要は限りがない。

日々、世界の人口は増え続けている。インドをはじめとするあらゆる場所で、まともな家に住んで、まともな仕事場や工場で働いて、まともな店で買い物をして、そしてそれらがまともな道で結ばれていることを望む人が増え続けているのだ。経済発展に必要なのは、歴史的に明らかになっているように、コンクリートとガラスである。つまり、砂が必要なのだ。

人々は何千年にもわたり砂を利用してきた。しかし、砂が西洋社会にとって不可欠になったのは、近代化が進む20世紀に入ってからである。21世紀のこのデジタル化とグローバル化が進んだ時代においては、ほとんど誰にとっても砂が必要不可欠なものとなった。1世紀前には、大量の砂を必要とする暮らしを――コンクリートの建物で寝起きし、アスファルト敷きの道路を移動し、ガラス窓がそこらじゅうにあるような暮らしをする人は数億人しかいなかった。今日では数十億もの人々がそのような生活をし、その数は日々増え続けている。砂は21世紀に最も求められる商品となり、全世界で暴力と破壊を引き起こしている。

どうしてこのような状態になったのか。なぜ人間はこの単純な素材にここまで依存するようになったのか。これほど大量の砂がいったい何に使われているのか。そして、この砂への依存は、地球にとって、そして人間の未来にとって、どのような意味をもっているのだろうか？

第1部

砂はいかにして20世紀の工業化した世界をつくったのか

石の上に建つものはなく、
なべては砂上に建てり、
されどわれらが務めは
砂もて石のごとくにして
建つるにあり。

ホルヘ・ルイス・ボルヘス『闇を讃えて』より

第2章 都市の骨格

サンフランシスコ大地震を生き延びた〝砂の建物〟

1906年4月18日、朝5時12分、巨大地震がサンフランシスコ市を襲った。1分間近くにわたって、街が震え、建物は大きく揺れて崩れ落ち、多くの人々が亡くなった。「突然ぐらぐらと揺れているのに気がついた。（中略）そして、気分が悪くなるような横揺れがきて、私たちは地面に投げ出された」当時の経験者の記録が残っている。「頭が割れそうになるほどの轟音が耳のなかで響いた。誰かに砕かれるビスケットみたいに、いくつもの大きな建物がこなごなになった。建物の屋根近くから落ちてきた巨大な部材で、目の前にいた男が押し潰された。まるでウジ虫のように。つなぎの服を着た。ユニオン鉄工所へ行く途中の作業員で、その手には弁当があった[1]」

恐ろしい地震だったが、さらに悲惨なことが起きたのはその後のことだ。震動によってガスの本管が破裂して大規模な火災が発生し、火は丸3日間猛威を振るい続け、数万棟の建物が倒壊し、数百人が炎のなかで亡くなった。

ようやく火が鎮まると、ミッション通りと13番通りの交差点に、奇妙な光景が現れた。焼け焦げた角材や瓦礫《がれき》の山のまんなかに、建物が1棟だけ残っていたのだ。それは、ビーキンス引越保管社が所有する、仕上げ前の地味な倉庫だった。その建物だけが残った理由は、当時物議を醸していた鉄筋コンクリートという新素材でつくられていたためである。コンクリートの壁と床とに組み込まれた無数の小さな砂の兵士たちが、炎に対抗できるだけの力を建物に与えていたのだ。その時点ではほとんど誰も気づいていなかったが、他の状況ならば目立つこともなかったこの倉庫が示していたのは、建築や建設業、そして人類そのものの歴史が大きく変わる、転換期がきたということだった。

コンクリートは、火や電気と同じくらいの変革をもたらした発明である。何十億という人々がどこでどのように暮らし、働き、移動するのかを変えてしまった。コンクリートは現代社会の骨格であり、その上に他のいろいろなものを組み立てることのできる土台である。人間はコンクリートによって、昔の人がびっくりするほど簡単に、大河をせき止め、途方もない高さの建物をつくり、秘境を除けば世界中のどこへでも行くことのできる力を手に入れた。影響が及んだ生き物の数で判断するならば、コンクリートは確実に、これまでに人間が発明したなかで最も重要な素材なのだ。

この、世界を変容させる物質の大部分が、最も単純で、一番どこにでもある材料でできている。そう、砂利と砂だ。事実、コンクリートこそが、砂をめぐる世界的危機の最大要因なのであり、このコンクリートをつくるために他のどんな目的よりもはるかに多くの砂が使われている。毎年、何百億トンもの砂や砂利が採取されて、ショッピングモールや高速道路、ダム、空港などに姿を変えている。私たちが暮らす世界のすべての土台が、小型の石である無数の歩兵たちの肩にのしかかっているのだ。

ほんの100年ちょっと前には、コンクリートがほとんど使われていなかったことを考えると、今のこんな状況には驚かされるばかりだ。

先にひとつだけはっきりさせておこう。それは、セメントとコンクリートは別物だということだ。セメントは、コンクリートの原料であって、砂利と砂とをくっつけるためののりである。セメント（さまざまな種類がある）の基本的なつくり方とは、まず粘土と石灰石と他の鉱石を砕き、それを摂氏1450度に達する窯で焼いてから、さらにこなごなになるまで粉砕して、すべすべの手触りをした灰色の粉末になったらできあがりだ。このセメントの粉末に水を混ぜると、ペースト状となる。このペーストは、泥のようにただ単に乾くわけではなく、「硬化」する。粉末の分子が水和という化学反応によって結合し、そうしてできた化合物が絡み合ってさらに硬くなった結果、非常に強い物質となるのだ。このペーストに、さらに砂の部隊を加えて補強すると、粘りが増してモルタルとなる。このモルタルは、レンガを固定する目地材として使われる。

コンクリートは、セメントと水を混ぜたものに、「骨材」、つまり砂と砂利を加えてつくられる。平均的なコンクリートの配合は、だいたい骨材が75％、水が15％、そしてセメントが10％だ。これらを混ぜ合わせると、実質的にどんな型にも流し込むことのできる、灰色のねっとりした液体ができあがる。セメントは硬化するにつれて骨材とくっつく。骨材が無数の小さなレンガであるかのように、セメントがそれをつないでくれるのだ。全部のごちゃまぜが固まると、硬い人工的な石であるコンクリートの完成だ。

古代のコンクリート

まさしく現代的な建築素材であるコンクリートだが、実は何十世紀かの間に、人類は何度かコンクリート製造の秘密に遭遇している。まず、2000年前に現在のメキシコ南部やグアテマラやベリーズで栄華を誇っていたマヤ人たちは、いくつかの建造物を支えるために素朴ではあるがコンクリートの角材のようなものをつくっていた[2]。また、ギリシャ人はモルタルを使っていた。（古代エジプト人がピラミッドの建造にコンクリートの一種を使ったと考える科学者もいるが、大部分はその説に反対している。だが、エジプト人たちが砂を使ったのは確かなようで、青銅のノコギリとともに砂を使って建造物用の石を切っていた。ピラミッドの石もその方法で切られたのだろう[3]。実際のところ、少なくとも紀元前7000年には古代の人々は砂を建築用に使っていた。砂と泥を混ぜて、日干しレンガをつくっていたのだ。）だが、古代世界において、飛び抜けた熱意をもって、技術的にも進んだ方法でコンクリートを活用したのは、ローマ人だ。

いつ、どうやって、ローマ人たちがコンクリート製造の秘密を解き明かしたのか、わかっていない。だが、ナポリ近くのポッツォーリで幸運にもある種の天然セメントを見つけたことがヒントになったに違いない[4]。古代ローマのコンクリート（ローマン・コンクリート）で最初期のものは紀元前3世紀にさかのぼる[5]。「この素材の潜在能力に気づいたローマ人たちは、5世紀に帝国が滅亡するまで、これを熱心に使ったものだった」とロバート・クーランドは著作『コンクリート・プラネット（Concrete Planet）』に記している[6]。「彼らはコンクリートの製造と応用の方法を体系化し、今日の私たちのようにコンクリートを活用した、最初の人々となった。つまり、コンクリートを巨大な型枠に流し入れて、継ぎ目のない強力な建築ブロックをつくったのだ」。（ローマ人はconcrete（コンクリート）という言葉を使ってはいないが、その語源はローマ帝国で使われたラテン語のconcretusにある。これは「一緒に固められた」あるいは「凝固した」という意味をもつ。）

古代ローマの技術者たちは、素朴なコンクリートを改善するための優れた技術を編み出した。

コンクリートは硬くなるにつれて収縮して、ひびが入る。このひびに水が入り込むと、凍ったときに膨張してひび割れが大きくなり、コンクリートがさらにもろくなる。彼らは、コンクリートに馬の毛を加えるとひびが入りづらくなること、そして、少量の血液や動物の脂肪を加えると、入り込んだ水が凍結しても劣化しづらくなることを発見したのだ[7]。

ローマ人はコンクリートを使って、家や店、公共施設、浴場などを建設した。現在のイスラエルにはカエサレア[8]という巨大な人工港湾が残っているが、防波堤や塔などの建造物はコンクリートでつくられている。コロセウムの土台や、帝国全土の数え切れないほどの橋や水道[9]もコンクリート製だ。最も有名なのはローマのパンテオンだろう。約2000年前に建てられた壮麗なコンクリートドームで、現在にいたるまで世界最大の無筋コンクリート構造物である。

それから何世紀もかけてローマ帝国がゆるやかに崩壊するにつれて、コンクリートについての科学と技術は、ローマ人が蓄積していた他の多くの知識とともに人々の記憶から消えてしまった。その理由を、科学者であり工学者であるマーク・ミーオドヴニクは著書『人類を変えた素晴らしき10の材料』にこう記している。「コンクリートは本質的に工業製品であり、工業帝国の支援が必要だったからかもしれないし、鉄器づくり、石積み、大工仕事のような決まった技能との結び付きがなく、家業として受け継がれなかったからかもしれない[10]」。理由が何であれ、その後の歴史は驚くべきものとなった。ミーオドヴニクによると、「ローマ人がつくるのをやめてから1000年以上、コンクリート構造の建物は建てられなかった」のだ。

イギリスで復活したコンクリート

コンクリートの復活に着手したのは、不撓《ふとう》不屈のイギリス人の実験家たちである（かつてローマ帝国の支配下にあった人々の子孫とも言える）。1750年代に、イギリスの工学者であったジョン・スミートンは、プリマスの海岸沖に灯台を建設するために、花崗岩のブロックをくっつけるさまざまな接合材を試していて、水硬性セメント（水と反応して硬化するセメント）の素晴らしい製法にたどりついた（石膏《せっこう》など他の材料を加えて、焼成の温度や粒の大きさをいろいろと変えると、セメントの性質は変化する[11]。今日では無数の製法があり、天候やプロジェクトの種類やその他の要因に応じた製法でセメントがつくられている）。

他の人たちも配合を調整し続け、やがてこれがローマンセメントと呼ばれるようになった。1800年代の初めには、水硬性セメントは高い信頼を得ており、馬車を通すためのトンネルをテムズ川の下につくる工事でも用いられた[12]。このトンネルは後に鉄道を通すように改造されている。最近も改修工事が行われて今も列車が走っているが、博物館で当時の状態を見ることもできる[13]。

そして1824年に、45歳のイギリスのレンガ職人ジョセフ・アスプディンが、独自のセメント製法で特許を取得した。粉砕した石灰石と粘土を混ぜて高温で焼いたもので、ポートランド島で採れる名高い石灰石に色が似ていたことから、ポルトランドセメントと命名された[14]。そのずっと前から開発を続けていたアスプディンだが、高価な材料を入手するだけの余裕がなく、舗装された道路から石灰石を盗んだとして2回訴えられたこともある。特許を取ったといっても、当時はさまざまなセメント製法の発明者たちが数多くの特許を取得しており、そのうちの1つにすぎなかった。だが、彼のセメント事業は軌道に乗った。他のセメントと比べて強度が高く耐久性に優れていたこともあるが、実は、アスプディンの息子のウィリアムがその性質を徹底的に誇張して宣伝したためでもある[15]。いずれにせよ、このアスプディンのセメントが業界標準となった。今日では、アメリカで製造されているおよそ8300万トンのセメントの95%をポルトランドセメントが占めている[16]。

アスプディンのセメントに砂と砂利を混ぜてできるコンクリートを何かに活用できないものかと、さまざまな人が興味を抱いた。1800年代の初め頃、ジェームズ・プラムという芸術家は、飾り花瓶や彫像、建築物の装飾などをコンクリートでつくり始めた。また、コンクリート製の建造物をつくる試みも始まった。「19世紀のかなりの期間、大部分の人からは無視されていたものの、コンクリート製の壁や床を使って家を建てるのは、セメント業界で活躍する少数の勇敢な者たちにとって魅力的な挑戦だった」とクーランドは書いている。「おそらく、1850年代にイギリスで10軒ほどコンクリートの家が建てられて、そのうちの何軒かは今も残っている[17]」

建築素材としてのブレークスルー

コンクリートは圧縮強度がとても大きく、強い圧力をかけても壊れることなく耐え続ける。一方で、引張強度は小さくて、強い力で引っ張られるとひびなどの欠陥から簡単に割れたり砕けたりするというのが弱点だ。この性質のために、コンクリートの使い道が限られることになった。19世紀の半ばまで、発明家や起業家はこの引張強度を高める方法を模索していた。最も有望な方法は、コンクリートに鉄を埋め込むことだった。これは本質的にはコンクリートに内部骨格を与えることである。曲げようとしても、この内部骨格が、引張応力を吸収するので、全体が壊れるほどのひびが入らずにすむのだ[18]。

あるフランスの農夫は、鉄の棒で補強したコンクリートを使って小舟をつくるという、どうにも無理そうなアイデアを思いついた。完成した小舟は本当に浮かんだ――少しの間だけではあったけれども。浸水した小舟は、池の底へとすみやかに沈んでいった。1867年に、これまたフランス人のジョゼフ・モニエ（名前がジャックとの説もある）という庭師が、ある特許を取った。彼は、大きな植物を植えるために、一般的な陶器（素焼きの粘土）よりも頑丈な大型容器を欲しいと考えた。そして、針金の網を埋め込んでコンクリートを補強するという方法にたどりついたのだ[19]。

これが決定的なブレークスルーとなった。コンクリートそれ自体は、いわば人造石である。だが、鉄や鋼で補強されることで、どんな天然素材とも異なる、金属と石の長所を兼ね備えた建設用素材となるのだ。これこそが、コンクリートがとても広い用途に能力を発揮できる理由である[20]。

ヨーロッパとアメリカの建築家たちはこの新素材を試し始めた[21]。鉄筋コンクリートを使った最初の住宅は、1870年代初めにウィリアム・ウォードという技術者がニューヨーク州ライブルックに建てたもので、今もそこにある。当時は世界最大の鉄筋コンクリート構造の建造物だった。

同じ頃、アーネスト・L・ランサムという若者が、故郷であるイギリスのイプスウィッチを出て、活気あふれるサンフランシスコへと新天地を求めてやってきた。彼の実家は、芝刈り機からボールベアリングまでさまざまな製品の開発を手掛けてきた、代々続く鉄工職人と技術者の一族である。父親のフレデリックは、人造石の製造と販売にも手を広げて、自分でもセメントの配合を開発していた。ランサムは1859年のまだ7歳だった頃から父親の工場で見習いを始めていた。後に彼が記したように、「コンクリート産業がまだ黎明期《れいめい》にあり、大部分は装飾用の人造石の製造に限定されていた[22]」のが当時の状況だった。

整った身なりに気難しげな顔の青年ランサムがサンフランシスコに到着したのは、1870

年頃のことだった。野心的で発明の才のある者にとっては、素晴らしい場所と時代である。かつてゴールドラッシュで富が舞い込んだこの都市は、その頃にはネバダ州近くで新たに起きたシルバーラッシュに向かう拠点となり、鉱業、製造業、鉄道産業の大物たちが集まっていた。急成長するサンフランシスコの人口は1860年から1880年のあいだで4倍近くに膨れ上がり、25万人に達しようとしていた[23]。ランサムは、舗装や建築物の装飾に用いるコンクリートブロックの製造会社で職を得て[24]、同僚たちに自分の父親が製造するセメントへの切り替えを勧めるなどしていたが、数年後にはそこを辞めて自分の会社を立ち上げ、コンクリートの飾り花瓶やセメントの材料を販売するようになった（父親が製造するセメントをようやく諦めて、業界標準となっていたポルトランドセメントに乗り換えていた）。そして、空き時間にあれやこれやと試しては、より強く、より耐久性があり、より多目的に使えるコンクリートをつくるための新たな補強技術の開発に取り組んだ。

1880年代の初頭、サンフランシスコ市当局は、当時一般的に用いられていた木製の歩道では、毎日その上をどかどかと行き来する、しかも大量に増えている歩行者を支えきれなくなると判断した。そして、古い歩道を、もっと丈夫なコンクリート製の歩道に交換し始めた。もちろん、コンクリート製造業者にとっては朗報だ。『サンフランシスコ・クロニクル』紙は1885年の記事で、コンクリートの売り上げが急増しており、その理由を「人造石で歩道や地下室をつくることが、西海岸沿いにあるほぼすべての大きめの街であたりまえになりつつあるため[25]」だと報じている。

ある進歩的な地元の土建業者が、サディアス・ハイアット[26]というアメリカ人発明家が特許を取っていた鉄の棒を埋め込む鉄筋コンクリートの技術を使って、この歩道を敷いた。その出来ばえに感銘を受けたランサムは、ハイアットの手法をいろいろと変えながら実験を繰り返した末に、歴史に残る革新的手法に到達した。まず、厚さ約5センチの角形鉄棒の両端を、裏庭に設置してある改造したコンクリートミキサーに取りつけて、タオルを絞るかのようにねじる。ねじれた鉄棒は全長にわたってコンクリートにがっちりと食い込むうえに、ねじることで引張強度が増すのだ。現在では世界中の鉄筋コンクリートでさまざまな形状の鉄筋が使われるようになったが、これはその最初のバージョンにあたる。

コンクリートの伝道者

しかし、後にランサムが回想したように、商売相手を説得するのは容易ではなかった。「この新しい発明をカリフォルニアの技術協会で発表したのだが、一笑に付されただけだった。私が鉄を傷つけていると、誰もが思ったのだ」。ランサムは、題名がかなりストレートな著作『鉄筋コンクリートの建物(Reinforced Concrete Buildings)』にそう書いている。だが、試験を繰り返すうちに、ようやく納得する者も現れ始めた[27]。ランサムは1884年にこの方式で特許を取得し、同年彼がサンフランシスコに建てたアークティック・オイル・カンパニーの倉庫が、鉄筋コンクリート造で初の大規模な商業建築となった。続いて彼がつくったのがアルボード・レイク・ブリッジだ。これは、ゴールデン・ゲート・パークを通る主要道路の下を歩行者が抜けられるようにしたアーチ型のトンネルである。さらに、パロアルト市の南に新設されたスタンフォード大学キャンパスに、重要な建物を2棟建設している。

鉄筋コンクリートはその能力を証明し続け、ランサムの事業は急成長する。彼はアメリカで第一線のコンクリートの伝道者となった。さまざまな付加的なプロセスや周辺機材についての特許も取得し[28]、自分の方式をどこでも使えるように、リースも始めた。ランサムが成功を収めた理由の1つは、彼の砂に対する強いこだわりにある。一概に建設用の砂といっても、その品質にはかなりのばらつきがある。ランサムが使うのはそのなかでも最高の砂だけだった。「セメントの次に、砂は、コンクリートの強度を決める最も大切な要素なのだ」建設業を目指す人に向けて、自著でこのように書いている。「熟練したコンクリート専門家ならばよく理解していることだが、最高品質の砂は、清潔で、鋭角的で、つぶの細かいものから粗いものまできちんと等級分けされている[29]」

一方、鋼の価格は急落していた。製造方法が急激に進歩したことと、基本原料である鉄の巨大な鉱床がミネソタ州で発見されたためである。この低価格化によって、コンクリートに入れる鉄の棒を鋼に替えることが可能となり、鉄筋コンクリートはさらに頑丈になった。セメントの価格も下がっていったので、鋼と石材の建物よりも、コンクリートを使うほうがコストを抑えられるようになった。そして１９０３年に、この駆け出しの建材が、世界中の話題をさらうこととなる。ランサム方式を採用した建設業者がオハイオ州シンシナティに16階建てのインガルス・ビルディングを建てたのだ。当時で世界一高いコンクリート造の建物であり、世界最大の高層ビルとほぼ並ぶほどだった。

だが、地震の起きる１９０６年までは、鉄筋コンクリート構造のビルはカリフォルニア州でほとんどつくられていなかった。これは政治力のある建設業労働組合から強い抵抗があったためであり、特にランサムの本拠地であるサンフランシスコでそれが顕著だった[30]。レンガ職人や石工らは、コンクリートが自分の職業に致命的な打撃を与えるに違いないと見抜き、「コンクリートはその有効性が立証されておらず安全ではない」と反発した。地震のわずか数カ月前にも、ロサンゼルスのレンガ職人と製鋼工のグループは、市内でのコンクリート造のビル建築を禁止するよう市議会に訴えていた[31]。

職人たちは、反対材料としてコンクリートの建物がとにかく見苦しいという点も挙げていた。『レンガ職人（The Brickbuilder）』という月刊業界誌の、１９０６年5月号に掲載された記事にはこんな訴えがある。「さえない灰色のコンクリートの都市は、あらゆる美の法則に反するものだ。（中略）建築において、コンクリートには、人の目に訴えかけるような魅力がまったくない。私たちの町を、コンクリートの技術者やコンクリートを使いたがる連中が提唱するような醜悪なものに変えてしまう前に、いったん立ち止まろうではないか[32]」

だが、コンクリートは着実に支持を広げつつあった。振り返ってみると、この経緯は、それから何十年も後に訪れるコンピューターの黎明期とかなり似ている。最初、人々がその新技術を有望そうだと感じたとしても、これまで多くの試練に耐えてきた、信用のおける昔ながらの方法より本当に優れているのかという疑いの声があがる。信頼できる紙の台帳が、あるいは頼もしいレンガが今の仕事を十分にこなしているというのに、なにやら新奇な発明品に賭けて事業を危険にさらす理由があるだろうか。初期の荒削りな状態にあるそれをいじくって使い道を探そうとするのは、ごく少数の人々——発明家やハッカーや趣味人たち——だけだという期間がかなり続く。だが、コンクリートも、コンピューターと同じく、段々と洗練され、信頼性も増して、使い勝手もよくなるうちに、ほとんど誰でも使えるレベルに達したのだ。

ついに主流となったコンクリート

コンクリートがついに他の建築手法を上回った明確な瞬間があるわけではない。だが、1906年の地震とその後の火災でビーキンス社の倉庫が倒れなかったという事実は、他にも多くのコンクリート製の土台や床、建物などがそのままの形で残っていたことと合わせて、ひとつの分岐点となった。（この倉庫はまったく問題のない状態だったので、ビーキンス社は震災で家を失った地元の人たちのための避難所にした[33]。）コンクリート業界は明らかにそう考えたようで、コンクリート普及という大義のためには瓦礫の写真を使うこともいとわなかった。そして、「アメリカのセメント産業はさまざまな偏見に屈することなく成長し、サンフランシスコ地震と火災においてコンクリートが見事にその能力を実証したことによって、最後の疑念すら吹き飛ばし葬り去ってみせた」と、『セメント工学ニュース（Cement and Engineering News）』誌の1906年6月号で宣言したのである[34]。

このように考えたのは業界誌の編集者ばかりではなかった。1907年にアメリカ地質調査所の指示により地震被害に関する報告書が作成されたが、その3名の著者の1人である陸軍工兵隊のジョン・スーウェル大尉は、次のように記載している。「地震の衝撃に際して鉄筋コンクリートが非常に有効であったことは否定できない」。さらに、「各種の頑丈なコンクリート構造は、いかなる地震国における深刻な被害に対しても安全である。ただし、スリップ（地震断層のずれ）の線を横切って建てられている場合はその限りではない」。また、このようにも記している。「これまでレンガ職人の組合や類似の組織による反対があったため、サンフランシスコのビルのどの部分に対しても鉄筋コンクリートを使用できなかった。この労働組合の活動により、市にかなりの金銭的負担がかかることとなったのだ。彼らの活動が今後も続けば、将来的にさらに多くの負担を被ることとなるだろう[35]」

ロバート・クーランドは著作『コンクリート・プラネット』で、スーウェルらによるアメリカ地質調査所の報告書は「偏った見方をしており、鉄筋コンクリート建築には好意的で、石造の建築物には批判的だった」と主張し、3人のなかで後に全米セメント活用協会の会長になった者がいることも指摘している。確かに、サンフランシスコにあった建造物のうち鉄筋コンクリート造でも地震により崩れたものはあったし、レンガ造なのに完全に無傷の建物もあった。だが、こういった事実はアメリカ地質調査所の調査員からは無視されるか、あるいは軽視されたのだ[36]。

だが、もうそんなことは関係なかった。コンクリートはPR合戦を勝ち抜いたのだ。火災の数週間後の『サンフランシスコ・クロニクル』紙の記事も威勢がいい。「このような建物や、建物の一部は、実質的に無傷で地震という試練を耐え抜いた。（中略）鉄筋コンクリートの屋根や床は、あの地震を乗り越えて勝利を収めたのだ」。そして、こう結論した。「今の私たちには鉄筋コンクリートがある。ほとんど完璧に近く、使用に耐えることも実証された。鉄筋コンクリートがあれば、（中略）これまでよりも軽くて優雅で美しくさえある構造の建築物をつくることができる。その建築物には、天然石の重みに耐えられる強さと、衝撃を受けたときの振動に耐えられる鋼の引張強度、石の彫刻に近いほどの芸術性、そして何にも増して、耐久性と耐火性とが備わっているのだ[37]」

しかし、サンフランシスコ市の建築基準では、重量のかかる高い壁にコンクリートを使うことはまだ禁止されていた。ランサムとその賛同者たちは基準の変更を訴えたが、昔ながらの職人にとってはその基準こそが最後の砦だった。都市再建は差し迫った問題であり、コンクリートをめぐる議論は白熱した。地震によって約22万5000人が住む場所を失ったが、これは市の人口の半分以上なのだ（『ロサンゼルス・タイムズ』紙がこの議論を取り上げた記事では、建設を遅らせているもう1つの問題は労働力の不足だと指摘されている。状況があまりに深刻なために「パシフィック解体工事社のウィリアム・マックスウェルは、白人と同じ賃金で日本人を雇わざるをえなくなった」とある[38]）。

地震の2カ月後、サンフランシスコ市の監理委員会（市議会に相当）は、建築基準の変更について議論するための会議を開いた。賛成と反対の双方で、発言の希望者が殺到したため、委員の1人は、全員の話を聞いていては「丸1年かかる」とこぼしたほどだった。そしてついに、反コンクリート派が敗れた。監理委員会はコンクリート建築を許可し、ゴーサインを出したのだ。

だが、レンガ職人たちも諦めない。翌年、組合は、コンクリートを使った建築の仕事に関わることを組合員に禁じ、「コンクリート産業と関係のある建築業界の他のすべての分野の仕事をボイコットする」と圧力をかけたと、『サンフランシスコ・クロニクル』紙が報じている[39]。しかし、その頃には、すでに勝敗は決していた。1907年に地方紙が報じたところによると、「もうすぐ、ダウンタウンで焼け落ちた地域のほぼすべてのブロックに、自慢できるような鉄筋コンクリートのビルが少なくとも1棟は建てられる。至るところで、進捗もさまざまな建設現場が見られるようになるだろう[40]」。1910年までに、市は鉄筋コンクリート構造のビル132棟の建設を許可していた。さらに、火災の後で建てられたほぼすべての新しい鉄骨構造のビルには、コンクリートの床が入った。「1911年になっても、鉄筋コンクリート構造での建築にはまだ障壁があったが、それはコンクリート使用への流れを遅らせたにすぎない」建築史家のサラ・ワーミールはこのように記している。「もう堰《せき》は切られたのだ[41]」

奇跡の素材、コンクリート

地震の数カ月後に、トーマス・エジソンは――この時代のスティーブ・ジョブズで、電球や蓄音機をはじめ多くの発明を行った人物である――、彼を讃えて晩餐《ばんさん》会に集まったニューヨークの要人を前に、テーブルスピーチをした。誰かがエジソンに、あなたの次の奇跡的な発明は何になりそうですか、と訊ねた。「コンクリートの家だよ」そう答えたエジソンが、耳を傾ける人々に語りかけた。「想像してくれたまえ。火事にならず、シロアリもつかず、カビも生えず、自然災害にも耐えられる家を」

エジソンは長年にわたるコンクリートの信奉者であった。1899年にはニュージャージー州に巨大なセメント工場を建て、コンクリートとセメントに関する特許を多数取得していた。そして地震の後、彼は本格的な伝道者となる。

「水硬性のポルトランドセメントを1だとして、その3倍の砂と5倍の砂利を混ぜるんだよ。（中略）そうすると、とてつもなく硬いコンクリートができるんだ。私なら、レンガ造のだいたい半分のコストで、コンクリートの建物を建てられるね」。エジソンが『サンフランシスコ・コール』紙の記者にそう話したのは、ニューヨークでの晩餐会から少し後のことだった。「家の外壁をコンクリート製にするだけじゃない。家のなかを仕切る壁や、階段、マントルピース、暖炉なんかもコンクリートでつくるんだ」。そして最高の締めくくりとして、「渦巻きや花の形の模様がついた」コンクリートで外壁を飾るのだと語った[42]。後に、エジソンはコンクリートの家具を売り出すことも約束している。「そうすれば、パリやライン川沿いの豪邸にあるものよりもずっと芸術的で耐久性がある家具を、労働者でも自宅に置くことができるからね[43]」。自分は事実上どんなものでもコンクリートでつくることができるし、そうするつもりだとエジソンは主張した。ピアノでさえ、つくれるのだと。

これが、サンフランシスコの大火災という試練を乗り越えたコンクリートに寄せられた称賛だった。コンクリートはゴージャスですらあったのだ。今日、私たちがコンクリートについて考えるとき（仮に考えることがあったとしてだが）、コンクリートは醜さや抑圧と関連づけられることが多い。たとえば、殺風景な刑務所の壁、陰鬱で人間性を失わせるようなコンクリートジャングル、といった具合だ。しかし、その昔、コンクリートは奇跡的ともいえる素材であり、地球で最もあたりまえの物質を利用して人類の最も崇高な野心を実現させられる、進歩の具現ともいえる存在だったのだ。このエジソンの住宅建築プロジェクトは立ち消えとなり、彼のコンクリートのピアノが演奏会で使われることはなかったが、それによって、世界制覇に向けたコンクリートの行軍のペースが落ちることはなかった。

「人々が急激に鉄筋コンクリートを好むようになったのは、奇跡のようなものだ。今では、木材や鉄鋼や石材が適しているほぼあらゆる構造体に、コンクリートが使用されている」。1906年、『サイエンティフィック・アメリカン』誌でそう明言されている[44]。世界中で、コンクリートのオフィスビルや集合住宅、ホテル、ダム、道路、彫像、さらには船さえもが、すさまじい勢いでつくられていた[45]。「コンクリートの快進撃に限界はないのだろうか」、1908年に『ロサンゼルス・ヘラルド』紙は感嘆の声をあげている。「石のように硬く、鋼鉄のように強く、木材に近いほど安く、粘土のようにどんな形でもつくることのできる、この古くも新しい建築素材が、毎日、なにかしら新しい形で使われている。(中略)鋼鉄はもう長らくの王者だった。だがその玉座をコンクリートが奪おうとしているのだ[46]」

当時の合衆国は、現在の中国やインドとよく似ており、人口の急増と爆発的な都市化という抱き合わせの現象の真っただなかにあった。国の人口は平均で毎年150万人ずつ増加し、人々がどんどん都市部へと移っていた。都市人口は1890年から1910年のあいだでほぼ倍増している。1920年には、初めて、農村部よりも都市部に住むアメリカ人が多くなっていた[47]。そしてますます、住む場所と、職場と、通勤で使う道路が、コンクリートでつくられるようになった。

アメリカ人がコンクリートを使うようになるほど、より多くの砂が必要となった。そして、これまでに見たことがないほど大量の砂が運搬されるようになる。アメリカ地質調査所によると、1902年にアメリカで生産された建設用の砂と砂利は、45万2000トンだった。それが、たった7年後には100倍以上に増加し5000万トン近くになっている[48]。

途方もない量だと思うかもしれないが、これを聞けば考えが変わるだろう。実は、ニューヨーク市の幹線道路や、エンパイア・ステート・ビルディングやクライスラー・ビルディングなどの高層ビルには、2億トン以上の砂が費やされているのだ。その大部分が、ロングアイランドで採取されたものであり、ロングアイランドは今でもニューヨーク市の需要の大部分を支えている。この島に良質な建設用の砂が豊富にあるからこそ、ナッソー郡（島内でクイーンズ区の東隣にある）が郊外エリアとしてニューヨーカーに好まれ、別荘を構える人も多いのだ。「ナッソー郡北側の大きな丘陵には、建設用に最適な砂が豊富にある」1912年の『ニューヨーク・タイムズ』紙の記事は、この地域の急成長の背景をそう説明している。それだけでなく、郡の南側の「浜辺から供給される無尽蔵の砂」でつくられたコンクリートブロックが、「郡のほぼすべてのコミュニティ」で使用されているのだ[49]。

砂のもたらす財産と壮大なプロジェクト

常に安価な砂ではあるが、それほどの量ともなれば、大金を稼ぐチャンスとなる。学校を8年生（中学2年生に相当）で退学した23歳のヘンリー・クラウンは、1919年、2人の兄とともに、1万ドルの借金を元手としてシカゴの建築会社に砂と砂利を販売する会社を始めた。父親はリトアニアからの移民で（元の姓はクリンスキー）、低賃金の工場労働者である。クラウン家の兄弟は鉄道車両で運ばれる砂を購入して、馬や荷馬車で配達した。まもなくして兄のソルが結核で亡くなると、ヘンリーが事業を率いることとなった。

当時、シカゴの人口は爆発的に増加しており、1910年から1920年のあいだに住民が50万人増えている[50]。建築ブームのなかで建材を供給するというのは素晴らしいビジネスチャンスだった。クラウンのマテリアル・サービス・コーポレーション社は急成長し、砂と砂利の採取場と採石場、処理工場も自社用に購入した。創業から5年でクラウンは百万長者になっていた。後にクラウンがつくらせた採取専用の平底荷船にはポンプがついていて、ミシガン湖の底から砂を吸い上げられるようになっていた。彼の会社の骨材は、シカゴ名物のループ（鉄道環状線）やシビック・オペラハウスの建設でも使われている。

クラウンは同様の大胆さで不動産方面にも手を伸ばし、数年間、エンパイア・ステート・ビルディングのオーナーにもなった。彼のマテリアル・サービス・コーポレーション社は、後に、アメリカの防衛関連事業で最大手のジェネラル・ダイナミクス社と合併する。それでも、クラウンは控えめな態度を崩さなかった。『ニューヨーク・タイムズ』紙の死亡記事によると、「彼は自分のことをたいして教育も受けていない〝砂と砂利の男〟だと言い、つとめて目立たないようにし、ひそやかに権力を固めていた」のだ。1990年に亡くなったときには、数十億ドルの資産をもつアメリカ有数の富豪一族の当主となっていた[51]。彼に最初の一歩を踏み出させた会社は、今も骨材を扱う大手企業である。

コンクリートは、西欧諸国の権勢と傲慢とが頂点に達した20世紀初頭の、壮大な野心にまさにうってつけだった。コンクリートがなければパナマ運河はできなかっただろう。その工事は、1903年に始まり、国全体の景観と世界の輸送航路を一変させた。また、第一次世界大戦では、コンクリートで何百万という部隊のための掩蔽壕《えんぺいごう》がつくられた。これはとても重要な設備であったので、ドイツ軍は現地調達に頼ることをせずに、高品質な砂と砂利をライン川沿岸から前線まで荷船で運ばせていた[52]。世界中で、自動車やさまざまな工業製品を量産するための巨大な工場がコンクリートでつくられた。サンフランシスコのゴールデン・ゲート・ブリッジの基礎部には、100万トンのコンクリートが使われている。さらに、当時イギリスの植民地だった香港は[53]、1920年代にあまりに大量のコンクリートを製造したため、砂の供給がまるで追いつかなくなった。泥棒たちが海岸の砂を剝ぎ取り始め、さらには川辺の墓地を掘り起こして、村人とのあいだに暴力的な衝突が起きている。

この時代の頂点ともいえるプロジェクトとは、当時の世界最大規模を誇った堂々たるフーバー・ダムの建設である。コロラド川をせき止めるコンクリート製の一枚岩のようなダムをつくるために、大量の砂と砂利が使われた。1台の貨物列車に積むとしたら、2100キロメートルの長さの列車が必要となるほどの量である。これらすべてを採取し、分類し、運搬するというプロセスそれ自体が、工学的な難問だった。

この仕事を請け負ったのが、ヘンリー・J・カイザー所有の、カリフォルニアに本社を置く道路建設会社である。カイザーはこのとき、アメリカで最大級の富と権力を備えもつ実業家となる階段を上ろうとしているところだった。ここで巧みな手法でダム建設のための砂と砂利を供給できれば、名を上げることができる。カイザーと、彼の部下で骨材の専門家のトム・プライスは、ダムから約10キロメートル離れた場所で砂利と砂の宝庫を発見し、当時で世界最大規模の骨材のプラントをそこに建てた。重機によって地表から削り取られた何百万トンもの骨材は、貯蔵庫やベルトコンベヤーや貯蔵容器の迷宮のようなこの施設で、絶え間なくふるいにかけられ、分類された。

砂には特別の注意が払われた。コンクリートの性能について、プライスはインタビューでこう語っている。「施工性や均質性といった重要な性質は、あらかた砂で決まることがわかっています[54]」。砂利から選り分けられた砂は、浮選タンクに入れられて、大きさによってさらに分類された。後にアメリカ国立公園局がまとめた報告書[55]によると、機械仕掛けの熊手のようなものによってタンク内の「泡立つ水からかき出される帯状になったぬれた砂は、まるで原始の軟泥から這い出てきたどろどろの太古の怪物かなにかのようだった」という。このプラントでは1時間あたり700トンの骨材が生産され、特注の列車に積み込まれてダムへと運ばれた。

コンクリートには、さらなるコンクリートを引き寄せる力がある。フーバー・ダムの巨大貯水湖であるミード湖によって大規模な給水が可能となり、水力発電も行われるようになった。水源と電力源が確保できたおかげで、砂漠の真ん中に、ラスベガスやフェニックス（アリゾナ州の州都）を——コンクリートとガラスとアスファルトの都市を——つくることができたのだ。

また、コンクリートの普及によって、これまでになかったタイプの建築が生まれた。その最初期の伝道者の1人が、アメリカの建築家フランク・ロイド・ライトである[56]。ライトは、コンクリートを使えばまったく新しい形状が可能となることを理解していた。ニューヨークにあるソロモン・R・グッゲンハイム美術館をご存知だろうか。ライトの設計による、上に向けてらせんが広がるあの建物だ。ライトはあの突飛な幾何学的構造を「ガナイト（Gunite）」という吹き付けコンクリートで実現させた。一般のコンクリートに比べると、砂が多く砂利が少ない配合となっているので、直接ノズルから垂直面に吹き付けることができるのだ[57]。レンガならば、あの形をつくれただろうか？

言ってみれば、ライトの作品が舗装した道を通って、ヴァルター・グロピウスのバウハウス学校、ル・コルビュジエのインターナショナル・スタイル、リチャード・ノイトラのモダニズム建築が後に続いたのだ。モダニズムからブルータリズムが生まれ、第二次世界大戦後に人気を博した。荒々しく、鋭角的で、誇らしげにコンクリートを多用する様式である。現在、「ブルータリズム」という用語は、より広範に用いられることが多くなっている。都市部の景観の大部分を決定づけている一般的な様式、たとえば、実用一点張りでそっくりに見える工場や倉庫、四角い形の画一的なビル、安アパートの並び、冷たく機能的にカーブする立体交差路などだ。

20世紀の最初の数十年が過ぎる頃には、コンクリートへと姿を変えた砂と砂利が、都市の構成要素としていたるところに存在するようになっていた。同時期に、これら小さな石のつぶの大軍勢がさらに動員されて、各都市を結ぶ道路へと生まれ変わりつつあった。

第3章

善意で舗装された道はどこに続くのか

アメリカ州間高速道路網の計画

1919年の夏、ある若きアメリカ陸軍中佐が、メリーランド州のキャンプ・ミードでデスクワークに縛りつけられて、不満をため、落ち込み、腹を立てていた。第一次世界大戦中には、アメリカ本土での訓練キャンプの監督という任務を割り当てられ、戦場に赴くことはまったくなかった。書類をぺらぺらとめくるのはもううんざりだった[1]。妻と幼い息子が恋しいが、国を半分以上も横断しなければならないコロラド州にいる。何かもっと面白いことを、できれば停滞している自分のキャリアにとってプラスになることをしたいとうずうずしていた。そんなとき、東海岸から西海岸までトラックで横断する車両隊への志願者を求めていると聞いて、この28歳の将校は――陸軍士官学校を卒業した野心あふれるドワイト・アイゼンハワーは――即座に名乗りをあげたのだった[2]。（当時、アイゼンハワーの階級は中佐だったが、1920年に大尉に戻され、その後再び中佐となったのは1936年のことだった。）

この未来の大統領は、後の回想録『休めの姿勢で――私が友達にする話（At Ease: Stories I Tell to Friends)』でこう記している。「勾配が緩やかでカーブもちゃんと設計されているような、コンクリートやマカダム工法でつくられた今の道路しか知らない者にとっては、うんざりするような道程だっただろう。当時は、この任務が達成できるかどうかもわからなかった。誰も試したことのない大きな挑戦だったのだ[3]」

現在のアメリカの道路交通網は、舗装された幹線道路を中心にかっちりと設計され、構築され、整備されているので、ほんの100年前のことなのに、どれほど都市を結ぶ道が少なくて、どれほどそれらがお粗末な状態であったかを想像することさえ難しい。1904年には、舗装された道路は、都市内の道路を除外すると、アメリカ全体で総計227キロメートルだった[4]。それ以外の大部分は土を固めただけの道で、冬にはぬかるみ、夏には穴と轍《わだち》だらけの障害物コースのようになった。どこまでも広がる大地には、西部はとりわけそうだったが、都市と都市をつなぐ道路などまったくなかったのだ。

車での大陸横断は、数名の勇敢なパイオニアしか試みたことのない偉業だった。最初に成功したのは、バーモント州出身の、その功績にふさわしい名前をもつ医師、ホレーショ・ネルソン・ジャクソンだ。サンフランシスコからニューヨークまで2気筒20馬力の自動車で地道に進み、横断には63日かかっている。数年後、ニュージャージー州の主婦アリス・フィラー・ラムジー率いる4人組の女性たちが同じ道程を逆向きに走破したときには、記録は4日縮まった[5]。

アイゼンハワーがアメリカ横断の長旅に向けて荷造りを始めた頃は、全国の主要道路の状態は少しずつ改善されつつあった。これは自動車の急速な普及に負うところが大きい。その頃までに、アメリカではこの排気ガスを噴出する驚異の機械が100万台以上販売されており、愛車を走らせるための快適な道を求める声が高まっていた。当時「戦争省」という名称だった旧陸軍省でも、戦闘の道具としての自動車の可能性が脚光を浴びていた。「この新型の車両は、訓練の現場や戦闘時の支援においてその能力が十分に確認されており、移動速度の速さと、電車の時刻表や路線に制約を受けない機動性とが得られることがわかっていた」とアイゼンハワーは書いている。政府からすれば、車両隊によるアメリカ横断とは、乗用車やトラックの軍事能力をはかることができ、確実な宣伝活動にもなり、急成長する自動車産業への支持を示すこともできるチャンスであった。

81台の車両を連ねたこの「トラック行列」には、トラックやオートバイ、救急車、炊事用車両（フィールドキッチン）が含まれており、さらには記者や自動車会社の担当者をぎっしり乗せた乗用車なども引き連れて、1919年7月7日午前11時15分にワシントンDCを出発した。4時間もたたないうちに炊事用車両の荷台部分の連結が壊れた。その後も車両隊を襲う数々の機械トラブルのほんの始まりである。初日に進んだ距離は、合計で74キロメートルだった。

だが、最悪の問題は、車両に関する部分ではなく、彼らが進まねばならない道にあった。東寄りの州の一部で敷設されていたコンクリートの道路でさえも、トラックにとっては狭すぎる場合が多く、タイヤが舗装部分から外れてしまう。道路の多くは舗装されたきりの放置状態で、ひどいでこぼこがあり、その上を走るのは至難の業だった。重量のあるトラックによって舗装がぶち抜かれるだけでなく、貧弱な橋がいくつも壊されたため、後続の車は川を渡るのに苦労した[6]。

だがそれも、まだましなほうだった。イリノイ州で、道路は土に変わった。「事実上、カリフォルニアに到着するまで、舗装された道路はなかった」とアイゼンハワーは公的な記録に記している。オートバイの偵察隊は先のルートを見つけるため車両隊より前を進んだ。ユタ州からネバダ州への長い道のりについて、アイゼンハワーはうんざりした様子で「道は、砂ぼこりと轍とくぼみと穴の連続である」と記録している[7]。トラックは塩類平原にはまりこんだり、流砂で立ち往生したりした。ときには、何十人もの兵士が連なって、動かなくなったトラックを人力で牽引しなくてはならなかったし[8]、車両隊が5キロメートルほどしか進めない日もあった。「自動車も、バスも、トラックも、なんの未来もないのではないかと何度も思った」アイゼンハワーは当時の思いをそう綴っている[9]。そしてついに彼らがサンフランシスコに到着したときには、演説やパレード、叙勲などで迎えられたのだった。

アイゼンハワーは、同行したほぼすべての将校とともに、アメリカの道路を改善するために誰かが何とかしなければならないと上官に訴えた。そして何十年もの後にその「誰か」となったのは、彼自身だった。実際に彼が建設に着手したのが、以降数十年にわたり最も先進的かつ網羅的であり続けた舗装道路のネットワーク――アメリカ州間高速道路網であった。

大陸全体にわたるネットワークを構築するために、この元帥まで務めた大統領は、途方もない量の建設用の砂を用いるよう号令をかけた。アメリカ州間高速道路は1キロメートルごとにおよそ9400トンのコンクリートが使われている[10]。さらに、中央分離帯や陸橋、出入道路、道路の基盤も含めて全部を合計すると、この州間高速道路網すべてをつくるのに15億トンの砂利と砂が用いられた[11]。このコンクリートで、月までの歩道をつくって、さらに戻りの歩道もつくって、それを2度繰り返すことが十分にできるほどの量だった[12]。

これらすべての砂と砂利が道路という形で敷かれたことで、アメリカは劇的な変貌をとげた。アメリカで、そして世界中のますます多くの場所で、何億という人々がどのように暮らし、どのように働き、何を大切にし、さらには何を食べるのかといったことまで、舗装道路はそのあり方を根本から形づくっている。

互いに成長を促し合う自動車とアスファルト舗装

車輪の下に平坦で耐久性のある道が欲しいというのは、古代からある願いだ。紀元前4000年という昔から、人々は頑丈な道をつくってきた。メソポタミアの都市のウルやバビロンでは通りに泥レンガが敷かれていた。その泥レンガ同士をくっつけるために使われていたのが、天然に生じる「瀝青《れきせい》」という粘りとべたつきがあるタールのような物質で、別名をアスファルトという[13]。

舗道を意味する「pavement」という言葉は、ローマ人に由来する。帝国内を結ぶために大規模な道路網を初めてつくりあげた人々だ。ローマ人たちの道は石の層で表面を覆われており、これが「pavimentum」と呼ばれていた[14]。現代的な舗道の起源は18世紀のイギリスにある。ジョン・メトカーフというイギリス人が開発した道路システムで、基礎となる大きな石を砂利の層で覆う構造になっており、水はけがよい。彼はこの方法を使い、ヨークシャー地方などで総計2900キロメートルの道路を建設している。

1816年、スコットランド人のジョン・ラウドン・マカダムは、尖った砕石の層を敷くというアイデアを思いついた。それを、馬にローラーをひかせて締め固めることで、強い表面をつくるのだ。さらに別の道路建設者がこのプロセスを改善して、熱したアスファルトを加えて、砂ぼこりを抑えて石を接着させるようにした。この手法は、先駆けであるマカダムの名と組み合わせてタールマカダムと名づけられた。ここから、砂と砂利にアスファルトを加えてアスファルト舗装をする手法が発展した。アスファルト舗装は「ブラックトップ」あるいは「瀝青コンクリート」とも呼ばれるが、アメリカでは単にアスファルトと呼ばれることが多い。現代のアスファルト舗装の多くは、90％以上が砂と砂利である[15]。

あまりコストをかけず簡単につくることができ、しかもとても効果の高いアスファルトは人気を博した。フランスでは1852年にパリとペルピニャンを結ぶ幹線道路の一部で最初期のアスファルト道路がつくられている[16]。それから数十年のうちに、ロンドンとパリの多くの道路がアスファルト舗装となった。アメリカに持ち込まれたのは1870年のことで、ニュージャージー州ニューアーク市の市庁舎前がアスファルト敷きとなった。すぐにワシントンDCのペンシルベニア通りが続いた。その後まもなくして、ニューヨーク市は、レンガや花崗岩や木材の使用をやめて、アスファルト舗装の採用を決定している。この時代に最もよく使われていた輸送手段は馬であり、道を際限なく行き来していた。アスファルトが木材に優る利点の1つは、この馬の尿を吸い込まないことだった。しかも、レンガや石とは違ってアスファルトには隙間がないので、馬糞が詰まることもなくなり、深刻な健康被害も避けられる。

その当時、アメリカで使用されていたアスファルトのほぼすべてが天然のもので、カリブ海のトリニダード島とベネズエラにある巨大なアスファルト湖から船で輸入していた（ロサンゼルス市にあるラ・ブレア・タールピット[17]もまた、天然アスファルトの池である）。需要が高まるにつれて、徐々に、輸入される天然素材の代わりに人工のアスファルトが使われるようになった。ここで、もう1つの急成長しつつある産業——石油産業が関わってくる。幸運にも、アスファルトは原油からガソリンを精製する際の副産物なのだ。つまり、自動車の燃料であるガソリンを製造すればするほど、アスファルトもたくさんできるので、それで道路を敷くことができて、その上を自動車が走るという寸法である[18]。

一方、道路建設業者は、建設業界で大評判のあの材料も試していた。そう、コンクリートだ。1891年、オハイオ州ベルファウンテン市で、ジョージ・バーソロミューという発明家が世界で初めてコンクリート舗装の道路をつくった。まだ実績のない新奇な材料であったので、市の役人から敷設の許可をもらうために、バーソロミューは砂などすべての原材料を寄付し、少なくとも5年間は道路が持ちこたえることの保証として500ドルを納めなければならなかった[19]。こうしてできた通りは、今日まで同じ姿で残っている。

以降ずっと、道路建設の市場では、アスファルト産業とコンクリート産業のあいだに熱のこもったライバル関係が続いている（黒色の道路がアスファルト舗装で、灰色がコンクリート舗装だ）。1950年代には、コンクリート業界の中心的な業界団体が、映画スターのボブ・ホープを起用した全面広告を雑誌に出した。ボブ・ホープはこう宣言している。「どうやって新式のコンクリートで、この平坦で滑らかな乗り心地を実現させたのかはわからないが、気に入ったよ。運転が楽で、とてもリラックスできるんだ」。広告では、維持費がアスファルトよりも60％低いことが強調され、「コンクリートは納税者にとって最高の友達です」と誇らしげに書かれている[20]。だが最近アスファルト製造業者が喜んで言っているのは、「アメリカの舗道全350万キロメートルのうち約93％がアスファルトで舗装されている」ということだ[21]。コンクリートの基礎の上をアスファルトで覆っているだけの場合が多いということまでは、彼らは触れないけれども。

アスファルトもコンクリートも、基本的には、砂利や砂がくっついているだけのものだ。違いは、結合剤にある。コンクリート舗装の場合はセメントが、アスファルト舗装ではアスファルト（瀝青）が結合剤だ。

一般に、アスファルトの基本的な長所とは、敷設と維持が安価であり、なめらかで静かな乗り心地が得られることだ[22]。一方、コンクリートの長所は、長持ちすることと、そもそも修理がそれほど必要とならないことである。どちらを選択するかは、お役所の担当部署がどれだけの予算を充てられるかで決まる。

いずれの舗装も、都市の街路に使われ始めたのは19世紀の終わりである。だが当時は都市部を離れると、土でできた道しかなかった。単に、道路はそれほど重要視されていなかったのだ。アメリカ史のほとんどの期間で、離れた場所にたくさんの人や大量の物品を運ぶ際には、水路が利用されてきた。川や湖、運河、海岸などを利用して、開拓地のあいだで物資や人が運ばれたのだ。次に登場したのが鉄道で、これは19世紀半ばのことである。すでにできていた主要地点が線路で結ばれて、人々がさらに内陸へと移住しやすくなった。この蒸気機関車によって、水路が使われなくなった場所もあった。道はというと、大層なものではなく、地元での移動やちょっとした荷物を馬や荷馬車や徒歩で運ぶのに使われていた。

しかし、誰もが急に車を欲しがり始めた国で、こんな状況が続くはずもない。1900年にはアメリカで登録されていた自動車はわずか8000台だった。だが、品質が改善されると、売上は急激に伸びる。手回しのクランク棒に代わって電気式スターターでエンジンをかけられるようになるなど技術的に進歩したことで、当時、「馬なし馬車」と呼ばれていた自動車は、特に女性にとってますます魅力的になった。そして、1908年、ヘンリー・フォードによってT型フォードが発売された。比較的安価で、誰もが乗れる大衆車となることを目指した車である[23]。1912年までに100万台近い車がアメリカの道路を走っており、その10%がこのT型フォードだった[24]。さらに、農家が農産物を運ぶために投資して購入した新型トラックも加わって、車だらけになってきた。トラックは、鉄道に代わる輸送手段となりつつあった。当時、まだ2100万頭の馬が人と貨物を運んでいたが、車がこれまで以上にその重要性を増しているのは明らかだった。

だが、自動車は、もっと多くの、そしてもっと頑丈な道路がなくては、遠くまで行くことができない。舗道がない場所での車は、雪がない場所でのスキー板のようなものだ。それを使ってどこかに行けたとしても、速度は出ないし、手間もかかる。自動車がその栄華を極め、究極の支配を手に入れるためには、砂の途方もない大部隊を展開する必要がある。舗装という形をとった砂と砂利は、自動車を活用するための決定的な要素であり、自動車を物好きな金持ちだけの道楽から、あらゆる人にとっての多目的な輸送機関へと変える基盤となった。

自動車人気が高まるにつれて、国内のさまざまな団体が「よい道路」を求めたロビー活動を開始した。最初のコンクリートの幹線道路は、1913年にアーカンソー州パインブラフの近くに敷かれた長さ37キロメートル、幅2・7メートルの道路である。その翌年には、全国で総計3779キロメートルのコンクリートの道がつくられていた[25]。

自動車と舗道は、互いの成長を促し、共生的に支えあっていた。車を買う人が増えるほど、舗道が必要となった。そして、舗道が増えるほど、より多くの人が車を欲しがった。この好循環は現在まで続いている。今や多くの場所で、移動のための選択肢は実質的に道路だけとなっており、車を使うしかなくなっているのだ。

だが、1919年になっても、アイゼンハワーが車による長い冒険の旅で痛感したように、国を横断するどころか州から州への移動であっても、舗道を見つけることは期待できないような状況だった。

アメリカ最初期の道路開発者

アイゼンハワーの車両隊の冒険と同じ頃に、問題を自分で解決しようと決心したのが、カール・グレアム・フィッシャーである。スピードを愛したこの男が魅せられたのは、20世紀への変わり目に流行し始めた高速で動く新型の車輪つき機械であり、最初は自転車、次は自動車に夢中になった。フィッシャーはこれらの新しい発明品を普及させるために、そしてその潜在的な能力を限界まで引き出すために、国じゅうの誰よりも力を尽くした。その方法とは、アメリカで初期の道路開発の第一人者となることだった。彼が鳴り響かせた召集の合図に応えて、何百万トンもの砂が集まり、彼の愛した自動車のためにアメリカの最初の幹線道路へと姿を変えたのだ。

1874年にインディアナ州で生まれたフィッシャーは、この時代のリチャード・ブランソンと言えよう。先見の明のある起業家としての顔と、ショーマン兼セールスマンとしての顔があり、向こう見ずな性格と、自分の企画を魅力的に見せられる直感的な才覚とを兼ね備えた、贅沢三昧の大富豪であった。当時はとてつもなくリッチな有名人だったが、今ではそんな彼を覚えている者はほとんどいない。フィッシャーは12歳で学校を退学し、自分の才能をもっと適性のあることへと注ぎ込んだ。金もうけである。15歳になるまでは、列車で新聞やタバコの売り子をしていた。子どもの頃から無鉄砲で、綱渡りをしたり、後ろ向きに全速力で走ったりするのが大好きだった。そして、当時、人気を集めつつあった自転車の、顔に受ける風や胸が高鳴るスピード感にすっかり魅せられてしまった。数年のうちに十分な金額を貯めて、インディアナポリスに自分の店をオープンした。自転車修理店だ。

フィッシャーは自らが広告塔となって、命知らずの離れ業を次々と行い、世間の耳目を集めた。「大きすぎて2階の窓から乗るしかないような自転車をつくり、自分でそれに乗って街の大通りを駆け抜けた」。アール・スウィフトは、アメリカの幹線道路の歴史についての自著『ビッグ・ロード（The Big Roads）』にこう記している。「彼はダウンタウンの高層ビルのあいだに綱を張って、それを自転車でわたると発表した。そして、観衆が12階下の地面から見守るなか、無謀にもそれをやってのけたのだ。いまや地元の有名人となったフィッシャーは次の企画を発表した。ダウンタウンのビルのてっぺんから自転車を放り投げるので、その残骸を自分の店まで引きずってきた人なら誰でも、新品の自転車を1台進呈するという内容だ。今回は警察がそれを止めようと、予告された日の朝からビルの外に見張りを配置した。だが警察も、勢いのあるショーマンには敵わなかった。フィッシャーは事前に建物に入っていて、予定時刻に自転車を放り投げ、裏階段を下りて逃げた。警察官が彼の店にやってきたとき、店の電話が鳴った。それはフィッシャーからの電話で、警察署で待っているんだけど、と彼は告げたのだ[26]」

フィッシャーは人生を楽しみ、大金を稼いだが、他の自転車乗りと同じく、道の状態には不満をもっていた。都市部でさえも石畳やレンガ敷きの道が多かったので、自転車に乗っていると歯がガタガタと鳴った。20世紀に入る頃、自転車は爆発的に広まりつつあり、自転車乗りたちが結成した強力な圧力団体がいくつもあった。フィッシャーも、道路の改善を求める団体の1つ、アメリカ自転車乗り同盟（League of American Wheelmen）に加入した。彼の道路への関心はますます強まることになるが、それは、さらに目新しい車輪つきマシンを乗り回すようになったためだ。まずはオートバイ、それから当然、自動車だ。

フィッシャーは自分用に2・5馬力の3輪自動車を購入し、すぐに、これから伸びるのは自動車産業だと確信した。そして1990年に、自転車店を閉店してフィッシャー自動車店を立ち上げた。アメリカで最初期の自動車販売店である[27]。

フィッシャーと、自転車競走時代から付き合いのある数人の仲間たちは、郡のお祭りに自動車で乗り込んでは宣伝に励んだ。その地域で最も速い馬と自分の車とを競走させるという賭けを繰り返し、勝ち続けていた。販売店の経営も順調だったが、大きなチャンスが訪れたのは、初めて実用的な車のヘッドライトをつくり、製造会社を立ち上げたことだった。最初は爆発事故などもあったが完成品はよく売れ、特許による利益と、数年後に会社を売却した利益でかなりの財産を築いた。

リンカーン・ハイウェイ計画

フィッシャーは、ヘッドライトで得た利益を、長年温めていた計画のために使った。まず、故郷インディアナポリス市の郊外に自動車レース場を建造して、大規模レースを開催した。あの「インディ500」である。もう1つは、華やかさでは劣るものの、もっと重要な計画だった。ニューヨークのタイムズスクエアからサンフランシスコのゴールデン・ゲート・パークまで、アメリカの両海岸を結ぶ5500キロメートルの幹線道路の建設のために活動するのだ[28]。

フィッシャーが大仰な名をつけたこのリンカーン・ハイウェイの建設は、いかに裕福であろうとも、1人の男が引き受けるには当然ながら大きすぎるものだった。フィッシャーはこれまで築いた名声とコネを生かして、大統領ウッドロウ・ウィルソンをはじめとする政治家やトーマス・エジソンのような著名人、そして自動車やタイヤやセメントの大手会社のトップを後ろ盾につけた。1913年には、フィッシャー自らが車両隊を率いてインディアナポリスからロサンゼルスまで34日かけて移動し、可能なルートの確認と、同時に宣伝活動も行った。その翌年、イリノイ州北部で、このコンクリート道の最初の部分が建設されたのだ[29]。

リンカーン・ハイウェイが東海岸と西海岸を完全に結んだことはないのだ。新しく道路を延ばし、それまであった道を組み入れたり改善したりしながら、もう一歩のところまではいった。連邦高速道路局の公式な歴史によると、1920年代までに、リンカーン・ハイウェイは「国家の最高の道路」だと認められている。だが、大陸横断道路が、実現可能なだけでなく望ましいものであるということについて、連邦政府や州政府、一般市民の理解を得るのは大変なことだったのだ。

このリンカーン・ハイウェイで、フィッシャーが道路建設に懲りたわけではない。計画に着手してからほんの数年後には、フィッシャーは次の道路の建設に取り掛かっていた。シカゴからずっと延びるその道路の向から先に待っているのは、彼がゼロからつくりあげたアメリカの新名所、マイアミビーチという新しいリゾート地であり、文字どおり砂でできた場所だ。私たちはまたそこで彼と会うだろう。

フィッシャーの計画に発破をかけられたこともあり、アメリカ政府は道路建設に重点を置くようになった。1916年、政府は7500万ドルを公共道路局に与えた。これは、州間の幹線道路の建設資金として、各州に分配されている[30]。1918年、地域の道路建設業者の集まりを前に、内務長官のフランクリン・レーンが行ったスピーチは感動的だ。彼らの取り組みをナポレオンやジュリアス・シーザーの業績になぞらえてこう言ったのだ。「皆さんの取り組みは、はるか先の将来まで見据えた、政治手腕を要する大切な仕事です。この国の農業や次の冬の貨物の輸送に関係するだけではありません。今後何世紀にもわたってその成果が残り続けるであろう偉業なのです[31]」

これらの初期の幹線道路を建設するにあたっての中心的な課題の1つは、大量の砂を必要な場所へと輸送することだった。舗道の1キロメートルごとに、およそ1300トンの砂と1900トンの砂利が必要だった[32]。新しい幹線道路がつくられる場所の大部分は農村地帯であり、現地でこれらすべての骨材をかき集めるのは、大変なことである。当時はトラックなどめったにないうえに、骨材を採取場から新たな作業現場まで運ぶための道路がないのだ。建設業者は馬や荷馬車に頼るか、作業現場まで列車を通すための特別な線路を敷かなくてはならなかった。機関車が引く貨車いっぱいの石や砂、セメントが、現場で混ぜられた[33]。

そんな状況ではあったが、つぎ込まれた連邦政府の予算によって、プロジェクトは急速に前進した。国内の舗装道路の総延長は1914年には41万4070キロメートルだったのが、1926年には83万9941キロメートルへと倍増している[34]。それでも、建設業者は需要にまったく追いついていなかった。その頃までに自動車は約2000万台近くに達しており、世界大恐慌のあいだはさすがに停滞したが、その後も伸び続けた。「1939年にもなると、自動車の運転が、怠惰な金持ちの娯楽としての楽しい遊びから、アメリカ人の生活に欠かせないものへと変わってからもうずいぶん経っていた。スタインベックの『怒りの葡萄』のジョード一家でさえも、カリフォルニアまで自分たちのトラックで移動している」。もう1冊のアメリカの道路史をテーマとした著作『分離帯のある道路（Divided Highways）』で、トム・ルイスが書いている[35]。

道路はそれ自体が主要産業となり、何十万という人々が道路建設に携わっていた（鎖でつながれた囚人たちも道路づくりのために石を割らされた[36]）。ガソリンスタンドや自動車修理店、レストラン、ホテル、モーテルなどが、新しい道路に沿って次々とできて、多くの雇用が生まれた。その他にも何百という会社が、道路建設業者に原材料を――セメント、アスファルト、砂利、そしてもちろん、砂を――提供することで大きな利益をあげたのだ。

砂と砂利から始まったカイザー帝国

ヘンリー・J・カイザーという名前に、あるいは少なくともカイザーという名前にピンとくる人は多いだろう。彼が創立した数々の巨大企業にその名が残っている。カイザー・スティール、カイザー・アルミニウム、カイザー・パーマネンテ医療保険、カイザー・ファミリー財団など。カイザーは20世紀において屈指の権力を誇った産業界の大物だ。しかし、彼のスタート地点は、文字どおり、地面にあった。道路舗装会社に砂と砂利を販売することから始めたのだ。

カイザーは労働者階級のドイツ系移民一家の息子として、1882年にニューヨークで生まれた。13歳で学校を辞めて働き始め、その後、身を立てるため西へと向かい、ワシントン州の砂利とセメントの取扱い業者の下で働き始める。彼の最初の大きな仕事は、砂と砂利の採取場を新しく建てることだった。自分を信じて独立し、経営が破綻していた道路建設事業を引き継いでそれを立て直し、バンクーバーをはじめとするカナダの各都市で道路建設の仕事を受注した。だが、やがてもっと南へと目を向けるようになる。1916年に公共道路局が幹線道路建設のために何千万ドルという予算を配分し始めると、カイザーは、活況著しいカリフォルニア州に巨大な可能性があると見定めた[37]。そして、カリフォルニア州のオークランドへと移住し、1923年にリバモア谷の近くを通る道路建設の契約にこぎつける。リバモア谷からは砂利や砂が豊富に、しかも簡単に採れることがわかったので、カイザーは単純に周辺の農地を買い取り、表土を剝ぎ取って砂利と砂とを採取した。そこには、自分が建設する道路に使うだけでなく、砂だけで商売ができるほどの量があった。これが、地元の建設産業への供給業者としてのカイザー・サンド・アンド・グラベル社の始まりであり[38]、カイザー帝国の礎《いしずえ》となった。

この間に、カイザーは、ロバート・ルトゥルノー[39]という発明家と協力関係を築いている。いくつかの最初期の道路建設用重機――どんな作業集団がラバの群れを連れているよりもずっと速く何トンもの土や砂を運ぶことができる、巨大な動く機械――の開発者だ。これらの重機の助けを借りて、カイザーは西部で建築業者兼、資材供給業者の大物となった。1930年代の後半、彼は、カリフォルニア州のシャスタ・ダムの建設現場に1100万トンの砂と砂利を供給する案件を勝ち取った。レディングの北にあるダム現場の近くにかなりの規模の骨材採取場を確保済みだったので、簡単な案件になるだろうと考えていた。列車に骨材を積み上げて、輸送費を払うだけでいい。しかし、地元の鉄道会社が提示してきた輸送費は、カイザーの考えからすると高額すぎた。そこで大胆な回避策を思いついた。16キロメートル近くもある世界最長のベルトコンベヤーをつくったのだ[40]。1時間あたりに1000トンもの砂と石とが、岩だらけの丘をのぼりおりし、いくつもの川を越えて、ダム現場までやってきた。後に、カイザーは骨材に関する専門知識を活かして、フーバー・ダム建設の主要な請負業者の1人となっている。

その頃ヨーロッパでは、勢力を強めつつあったアドルフ・ヒトラーを筆頭にドイツの政治家たちが世界を脅かしていたが、一方で、最初のスーパーハイウェイであるアウトバーンを建造したドイツの技術者たちは称賛されていた。今も、アウトバーンで初めて採り入れられたいくつかの重要な特徴が、高速道路の規定に残っている。アウトバーンは、必ず2車線以上の一方通行であり、反対車線とは広い中央分離帯によって隔てられていた。より速いスピードが出るように、カーブには勾配（バンク）がつけられている。一般道からは切り離されており、決まった出入道路を使わないと行き来できない。また、路面は硬いコンクリートで舗装されていた。アウトバーンは、これまでで最も滑らかで、最も速度の出せる道路だった。

やがて、アメリカ人はそのスタイルを真似るようになり、ペンシルバニア・ターンパイクやロサンゼルスのアロヨセコ・パークウェイといった高速道路をつくり始めた。『ロサンゼルス・タイムズ』紙は第1面で、この「感動的な大通り」の1940年の開通を報じている[41]。記事は興奮した様子で、地元の若い女性代表のローズ・クイーンが赤い絹のリボンをほどくことで、「ガラスのように滑らかな」10キロメートルの、「輸送にとって、歴史にとって、国防にとって重要となる6車線の高速道路」が公式に開通したと述べている。カリフォルニア州知事のカルバート・オルソンは、この道路によってロサンゼルスの真ん中からパサデナの中心部まで「簡単に、気の休まる快適さで、安全に」わずか7分の運転で到着できるようになると明言した。それから80年近くが過ぎた今でも、アロヨセコ・パークウェイはLAの中心街からパサデナの中心街まで人々を運んでいる。移動は7分よりもはるかに長くかかるし、ガラスのように滑らかではないし、ちっとも気は休まらないけれども。

アイゼンハワー大統領のプロジェクト

ドイツのアウトバーンに深い感銘を受けた者のなかに、ドワイト・D・アイゼンハワーもいた。車両団でのアメリカ横断はもう昔となり、キャリアを積んで、第二次世界大戦では連合国軍最高司令官にまで登りつめていた。その高みからよく見えたのは、ドイツ軍が見事に設計された道路を使っていかに素早く動き回るのか、鉄道に比して道路網にはいかに回復力があるかであった。結局のところ、トラックならば被弾による穴を迂回できても、列車は線路が破壊されると通れないのだ（ちなみに、ナチスは砂に路の材料という以上の重要性があることに気づいていた。戦争中、ドイツ軍は、凍った道路でも軍用車両が通れるよう、砂をまくための特別設計の戦車をつくっていた[42]）。

1952年に大統領として選ばれたアイゼンハワーは、これらの知見をホワイトハウスに持ち込んだ。「現代ドイツのアウトバーンを見たことから、（中略）私は大統領としてこのような種類の道路建設に重点を置くことを決意した」。彼は後にこう書いている。「昔の車両隊での経験から、まともな2車線の幹線道路の必要性については考えていた。だが、ドイツでの経験から、国を横断する、さらに車線数の多い道が必要だと気づいたのだ[43]」

アイゼンハワーにとって幸運だったのは、そのようなプロジェクトのための政治面と行政面での下地が、すでに大部分できあがっていたことだ。それまでに、公共道路局の局長を長く務めたトーマス・ハリス・マクドナルドが、年月をかけて全国の道路網への支援をとりつけ、国の道路建設事業のために議会から何十億ドルもの予算を引き出し、通行料をとらない全国的な高速道路網を提唱する大掛かりな報告書を共同で仕上げていた。また、アスファルト、コンクリート、建設、自動車、石油といった各産業の圧力団体も計画を支持していた[44]。さらに、1950年代半ばまでに自家用車をもつアメリカ人家族は72％に達しており、彼らの支持もあったのだ。

それでも、提案した全米州間高速道路網への資金提供に対する議会の承認はなかなか得られず、いくつもの試みが失敗に終わっていた。だが、高速道路網のルートを調整して、すべての州から慎重に選んだ都市が道路で結ばれるようにしたことが功を奏して、多くの議員の票を確保できた。残りの議員も、計画によって生まれる膨大な建設作業への期待で揺れていた。さらに、道路網は国防の観点からも不可欠だという、冷戦時ならではの議論もあった。ロシア人が核ミサイルをアメリカの都市にむけて発射しても、理論上ではあるが、大規模な高速道路網があれば何百万という市民がすみやかに避難できる助けとなるだろう。議会に対してこの点を強調するために、プロジェクト名は「全米州間国防高速道路網」へと変更された[45]。

1956年、議会がついに、州間高速道路網に資金を提供する法案を可決した。この法案によって、総距離6万6000キロメートルの道路網の建築費用として250億ドルが割り当てられることとなった。すべての道路が、出入制限され、中央分離帯をもち、1車線の幅は3・7メートルで、時速110キロメートルを可能とする視距を確保することとされた。また、この法案によって、プロジェクトの資金を調達するためにガソリンとディーゼル燃料、タイヤの税金が引き上げられた。当初の計画では、すべての建設が1972年までに完了するはずだった。

このような仕様に沿った設計の道路には、途方もない量の砂と砂利が必要となる。道路表面の厚さ28センチメートルのコンクリートに含まれる分だけでなく、その下の路盤として53センチメートル分の骨材が必要なのだ。プロジェクト開始時に、連邦高速道路局は、州間高速道路建設のために合計で「エジプト最大のピラミッドと同じ大きさの山を700個[46]」をつくれるだけの砂と砂利、砕石、スラグ（金属を精製する際に生じるかすで路盤材にもなる）を使用することになるだろうと見積もっている。

当然、建設が本格的に開始されると、このすべての道を舗装するための砂の需要が全国で跳ね上がった。1958年、アメリカでの砂と砂利の消費量は7億トン近くという記録的な高さに達した。これは1950年の消費量のほぼ2倍である。連邦鉱山局の報告書によると、大量の骨材が消費されたために「州によっては骨材の供給源が不足」しており、「他の地域でもほとんど枯渇した」とある[47]。そして、これらすべての骨材を輸送するという求めに応じるために、大量の積荷を載せて道路以外の場所も走ることができる、完全に新しいタイプの巨大なダンプカーが設計された。

同時期に、民間のジェット機が日常的に使用されるようになってきた。それまでの飛行機と比べると、ジェット機には長さも幅もずっとある巨大な滑走路が必要であり、空港の拡張も求められる――いずれのためにも建設用の砂と砂利が必要だということだ。高速道路と滑走路の建設という実入りのよい仕事が国じゅうにあふれる状態となり、請負業者が舗装産業に殺到した。大手企業も自分の取り分を増やそうと、砂や砂利の会社を買収し始める。ヘンリー・クラウンを覚えているだろうか？　彼のマテリアル・サービス・コーポレーションが防衛関連事業で最大手のジェネラル・ダイナミクス（GD）社と合併したのは、この時期のことだ。（そして2006年にGD社から世界的大企業ハンソンに3億ドルで売却されている。）

砂の需要の急増は、何百という、もっと小さな地元の会社にとってもビジネスチャンスとなった。その1人が、ラルフ・ロジャーズという、学校を8年生（中学2年生に相当）で退学した男だ。彼は1908年にインディアナ州ブルーミントンの近くの道端で岩を砕くことから始めた仕事を、軍事基地に骨材を供給する会社にまで発展させていた。だが、本当の大躍進は、1950年代に道路網建設のための最初期の供給業者となったときである。それにより、1800人の従業員を抱え、6つの州で100以上の採石場を所有するアメリカで最大規模の民間骨材会社である、現在のロジャーズ・グループへとつながる軌道に乗ったのだ[48]。

これらの道路をどう建設するのかを正確に決めるのはとても難しいことだった。公共道路局がシカゴの近くに設置した試験センターで、研究者たちが多種多様な砂、砂利、セメント、その他の材料をさまざまな割合で混ぜ合わせて、重い荷物を積んだトラックによる衝撃をどの程度の大きさまで、どの程度の期間耐えられるのかを実験した。さまざまなアスファルトやコンクリートの配合で試験用の周回路をいくつもつくり、兵士たちを集めてトラックを走らせた。1日に19時間、休日なしで、2年間それを続けたのだ[49]。公共道路局はそのデータを使って、舗道設計の規格をつくっている[50]。

これらの規格には、州間高速道路の材料として許容できる骨材の仕様も含まれていた。国に奉仕する兵士たちのように、新しい高速道路で使用される砂粒も、大きさや強度などの物理的要件を満たさねばならない。そのため、砂や砂利を扱う企業は、より性能のよい選別装置を購入しなくてはならなかった。採石や選別のための装置はどんどん自動化されるようになり、これまでよりも少数の作業者で、より多くの骨材を生産するようになった。

正式に新しい道路の建設が始まったのは1956年の夏である。当初、この計画は大いに歓迎されていた。だが、大規模な道路網建設によって、アメリカの各地にしわ寄せが及ぶこともあった。道路用地として土地が取り上げられ、森林が伐採され、農場が舗装され、近隣地域が更地となった。都市の区画全体が突然コンクリート壁で閉じ込められて衰退したこともある。

熱狂からさめるのは早かった。州間高速道路に対して最も早くから鋭い批判の声をあげていた文明・社会批評家のルイス・マンフォードは、このように非難している。「道路網とクローバー型の立体交差路の、巨大なスパゲッティのようなもつれ合いは、航空写真としては素晴らしいモチーフとなるが、通過する町を消し去ってしまう」。高速道路が大都市に及ぼす影響についても嫌っており、こう言っている。「つくられているのは呪いのピラミッドだ。都市の亡《な》き骸《がら》を覆う、コンクリート道路と出入道路でできた墓なのだ[51]」。ジャーナリストたちは、収賄や建設時の無駄な支出についての暴露記事を書いた。人々は自分たちの都市に道路をねじ込もうとする計画への反対運動を立ち上げ、これは後に「ハイウェイ反乱（Highway Revolt）」と呼ばれるようになった。この運動は1959年にサンフランシスコで初勝利を収め、ダウンタウンと海岸沿いを切り離すことになる2層式高速道路の計画をストップさせた。他にも、反対運動により、ニューヨーク市やニューオーリンズなどの都市で、計画が潰《つい》えたり変更を余儀なくされたりしている[52]。やがて道路建設業者たちは、ある程度まで騒音を減らし、環境被害を最小限に抑え、歴史地区を保存するといった措置を講ずるようになった[53]。

州間高速道路がようやく正式に完成したのは1991年で、予定より20年近く遅れてのことだった。総距離は7万5440キロメートル、総額1300億ドル近くが費やされた[54]。この当時の、アメリカ史上最大の公共事業であった。何億トンもの砂と砂利で張り巡らされた網の目によって、アメリカは自分自身とかつてないほど深く結ばれたのである。

州間高速道路のもたらした変化

明らかとなったのは、州間高速道路は両刃《もろは》の剣だということだった。高速道路全般もそうだが、この州間高速道路ほどアメリカを大きく変えてしまったものは、どんなプロジェクトや開発事業にもないだろう。自動車は、今も昔も変わらず、近代性を最も強く体現する存在である。そしてあまり気づかれないことだが、アスファルトとコンクリートはその伴侶なのだ。高速道路によって、どこで私たちが暮らし、働き、買い物をするのか、どうやって私たちがそれらの場所に行くのかが一変した。

大部分はよい変化である。舗道のおかげで、商品が遠くの市場まで届くようになり、地域同士を結びつけ、愛する人のもとや遠い場所を訪れるのがはるかに簡単になった。また、数え切れないほどの命が救われることにもなった。現代の高速道路の功績のうち、十分に評価されていないことの1つが、道路での死亡者数の大幅な減少である。綿密に設計された勾配や広い車線、緩やかなカーブ、反対車線との分離、注意深く制御されている合流車線などのおかげで、州間高速道路はそれまでにあった道路よりもはるかに安全になった。連邦高速道路局によると、実際に州間高速道路は全国で最も安全な道路網であり、死亡事故の発生は1億台キロあたり0・5件と、全国平均の約半分である。州間高速道路の建設が開始された1956年の死亡事故件数は、1億台キロあたり3・76件もあったのだ[55]。

(もちろん、これだけの結果を出すには、シートベルト着用の法規制や信号機なども必要だ。さもなければ、高速道路はあっというまに納骨堂になるだろう。自動車事故により全世界で1年に約130万人が死亡し、加えて5000万もの人々が負傷している。そして死亡事故の90%以上は発展途上国で起きている[56]。信号機がめったになく、シートベルトがほとんど使われておらず、道路を渡るだけでも非常な勇気を出して行き来する車のあいだをすり抜けなければならないためだ。)

高速道路によってこういった恩恵がもたらされたが、それと同時に、都市は空洞化し、数え切れないほどの小さな町が衰退し、環境は破壊され、無秩序に広がった郊外と無個性なショッピングモールに支えられた車依存の文化がはびこることとなった。

州間高速道路が建設されるなかで、都市部の地域、特にアフリカ系アメリカ人やヒスパニック系、低所得層の住民が集まって暮らす地域は、分断され、高速道路に覆われ、孤立させられて、活気を失った状態で見捨てられた。「立案者と住民はともに、新しい高速道路によって(中略)昔は活力のあった地域が寒々しい見知らぬ景色へと変わりうることに気づいた」とトム・ルイスは書いている[57]。金銭的に余裕のある人は都市を離れ、新たな高速道路によって通勤圏となった郊外へと移り住み、「ホワイトフライト」（白人都市住民の郊外への脱出）が生じた。このような裕福な住民を失うことで、多くの都市は税収の基盤をごっそり抜かれ、公立学校をはじめとする公共事業にしわ寄せがいった。買い物客は高速道路出口の近くに建てられたモールに集まるようになり、ダウンタウンの商業地区には誰も来なくなった。

小さな町も打撃を受けた。これらの町は、鉄道やいなか道に沿って発展していたが、高速道路に迂回されたために衰退した。鉄道も同様で、貨物輸送と旅客輸送の両方がダメージを被った。今日では、アメリカの貨物の70％をトラックが運んでおり、これは鉄道の7倍にあたる[58]。1986年までに、アメリカの州間高速道路は、全国の高速道路の1％でしかないのにトラック交通量の20％を担うようになっていた。製造業も高速道路をたどって移動した。企業が、簡単に行き来できるようになった農村部の安い土地に工場を建てるようになり、都市部を離れたのだ。

郊外の拡大と土地の無個性化

砂でできた道路によって、全国にまったく新しい通路が開かれることとなり、郊外という居住地が広がった。そして、砂でできた建物によって、人々はそのような地域でも暮らせるようになった。建物をつくるための木や粘土などの資源を、近隣で探す必要はもうないのだ。開かれた土地と、コンクリート車が入ってこられる道さえあればいい。郊外で暮らすアメリカ人の数は、1950年には3000万人だったのが、1990年には1億2000万人にまで膨れあがり[59]、その後も増え続けている。

郊外の素晴らしい点はたくさんある。1億人以上が、比較的静かで安全な家を安価で手に入れた。広い屋外スペースがある家も多い。都市部で安アパートに住んでいた祖父母世代からすれば夢でしかありえなかったような暮らしだ。

だが、郊外には悪い面もある。郊外によって農地が潰されるし、深刻な公害や温室効果ガスの原因である車に人が依存するようになる。運転免許をもつ人は、平均で車を年に2万3000キロメートル走らせており、その距離は1980年と比べると40%増加している[60]。運転により燃やされるガソリンは1年におよそ6510億リットルで[61]、これは1970年のおよそ倍量だ。

郊外について言えることが何であろうとも、その人口密度の低さと車依存の強さによって、特別に多量の砂を必要とするタイプの居住地であるのは確かだ。あの幅の広い道路と、それぞれが車庫へと続く専用道路をもつ床面積の広いたくさんの低層住宅に、どれほど大量の砂が注ぎ込まれているのか、考えてもみてほしい。アスファルトの専用道路から、コンクリートの基礎、化粧しっくいで仕上げた外壁、屋根材の表面加工に使われる砂粒にいたるまで、どの家にも何百トンという砂と砂利とが使われている。

郊外ではスペースに余裕があるため、プールが爆発的に増えることとなり、ここでもまたコンクリートの形で大量の砂が使われた。（さらに、たいていのプールには浄水のため砂の濾過装置が使われている。）1957年にはアメリカ全体でプライベートプールは約4000しかなかった。それが翌年には20万と急激に増えている[62]。そして今では800万以上となった[63]。

アメリカでの砂と砂利の生産量は、郊外の広がりと歩調を合わせて伸びてきた。20世紀初めから着実に増加していたが、第二次世界大戦後に急に跳ね上がった[64]。現在では、アメリカ全体の1年の総生産量は10億トン前後で推移しており、その大部分が国内で使用されている。

砂や砂利の生産者にとっては郊外の拡大が大きなビジネスチャンスであったが、皮肉なことに、頭痛の種にもなった。石切り場の周辺が新規開発により宅地となり、たくさんの人々が移住してきて、作業の騒音や砂ぼこりに文句を言い、今後の採掘への反対運動を始めたのだ。業界誌『ロック・プロダクツ（Rock Products）』が記しているように、1950年代後半に初めて、「多くの生産者の存続を脅かしている難題に対処する」ために、アメリカ石・砂・砂利協会（National Stone, Sand, and Gravel Association）によって広報チームがつくられている[65]。

これらの砂と砂利でできた道を国中に敷いたことで、予想外の結果が生じた。わざと無個性にしてある、どこの店も同じつくりのチェーン店やファストフード店、ガソリンスタンドなどが増殖して、州間高速道路の出口付近ごとに、自足する塊のようなものができたことだ。こういったチェーン店がはっきりと目指しているのは、予測可能で、安全で、簡単に利用できるサービスを提供するという、高速道路それ自体と同じ性質である。その高速道路が、舗装された巨大な川の流れとなって、利用者を店の戸口まで運んできてくれるのだ。高速道路や州間高速道路の近くに何百ものホテルを建てて成功したホリデイ・インというホテルチェーンがあるが、その宣伝文句の1つが次の言葉だったのは決して偶然などではない。「ホリデイ・イン。最高の驚きとは、驚きがないこと」

このようにして、高速道路の力により多くの土地はそれぞれの個性を奪われ、砂と砂利のブランケットによって地域の独自性が覆い隠されてしまった。州間高速道路は単調になるように設計されており、同じ基準に従い、同じ速度制限で監理され、次の都市までの距離を表示するのにまったく同じ色とフォントの標識が使われている。その結果生じるのが、高速道路催眠現象だ。何キロも何キロも、片方の目で道路を見やり、もう片方で燃料計を見る以上の必要がないまま運転するうちに、自分で運転しているというより巨大なベルトコンベヤーで運ばれているような感覚に陥る。麻痺するような単調さにより、風景はすっかりぼやけたものとなり、気づくのは一定間隔で現れる派手なガソリンスタンドの支店やファストフード店だけとなる。これらの店は、国の反対側にあったとしても中身はたいして変わらないので、テネシー州ナッシュビルのデニーズで朝食をとって、その日の夜にミネソタ州ミネアポリスのそっくりなデニーズで夕飯を取ることも可能だ。州間高速道路は、町や都市をつなげたが、通り過ぎるだけの町や都市や土地からは完全に切り離されているのだ。

出口付近に便利なチェーン店の集まりができただけでなく、高速道路によって、ショッピングモールの増加に拍車がかかった。閉鎖型で温度管理された最初のモールは、1956年にミネソタ州でオープンした。すぐに、そういった場所がアメリカ全土で人々の生活にとって欠かせないものとなった。モールの多くは、はるか遠くから顧客を運んできてくれる幹線道路がなくては存続しえない。コンクリートが使われれば使われるほど、さらに多くのコンクリートの需要が生まれ、砂が使われれば使われるほど、さらに多くの砂の需要が生まれるのだ。

砂の需要を増加させ続ける生活様式の拡大

現在、アメリカ全土を430万キロメートルの舗道が縦横無尽に走っており、その上を毎年2億4600万台の自動車が累計で約5兆キロメートル[66]移動している。州間高速道路はこれらの道の2%にも満たないのだが、幹線道路の全交通量の4分の1を支えている。アメリカでは、このところ、過去数十年間のようなペースでは新たな幹線道路を建設していない。それでも年に約5万車線キロ以上が追加されている。道路の基礎部分と、上面のコンクリートやアスファルトを考えると、1車線キロあたり平均2万4000トンの骨材が必要となる。

もっと道路を増やすようにという声は、すぐには弱まりそうにもない。交通状況の悪化が続いているためだ。テキサスA&M交通研究所によると、2014年には、交通渋滞のために運転者が車に留まらざるをえなかった余分な時間が70億時間近くに達した。それにより無駄に使われた燃料は120億リットルである[67]。また、交通渋滞のために、車通勤者は年間42時間を余分に費やしており、1982年と比べると2倍以上となっている。

車中心で、幹線道路を使用できて、大量の砂を必要とするこの生活方式は、ある種の手本となって世界の多くの国々が現在模倣しようとしている。世界中で徐々生活が上向いている多数の人々、たとえばベトナム人やブラジル人、インド人、そして特に中国人が、自家用車と、その所有を前提とするような生活スタイルを望んでいるのだ。

世界のほとんどの国で、自動車の利用台数が増加している。少なくともすでに12億台が稼働中であり、その数は2050年までに倍増するものと予想されている。現在、メキシコシティでは、1年間で新しく増えた住民数と比べるとその倍の台数の車が増えている計算となり、インドでは3倍の車が増えている計算となる。

これらの車両のすべてが舗道を必要としており、実際にそれを得ている。2000年から2013年のあいだに、全世界で1200万車線キロメートル[68]の舗道が増えた。これはアメリカ全土の舗道の3倍近くの長さだ。アフリカでは、南アフリカのケープタウンとエジプトのカイロを結ぶ初めての幹線道路や、それとは別のサハラ砂漠を越える道路の建設計画が進んでいる。中国はこんなところでも突出しており、この10年だけでも210万キロメートルの舗道をつくり道路網を3倍にした。中国はいまや、世界でも有数のアスファルト消費国だ。その高速道路網はアメリカの州間高速道路網の長さを追い越し、場合によってはアメリカの高速道路がまったく貧相に見えてしまうほどのスケールなのだ。北京と香港を結ぶ高速道路など、場所によっては50車線もある。国際エネルギー機関の推定によると、2050年までに全世界で2500万車線キロの舗道が増え[69]、同時に、最大で77万平方キロメートルの駐車場――これもまた原料は砂と砂利だ――が新しくつくられるという。

コンクリートやアスファルトという形での砂の使用によって、人間がどこで暮らし、どこで働くのか、私たちがどのように移動するのかといったことが完全に変わった。そして、地形を征服し自然の力を克服する力を、人間が得ることとなった。こうした変化がすっかり根を下ろし始めたのと同じ頃に、砂をまた別の形で――ガラスという形で――使うことが、やはり根本から、私たちの暮らしを変え始めていた。

第4章 なんでも見えるようにしてくれるもの

驚くべき物質、ガラス

1868年のある日のこと、ウェストバージニア州にあった洞穴のような炭鉱の地中深くで、作業員が坑道の壁につるはしを強くふりおろしたその先から、石炭の塊が飛び出した。それが右目に直撃して、マイケル・オーウェンズは気を失って倒れた。特に珍しい事故でもなかったが、母親はひどく動揺した。なにせ、オーウェンズはまだ9歳だったのだ。

少年が回復するまでしばらくかかったが、元気になると、母親はあんな危ない環境に息子を戻せるものかと譲らなかった。では学校にやったかというと、もちろんそうではない。オーウェンズは、貧しい移民一家に生まれた7人兄弟の3番目だった。両親は故郷アイルランドでのジャガイモ飢饉とイギリスの圧制を逃れて1840年代にアメリカにやってきて、後のウェストバージニア州に定住した。そこは生計を立てるのにも難渋する場所であり、家計の足しにするために少年たちが父親に連れられて炭鉱で働くのはよくあることだった。

ウェストバージニア州北部では、石炭ほど有名ではないが、ある鉱物が豊富に採れる。オリスカニー砂岩という3億年以上前に形成された厚さ30メートルの地層のゆるく固まった砂粒は、アメリカで最も純度の高い石英砂（ケイ砂）なのだ。南北戦争が終わると鉱山労働者たちは本格的にこの砂の採掘を始め[1]、オーウェンズ一家が暮らすホイーリングの町でガラス産業が発展するようになった。炭鉱をはじめとする当時のさまざまな産業と同様に、ガラス製造業でも子どもの働き手が歓迎されていた。こうして、マイケル・オーウェンズはガラス工場で働くことになったのだ[2]。

実を言えば、安全面で、炭鉱よりもましになったわけではなかった。ほとんどのガラスは石英砂を溶かしてつくられる。この頑丈な砂粒を溶かすには莫大な熱量が必要で、オーウェンズの時代には石炭が使われていた。工場で10歳のオーウェンズに与えられた初めての仕事は、ガラス吹き工の犬（ガラス工場で働く少年工はこう呼ばれていたのだ）として、窯の焚き口に石炭を追加することだった。毎日、体は煤《すす》と灰とで真っ黒になり、汚れた空気を肺いっぱいに吸い込んでいた。膝丈のズボンをズボン吊りで留めたオーウェンズ少年は、週に6日、1日10時間、早朝5時から働いた。工場内の温度は40度を超えることもある。賃金は1日働いて30セント。

「まぶしい溶解炉と真っ赤になった高温の瓶を常に見ているため、視力に悪影響が出る。燃えさかる炎による小さな怪我もしょっちゅうだ」、これは当時ガラス工場を訪れた人が残した記録で、クエンティン・スクレイベック・ジュニアが著書『マイケル・オーウェンズとガラス産業（Michael Owens and the Glass Industry）』で引用している[3]。ガラス工場では早ければ7歳から子どもを雇った。大人のガラス吹き工たちから怒鳴られ、殴られることもあった[4]。当時の雑誌記者がガラス産業のことを「子どもを壊す産業」だと書いている。

だが少なくともオーウェンズの場合は、やがて報いられることになるキャリアの始まりであった。この煤まみれの貧乏な児童労働者は、成長後、ガラス産業に革命を起こし、その過程でアメリカ人の生活を大きく変えることとなる。オーウェンズはさまざまな形でガラス産業に貢献したが、とりわけ歴史的な重要性をもつ最初の貢献は、手で持てるくらいの小さな形で現れた。そこから、今ではアメリカだけで年間50億ドル以上を稼ぎ出す産業が生まれた。また、ほとんど偶然にではあるが、その貢献のおかげで、ガラス産業での児童労働がなくなることにもなった。このすべてが、ある移民一家がたまたま高品質な砂の鉱床の近くに居を構えたことから始まったのだ。

砂の応用例のうち現代世界の形成に最も深い影響を及ぼしたものはと言えば、まずはコンクリートだが、次点は間違いなくガラスである。今日、ガラスは本当にあたりまえのものとなり、多くの人はガラスについて考えることすらない。だが、考えるべきなのだ。本当に驚くべき物質なのだから。

ガラスは、私たちが働き、生活する建物のなかにある。私たちが外を眺める窓に、明かりをつけるときの電球に、飲み物を入れる器に、私たちがじっと見つめるテレビに、ちらっと目をやる時計に、まったく手放せなくなった携帯電話にも使われている。ガラスは魔法のような物質だ。細工をしたり型に入れたりすれば、ほとんどどんな形にでも変えられる。20トンの分厚い板ガラスから髪の毛よりも細い糸にいたるまで、そして繊細なクリスタルから防弾ガラスにいたるまでつくれるのだ。光ファイバーケーブルにビール瓶、顕微鏡のレンズ、ファイバーグラス製のカヤック、高層ビルの外壁、そしてあなたの携帯電話のカメラの小さなレンズも、ガラスでできている。

ガラスとは、なんでも見えるようにしてくれるものだ。ガラスがなければ、写真も、映画も、テレビもなく、「細菌やウイルスの世界のことが何もわからず、抗生物質もなければ、DNAの発見による分子生物学での革命もなかった」と歴史学者のアラン・マクファーレンとゲリー・マーティンは著書『ガラスの潜水艇（The Glass Bathyscaphe）』で書いている。「地球が太陽の周りを回っていることの証明すらできなかったかもしれない」のだ。自分自身の体に対する見方さえも、まったく違うものとなっていただろう。ガラスという材料のおかげで、安い鏡を大量につくることができたのだから。

ケイ砂からガラスへ

この奇跡の化合物は、その大部分が単なる溶けた砂である。体積でいうと一般的な窓ガラスの70%をシリカが占めている。しかし、砂ならなんでもガラスの材料となるというわけではない。コンクリートに使用される一般的な建設用の砂よりも、もっと洗練された種類の砂粒が必要なのだ。ガラス用の砂は、工業用の砂、あるいはケイ砂というカテゴリーに入る。これに属する砂は、一般に、少なくとも95%が純粋な二酸化ケイ素であって、不純物は非常に少ない（砂のなかの最もよくある不純物は鉄であり、この鉄によって緑色が生じる。板ガラスを横からみると緑色に見えるのはそのためだ）。また、高品質のケイ砂は、比較的大きさも揃っている。つぶが大きすぎると簡単には溶けないし、逆に小さすぎると炉内の気流によって吹き飛ばされることになる。

ケイ砂は、その素晴らしい組成にふさわしく、建設用の砂よりもはるかに高価である。アメリカにおける1年あたりの生産量は、建設用の砂がケイ砂の10倍である。だが、アメリカ地質調査所の試算によると、総価格では、エリートであるケイ砂のほうが下層階級のいとこである建設用の砂よりも高く、それぞれ1年当たり83億ドルと72億ドルである。

ガラス用に選ばれた砂は、コンクリートのそれとは根本的に違う使命を帯びている。建設用の砂粒は、コンクリートにされてもその形が保たれる。無数にいる同じ砂軍団の仲間たちや、砂利という大柄な兄貴分たちとセメントでくっついて、これからずっと一緒に働くのだ。しかし、ガラスになる砂粒は、実際に変質させられる。個々の独立性を失い、溶け合って、完全に異なる物質へと変化する。

とは言え、そこまでいくのは簡単なことではない。シリカのつぶを溶かすには摂氏1600度にも達する高温が必要だ。しかし、炭酸ナトリウムなどのフラックス（融剤）を砂に混ぜることで、この融点を大幅に下げることができる。そこへ、粉末状にした石灰石や貝殻の破片といった形で少量のカルシウムを放り込んで、全部を一緒くたに溶かして、冷えるまで待てば、素朴なガラスのできあがりだ[5]。

ガラスはとても融通の利く物質だが、その理由の1つが、ガラスを形成する二酸化ケイ素（SiO_2）が言わば液体のように振る舞う固体であるためだ。材料科学の専門家で工学者のマーク・ミーオドヴニクが著書『人類を変えた素晴らしき10の材料：その内なる宇宙を探険する』で説明しているように、一般的な固体、たとえば氷は、溶けて水になってもまた凍らせることができる。何度やっても、毎回水の分子は結晶構造を形づくる。「ところがSiO_2分子の場合は違う。液体が冷えても、SiO_2分子にとって再び結晶をつくるのはとても難しい。やり方をまったく思い出せず、どの分子がどこへ行くべきか、どれがどれの隣になるのかが難問になったかのように振る舞う。液体が冷えるとSiO_2分子はエネルギーをどんどん失って動き回る能力が下がり、それがまた問題を大きくする。結晶構造の中で適切な位置取りをするのがますます難しくなるのだ。その結果、無秩序な液体のような分子構造をもつ固体材料ができあがる。それがガラスである[6]」

無色透明なガラスが誕生するまで

この奇跡的な秘法がどうやって最初に発見されたのか、誰にもわかっていないが、本当に昔のことであるのは確かだ。おそらくは偶然のことで、誰かが海岸で焚き火をしたときに、融点を下げてくれるなんらかの融剤が——ある種の植物や海草を燃やしたソーダ灰でもあったのか——砂に混ざっていたのだろう。それも、複数の場所で起きたと考えられている。ガラスのビーズは、現在のイラクやシリア、カフカス地方などで見つかっており、時期は4000年から5000年前までさかのぼる。ガラスは古代世界において欠かせない装飾品であり、陶器の釉薬、装身具、あるいは小さな容器といった形で見つかっている。古代エジプトでは、紀元前1250年頃のラムセス2世の治世に、かなりの量の香水瓶や装飾品がガラスでつくられた。

そのおよそ3000年後に、サミュエル・ジョンソン博士がこのように思いを巡らせている。「偶然の激しい熱で砂や灰が融けてできた金属のようなものを、あちこちに突起のある、不純物でくすんだこの物体を初めて見て、このまとまりのない塊のなかに、生活を便利にするとても多くの性質が隠されており、やがて世界の幸福の大部分を構成するようになるだろうと想像しえた者は誰だったのか。（中略）その人物によって、光の喜びが高められ、また引き伸ばされた。科学の通る道は押し広げられ、最も高邁で最も長く続く喜びが与えられた。その人物のおかげで、学問を志す者が自然を観察できるようになり、美しい者が自らの姿を見つめられるようになったのだ[7]」

ローマ人は、毎度のことながら、この技術をさらに高いレベルへと引き上げた。融剤の使用方法についての理解が大幅に深まったため、ガラスを比較的大量に生産できるようになり、帝国の各地に運ばれるまでになった。彼らは酸化マンガンを添加すればガラスの透明度が上がることをつきとめ、これにより半透明のガラスという新たな発明品が生まれたのだ[8]。そして吹きガラスの技術に磨きをかけて、それまでにはなかった非常に繊細なワイングラスをつくるようになった。

ガラスは、ポケモン並みの人気を博した。透明度の高いグラスのおかげでワインの色を楽しめるようになり、ワイン文化はヨーロッパ中に根付いた。また、光は通すが雨や冷気を遮ってくれるガラス窓によって、特に気候の厳しいヨーロッパ北部で暮らす人々（少なくともガラス窓を購入できる人）の生活の質が大幅に向上した。熟練したガラス職人によってガラス板が着色されて美しいステンドグラスの窓がつくられるようになり、シャルトル大聖堂やヨーク大聖堂などたくさんの場所で、訪れる人々をその輝きで今も圧倒している[9]。

ガラス産業はベネチアにとって多額の利益をもたらす技術となった。1291年には、この都市国家の支配者たちが、ガラス製造に携わる者すべてをムラーノ島へ強制移住させている。職人たちは特権階級のように遇されたものの、垂涎《すいぜん》の的であるガラス工芸の秘密をライバル国に持ち出さないようにと、島を離れることを禁じられた。ベネチアの名高い食器や装飾品に使われた砂は特別に純度の高い種類であり、アルプスに源を発しミラノの近くを流れるティチーノ川から運ばれていた[10]。現在のベネチアのガラス職人が使っているのは、フランスのフォンテーヌブロー地域で採取された、純粋なシリカが98％を上回る砂である。（世界最大級のガラスと陶器の製造会社であるアメリカのコーニング社が、眼科用レンズの世界最大規模の製造センターを構えているのもフォンテーヌブローだ。）

ムラーノ島に職人が隔離されたのと同じ頃、トスカーナ州のヴァルデルサ周辺[11]にも、ヨーロッパのガラス製造の中心地が新しく生まれていた。ガラス職人たちは近くの森に豊富にある木を燃料として使って、アルノ川やピサ近くの海岸で採取された砂を溶かした。ベネチアのガラス職人とは違って彼らは自由に移動できたので、多くの職人が別の場所に移り住み、ガラス産業がヨーロッパに広まることとなった。このヴァルデルサ地域では、今も、全世界の鉛クリスタルガラスの約15％が製造されている。

15世紀には、ムラーノ島のガラス職人一族に生まれたアンジェロ・バロヴィエールが、手に入るなかで最も純度の高い砂からさらに厳選した砂を使うようになった。それを入念に精製して、ついにクリスタッロという真に無色透明なガラスを完成させたのだ。これが歴史的な転換点となった。

レンズの誕生が科学革命を起こす

透明なガラスによって窓ガラスが大幅に改良されただけではない。これにより高品質なレンズの製造が可能となったのだ。この控えめな小さな円盤によって、本質的に、人類は超能力を得たのである。顕微鏡と望遠鏡のレンズによって、私たちがその存在すら知らなかった宇宙の一部を——あまりに小さすぎ、あるいはあまりに遠すぎるため肉眼では決して知覚できなかったであろうものを——見ることができるようになったのだ。これらの発明に後押しされて、科学革命が起きた。

実は望遠鏡や顕微鏡の発明よりも前から、眼鏡型のもっと単純な拡大鏡は存在していた。これもまた、人間の知覚を増幅させる非常に重要な技術である。マクファーレンとマーティンはこう書いている。「眼鏡の発明によって、専門的職業をもつ者の知的生活は15年以上も延びたのだ」。そして、眼鏡ができたからこそ、14世紀以降にヨーロッパでの知識の蓄積量が急増したのだと考えられている。「ペトラルカなど素晴らしい作家の後年の作品の多くは、眼鏡なしでは完成しなかっただろう。また、熟練の職人は極度に緻密な作業をする必要があるが、彼らが精力的に仕事をする期間もほぼ倍増した」と2人は続けている。15世紀半ばから印刷機の使用が広まると、高齢になってからも読む能力を維持できることの重要性がさらに増した[12]。

最初の望遠鏡を誰が発明したのかは明らかではない。16世紀後半には、眼鏡の需要が高まるなか、ヨーロッパじゅうでたくさんの人がレンズや鏡を使った実験をしていた。明白に望遠鏡の発明だとわかる最も古い記録は、1608年にオランダのミデルブルフという町で、無名の若い眼鏡職人がオランダ軍指揮官に進呈した発明品についてのものだ。それは2枚のガラスレンズが組み込まれた筒で、「これを使えば遠くにあるあらゆるものがまるで近くにあるかのように見えた[13]」とある。軍隊のお偉方たちは、すぐにその発明品の軍事的な可能性に気がついた。数週間のうちに、少なくとも3名のオランダ人発明家から望遠鏡に関する特許が申請されたが、かなり多くの人がその製法を知っているのは明らかだとの理由から、誰も特許はとれなかった。オランダで光学的な実験が盛んに行われたのには理由がある。オランダはレベルの高いガラス産業を誇っており、ミデルブルフはその重要な中心地であったが、それは良質な川砂が地元で豊富に採れたためだった[14]。

望遠鏡は、航海士や軍司令官、さらには風景画家にとって有用な道具となり、驚くほどの速さで広まり、1609年には小型望遠鏡が、フランス、ドイツ、イギリス、イタリアの商店で売られていた。その春、ガリレオ・ガリレイという名のイタリア人科学者が望遠鏡の噂を聞きつけて、自分でもつくり始めた。試作するごとにどんどん改良を重ねて、やがて、像を20倍に拡大できる装置を完成させた。手製の望遠鏡で夜空を見上げたガリレオは、歴史を変えることになる宇宙の真の姿を見出した。そして、数々の発見に基づいて、太陽が地球の周りを回っているのではなく、地球が太陽の周りを回っているという地動説を裏づけたのだ。だが、この時代には異端の考えであったため、ガリレオは後年のかなりの期間を軟禁されることとなった。砂は、宇宙のなかでの私たちの本当の位置を教えてくれた。地球は、無数の星々のひとつであり、ほんの小さな点なのだ。

最初の顕微鏡の発明者は誰かという点でも、論争がある。だが、顕微鏡の原型といえそうなものは、オランダの眼鏡職人サハリヤス・ヤンセンが1590年頃に初めてつくったとされる。ガリレオも、複数のレンズを使って可能な限り像を拡大する実験をしていた。1620年代には、顕微鏡の初期のバージョンがヨーロッパじゅうにいくつもあったが、最初は科学研究のために使われたのではなかった。「顕微鏡は（中略）もっぱら自然の驚異を見せ、人々の好奇心を満たしてばかりいた。自然科学者と一般の人々は、拡大された〝既知の世界〟を見て喜んでいるばかりだった」と、レンズの歴史を取り上げた書籍『フェルメールと天才科学者』でローラ・J・スナイダーが書いている[15]。

そんな状況が急激に変わり始めたのは1650年代のことだ。主に、オランダのデルフトで暮らす、若い新米の織物商であったアントニ・ファン・レーウェンフックのおかげである。職業柄使っていた織地の目の数を数えるための拡大鏡に興味をそそられて、レーウェンフックは手製の顕微鏡を使って観察を始めた。レーウェンフックは必然的に、ガリレオをはじめとするヨーロッパ各地の科学者と同じく、ガラス磨きの達人となった。科学者たちが自分でレンズをつくる際には、普通の砂を含めたさまざまな研磨剤を使い、「ガラス素地（blanks）」を削って磨き上げていたのだ[16]。

レーウェンフックは何百もの顕微鏡をつくり、それを使って、赤血球や細菌、精子などを発見した。彼はまた、個々の砂粒がさまざまな特徴を示すことを真剣に研究した最初の科学者でもあった[17]。砂を原料とし、砂で形を整えられたレンズを使って、砂を調べていたわけだ。

まとめると、光学機器が科学にもちこまれたことで、スナイダーが書いているように「肉眼で観測するさまざまな現象の背後には不可視の世界があり、人間の眼に見えない部分にこそ眼に見える自然現象の原因がある」ことが世界に示された。レンズは私たちに「世界は見かけ通りのものではない」ことを教えてくれたのだ[18]。

ガラスはさまざまな形でヨーロッパじゅうに広まったが、日本や中国などのアジア勢は、この新素材のことを知ってはいたものの、さほどの注意を向けなかった。史上最大レベルの見落としに数えられるにちがいない。顕微鏡や望遠鏡などがアジアに伝わったのは遅く、たとえば日本には1551年に西洋の宣教師によって初めて眼鏡が持ち込まれている。17世紀や18世紀、さまざまな科学分野でアジアはヨーロッパに大きく遅れをとったが、理由はこの技術格差で説明できるかもしれない。

アメリカでのガラス製造

一方、アメリカでのガラス製造は、初期の入植者が確立した、最初期からの産業の1つだった。17世紀初めに、現在のバージニア州にある最初のイギリス領植民地のジェームズタウンで、オランダ人やポーランド人、イタリア人のガラス職人[19]が工房を開き、窓ガラスやボウル、先住民と物々交換するためのビーズをつくり始めた。1739年には、キャスパー・ウィスターがニュージャージー植民地のセーラムの近くにガラス工場を開いた。木がたくさんあるので炉の燃料に困らず、カルシウムの供給源となる牡蠣の殻があり、きれいで高純度の石英砂が豊富に採れることから、この場所が選ばれたのだ[20]。ウィスターの工場では手吹きガラスの瓶がつくられていた。新世界のビール醸造業者のあいだでかつてないほど需要が高まっていたのだ。第3代大統領も務めたトーマス・ジェファーソンは、バージニアのモンティチェロという地所で副業として自分でビール醸造を行ったが、ガラス瓶がまったく足りず、はるかニューヨークから取り寄せなくてはならなかった。ある時点では、自分でガラス瓶をつくろうとさえしている。

当初はヨーロッパ製の輸入ガラスがアメリカ市場を支配していたが、19世紀半ばには南北戦争によって貿易が中断される。同じ頃に、アメリカ人は良質な砂の大規模な産地を国内で探し始めた。その結果、1820年から1880年にかけて、国内のガラス製造用の炉の数は5倍に、ガラス産業で働く人の数は25倍に増加した[21]。

産業革命がアメリカ全土に広まり、鉄鋼や石炭などの成長産業と同様に、ガラス産業を中心として都市や地域全体が発展するようになった。ガラス製造で利益を上げるためには、良質な砂と、炉を維持するための安価なエネルギーとを簡単に入手できて、製品を市場に出すための輸送網を利用できなくてはならない。1880年代に、オハイオ州のトレドというまだ歴史の浅い小さな町の有力者たちは、自分たちの町がそれらすべての条件を満たしているだけでなく、それ以上のものが備わっていることに気がついた。そして、町を発展させようと、東部の州から移住しないかとガラス職人に声をかけ始めた。彼らが新聞広告や対面での勧誘で宣伝したように、トレドは土地が安く、人件費も安く（8歳の子どもでも雇うことができた）、天然ガスが利用でき、エリー湖岸という場所柄、運河や川が利用できて、鉄道も通っていた。それらと同じくらい重要だったのが、この町の近くに非常に高品質なケイ砂の地層があったことだ。純度がとても高いので、ピッツバーグやホイーリングといった遠方のガラス製造業者が購入していたほどである。

宣伝は功を奏し、ガラス製造業者がどっと押し寄せてきた。あまりに多くのガラス製造会社がつくられたため――20世紀に入る頃にはその数およそ100社となっていた――、トレドは「ガラスの街」として知られるようになった。その後も何十年にもわたって、ガラス産業の活気ある中心地であり続けた。「トレドのガラスは1969年に月面着陸した宇宙飛行士たちの宇宙服に使われた。また、リチャード・E・バード海軍少将によって1930年代に南極での科学実験で用いられてもいる」と、バーバラ・フロイドはトレドの歴史をテーマにした著書『ガラスの街――トレドとそれを築いたガラス産業（The Glass City: Toledo and the Industry That Built It）』に記している。「トレドのガラスは国立公文書館でアメリカ独立宣言書を保護するために使われたが、世界中で、革命家が自らの信念を伝えるためにつくる火炎瓶にもなった。ホワイトハウスでのレセプションでパンチ酒を注がれてきたが、いたるところの街角で貧窮者がもつ茶色の紙袋のなかの酒瓶にもなった。アラスカでは石油パイプラインの断熱材となり、太陽エネルギーのパネルにも使用されている。世界有数の美術館で展示されているが、毎日ゴミ捨て場に投げ捨てられてもいるのだ[22]」

最初の製瓶機ができるまで

このトレドにかなり早い時期から移転したのが、マサチューセッツ州イーストケンブリッジでガラス工場を経営していたエドワード・D・リビーである。リビーの事業は繁盛していたものの、組合を結成した労働者たちから賃上げを要求されていた。さらに、光熱費も上がり続けていた。ニューイングランド地方のかつては広大で無尽蔵にあるかに思われた森林も、工業化した溶解炉で燃やされて、急速に姿を消しつつあった。そうした事情から、現代の企業が海外に拠点を移すように、リビーは1888年にコストの低い場所へと事業を移転したのだ。これはリビーにとって、そしてトレドにとって、さらには実は私たちすべてにとって、運命的な移転となった。

新しい工場で働く熟練工を募集するため、リビーは自ら、ガラス産業が盛んなウェストバージニア州のホイーリングまで出かけた。採用決定者のリストはすぐに埋まったので、荷物をまとめてホテルの部屋を出ようとしたのだが、ちょうどそこに押しかけてきたのがマイケル・オーウェンズだった。子どもの頃に炭鉱で働いていた、あの彼である。その頃には、ごつい四角形の顔に太い鼻がついた三十路の男になっていた。オーウェンズは、トレドに行ってあなたの下で働きますと宣言した。スクレイベックによる、オーウェンズをどこか美化したような伝記にはこう書かれている。「リビーは、申し訳ないけれどももう必要な人材はみんな揃ったから、と断った。オーウェンズは言った。〝いや、まだですよ！　あなたには僕が必要なんです！〟（中略）その男の登場と自信あふれる様子に、リビーはつい足を止めたのだった[23]」

このときの面接が実際にはどうだったにせよ、オーウェンズは採用された。人使いが荒く、野心的で、ほとんど学校に行っていないのに極度に頭の切れるこの男は、あっというまに出世して、リビーの右腕となった。上司としてのオーウェンズは、細かいことにこだわる要求の厳しいタイプだった。笑うと感じがよく、魅力的にもなれたのだが、怒り出すと手がつけられなくなった。作業者が仮病など使おうものなら、ためらうことなく怒鳴りつけ、本当に尻を蹴飛ばすこともあった。

1889年にオーウェンズがリビーのガラス工場で働き始めた頃の瓶づくりの方法は、子どもだった彼がウェストバージニア州の工場で働き始めたときとほぼ同じだった。それどころか、さらにさかのぼって入植時にジェームズタウンで行われていた方法からも、ほとんど変わっていなかった[24]。まず、砂とソーダ灰と他の材料を混ぜたものを炉のなかの巨大な容器に入れる。これを何時間もかけて溶かすと、ねっとりした水あめのような状態となる。熟練のガラス吹き工の指示を受けて、種取りの担当が約1・8メートルの吹き竿を容器に突っ込み、極度の高温となった溶融ガラスの塊を竿の先に取って、金属のテーブルの上で転がして丸い形にする。

吹き手はチームのなかで最も高い技術をもつ者であり、吹き竿を受け取って、その塊に息を吹き込んで必要な形にする。溶融ガラスを鋳鉄製の型に入れて、成形の助けとすることもあった。ガラス吹きの途中でガラスが冷えた場合には、再加熱を担当する少年工が炉内に戻してもう一度やわらかくする。いったんガラスを適切な基本形にしてから、吹き手と助手が、必要に応じて再加熱しながら、木製の道具でさらに形を整えた。仕上げが終わると、まだ熱いガラスを、担当の少年工が別の炉へと運んで入れる。その炉のなかで、ガラスはゆっくりと冷えて硬くなるのだが、この処理を「焼《や》きなまし」という。標準的な1チームは5人から8人の男と少年たちで構成された。勤務時間10時間で1日に約600本、つまり、1本の瓶をつくるのに1分ほどしかかからなかった。だが、消費財の大量生産としては、必ずしも効率的な方法とはいえない。

オーウェンズは、この作業を改善できないものかと考えた。当時、さまざまな場所で手作業の自動化が進み、あらゆる種類の産業において爆発的なスピードで生産量が増えていた。オーウェンズは技術者ではなかったし、ガラス製造の化学については基礎的な内容しかわかっていなかった[25]。だが、オーウェンズは、ガラス製造の全段階の仕事を経験し、すべてを直感的に理解していた[26]。こうしてオーウェンズは、リビーの後押しを受け、今やかなり規模が大きくなった会社の資源を活用して、製瓶用の機械づくりに乗り出したのだ。

そして、5年の歳月と50万ドル（当時は破格の金額だ）を費やして、1903年に最初のオーウェンズ製瓶機が完成した。回転台に6本のアームがついていて、それぞれに金型と吹き竿がついている。オーウェンズの大きなブレークスルーとは、溶融ガラスの塊を機械が集める方法を考え出したことだ。製瓶機発明者になれそうなライバルたちがつまずいた部分である。オーウェンズは各アームに小さなポンプをつけた。ポンプのプランジャーが引き上げられると、生じた真空の作用で溶けたガラスが型のなかに吸い上げられ、プランジャーが引き下げられると、ガラスに空気が一気に吹き込まれて成形される[27]。インスタント・ボトルの出来上がりだ。機械がこれを切り離してベルトコンベヤーに載せる。進む先には、焼なまし用の炉が待っていた。

この製瓶機の最初のモデルは、人間のチームよりも6倍速く瓶を製造した。オーウェンズが他の製瓶業者に売り出せるほどに改良を加えたモデルでは、1分間に12本の瓶をつくれるようになっていた。工程が高速化されただけではない。必要となる労働者が、とりわけ技術のある高給取りの労働者が、はるかに少なくてすむようになった。その結果、12ダース（144本）の瓶を製造するコストは、1ドル80セントだったのが、12セントにまで下がったのだ。

この製瓶機は大ヒットした。ある業界誌には興奮した筆致のこんな記事が掲載された。「オーウェンズ製瓶機は、他の発明家ではまったく太刀打ちできない境地に達している。この機械があれば（中略）あらゆる技術と労働力が不要のものとなり、製造費を、使用された材料費と実質的に同程度にまで削減できるのだ。それだけではない。どの瓶にも同量のガラスが使われて、完全に同じ大きさと仕上げと重さと形となり、内部の容量もぴったり同じになる。ガラスが無駄になることもない。吹き竿や先の尖った長い火ばさみ、仕上げ用の道具類、再加熱用の焼き戻し炉、種取り工、吹き手、金型担当の少年工、ガラスを竿から折り取る際の補助の少年工、仕上げ工など、こういった道具や職工に頼ることなく、これまでのどんな工法よりも、良質な瓶を大量かつ安価につくることができるのだ[28]」。発明は大成功を収め、リビーとオーウェンズは新会社のオーウェンズ製瓶機会社を共同設立した。その80年後、アメリカ機械学会はオーウェンズの製瓶機が「工学上の画期的な業績」であるとし、「マイケル・オーウェンズによる1903年の自動製瓶機発明は、2000年以上にわたるガラス製造において、最も重大な進歩であった」と明言している。

製瓶機の大ヒットが広範囲にもたらした影響

オーウェンズの製瓶機のおかげで、突然に、これまでよりもはるかに大量の瓶が製造されるようになった。それは、ガラスがもっと必要となったということであり、そのガラスをつくるために、かつてないほど大量のケイ砂がかき集められるようになった。製瓶機導入のたった1年後には、アメリカでのケイ砂の生産量が110万トンから440万トンに跳ね上がっている[29]。

地球からそれだけの砂を採取するということは、環境にかなりの被害を与えるということだ。インディアナ州ミシガンシティ近くにあった、かつては観光名所であったフージャー・スライドという高さ約60メートルの砂丘は、1890年からの採掘で跡形もなく消えてしまった。砂丘から手押し車で砂が運び出され、ガラス製造会社がそれを購入した。メイソンジャーで有名なボール社もそのうちの1社だ[30]。ボール社を設立したボール兄弟も、リビーと同じく、安価な天然ガスと良質な砂、地元自治体による気前のよい財政面での誘致政策にひかれて、ニューヨークを離れて中西部へとやってきた。そして、何千万という広口瓶などのガラス容器をこのフージャー・スライドの砂でつくったのだ。この丘の砂を原料としたガラスは淡い青味を帯びており、現在ではこの時代の瓶がコレクターズアイテムとして人気を集めている。1930年代以降に製造されなくなったが、それはこの砂丘がなくなったためだ。ミシガン湖畔の他の砂丘は、90メートルほどの高さのものもあったが、採掘されて次々と姿を消した。それが止まったのは、一般の人々の抗議を受けて、州政府が1970年代から1980年代にかけて保護政策をとってからのことである[31]。

インディアナ州の他の場所では「吸引ポンプ」つきの船がミシガン湖の「底から砂を盗んで」ガラス製造業者に売っていると、1913年の『ゲーリー・イブニング・ポスト』紙が嘆いている[32]。当時は、許可も支払いも不要で、だれでも好きなだけ砂を浚渫《しゅんせつ》することができたのだ。（インディアナ州の砂は、1893年に開催されたシカゴ万国博覧会の会場に敷きつめられ、さらにはシカゴの有名なリンカーン・パーク用の土地の造成にも使われた。）

オーウェンズとリビーはというと、ガラス製造に不可欠な資源を確保するために、トレド・オーウェンズ・ガラス砂会社を設立して、オハイオ州にあるその名もシリカという近くの町の採石場を買い上げた。業界誌は、そこで採取された砂が「純白で最高の品質[33]」だともてはやした。

今日では、瓶は日常的で使い捨ての製品のように思われている。オーウェンズの製瓶機が及ぼした影響はそれだけではないが、あまりに広範に及ぶので、すべては把握しきれない。この機械によって多くの人が財をなしたが、その多くは製瓶業とは無関係の人々だった。製瓶機によって、瓶は贅沢品から日用品となり、私たちが何を飲むのか、いつ、どこで、どうやってそれを飲むのかが永久に変わることとなった。

導入後わずか数年のうちに、オーウェンズの製瓶機によって、牛乳生産業者からH・J・ハインツ社まで、あらゆる会社のための瓶が製造されるようになっていた。1911年にはアメリカ国内で103台が、ヨーロッパでは少なくとも9カ国で、そして日本でも稼動するようになり、毎年何億個もの瓶が量産されるようになった。

瓶が安価に大量生産されるようになったことの影響を最初に受けたのは、当然ながら、ガラス職人である。機械に仕事を脅かされていると認識したガラス職人の組合は、コンクリートに対するレンガ工の反応と同じく、オーウェンズの製瓶機を自分達の工場に導入させないよう闘った。数台の製瓶機を壊しさえしている。しかし、それは無駄な抵抗であった。1917年までに、賃金が比較的高い熟練工の数は半減していた。一方で、市場は大きく成長したので、瓶製造業全体での雇用者数はこれまでよりも増えていた。そして初めて女性が雇われることとなった。彼女たちが仕分けと梱包を担当した大量の製品が、工場からどんどん出荷されるようになったのだ。

オーウェンズの機械によって、即座に、そして完全に仕事を奪われた一群の労働者がいる。それは子どもたちだ。組合が突如として児童労働を撤廃するための活動を始めたのだ。理由の1つは、その当時、労働者の生計がすでに危うくなっているという状況で、子どもの低賃金に引っ張られておとなの賃金まで下がることが懸念されたためだ。だが、もっと重要なのは、単純に、子どもが工場で必要とされなくなったということだ。子どもがさせられていた危険で繰り返しの多い作業は、機械のほうがうまくできるようになっていた。1880年には、ガラス産業の全労働者のほぼ4分の1が子どもだったが、1919年には2％未満になっている。

オーウェンズは高邁な改革者として称賛された。1913年には、全国児童労働委員会が、アメリカでの児童労働撤廃のために自分たちが議会に働きかけてきたよりも、オーウェンズの機械がもたらした成果のほうが大きかったと発表した。1927年、米国労働統計局は、ガラス産業における児童労働は「ほとんど過去のものとなり、それは少なからずマイケル・J・オーウェンズの功績に負うものである」と明言している。皮肉なことに、オーウェンズ自身は児童労働がそれほど悪いものだと思っていなかった。彼は、ことあるごとに、自分が幼い頃にした仕事は、気丈な子どもにとっては有益なものだったと言っていた。1922年の雑誌の取材で彼はこう説明している。「現代社会の最大の害悪の1つは、仕事を苦痛だと考える癖が広まっていることだね。私が子どもの頃は、働きたいと思っていたよ。（中略）今の問題の大部分は、母親に原因がある。情緒的な女性に育てられている男の子が多すぎるんだ。15歳とか20歳になるまで遊んで暮らしている。（中略）いざ働き始める頃には、あまりに使い物にならないやら手の施しようがないやらで、哀れみさえ覚えるくらいだ。子どもの頃から働いている若者と比べると不利な立場になるね。（中略）私は子どもの頃にきつい仕事をしたが、それで悪いことなどまったくなかったよ[34]」。さらに、こうも言っている。「私は少年工がやるような仕事を全部やったが、その経験を何から何まで楽しんだものだ」

砂に関連するすべての産業で児童労働がなくなったわけではない。現在も、モロッコやガーナ、ナイジェリア、インド、ウガンダの砂の採掘場で、若者が酷使されている。また、伝えられるところによると、ケニアでは学校を退学して砂採取の仕事をしないかと子どもたちが勧誘されているのだ。

製瓶機の導入によって製瓶業界の人々の生活に大きな影響が及んだことは当然だろう。だが、オーウェンズの機械がもたらした影響は、それよりずっと広範囲にまで及んだ。膨大な量のケイ砂を莫大な数のガラス容器に変えることを容易かつ安価にできるようになったことで、他のさまざまな産業における変化も加速し、その結果、アメリカ人が何をどのくらい飲み食いするのかまで変わったのだ。

１９００年より前には、ビールとウイスキーは樽に入った状態で居酒屋に置かれていた。買って帰りたければ、自分で入れ物を用意しなければならない。牛乳は、金属製容器に入ったものが専用の運搬車で配達されて、テーブルにはピッチャーで出された。また、哺乳瓶のようなものもなかった。

食べ物や飲み物を商品としてパッケージする場合、ガラスはほぼ完璧な素材である。通気性がなく、液体がしみこむこともない。ガラスと化学反応を起こす物質はほぼないので、瓶も内容物も変質しない。錆びることもなければ、内容物にビスフェノールＡ（ＢＰＡ）が溶け出すこともないし、プラスチックのような味がつくこともない（ＢＰＡとはプラスチックの合成に使用される化学物質で、人体への悪影響が懸念されている）。瓶に入れた液体の香りと風味はかなり長いあいだ保たれる。つまり、高品質で安価な瓶が急に手に入るようになったことは、清涼飲料やビール、医薬品など、瓶入りの消耗品の製造業者にとって素晴らしい福音であった。瓶が安くなっただけではない。完全に同じ形の瓶をつくることができるので、機械で中身を詰められるようになった（そのうちのいくつかはオーウェンズが設計を手伝っている）。それによって、商品の販売価格がさらに下がった。ケチャップ、ピーナッツバター、その他にもガラス瓶に詰められたさまざまな食べ物が、手頃な常備品となったのだ。

ここにも、ある形で砂が使われることによって、別の形でさらに多くの砂が使われるというパターンが見られる。オーウェンズの大量生産の瓶が市場に登場したのと同時期に、自動車が全国で流行し、舗道が広がりつつあった。車と舗道の両方が発展することで、瓶入り飲料などの製品がはるか離れた場所まで届くようになった。砂でできた瓶に詰められた製品を積んだトラックが、店から店へと、砂でできた道路をスムーズに走って移動するようになったのだ。

その結果、瓶入り飲料の市場が爆発的に成長した。たとえば、コカ・コーラという新しい飲み物の販売数は、オーウェンズの機械が市場に登場する前後の1903年から1910年にかけて約7倍となった。コカ・コーラの公式ウェブサイトにも、「瓶詰めの技術の大きな進展によって効率と製品の品質の向上が改善された[35]」ことが要因だと記されている。

ビール産業も発展した。20世紀初頭には、家にビールを持ち帰るには、たいていの場合、水差しやバケツなど何でもいいので手近な入れ物をもって地元の居酒屋まで行かなくてはならなかった。おしゃれな容器が使われていないせいで、ビールには少しばかり低級というイメージがつきまとっていた。つまり、育ちのよい人がディナーの席で飲むものではないということだ。1930年代には、ビール醸造業者はビールのイメージアップのために協力して瓶での販売を開始した。大切なのは、もちろん、主婦層の心をつかむことだ。「女性がシガレットという言葉をあたりまえに発することを学んだように、ビールという言葉をもっと気軽に使うことを学ばねばならない」と、1930年代の半ばの業界誌の記事で提案されている。「ビールの瓶とラベルも同じくらい重要だ。瓶がきれいで清潔で、ラベルが魅力的であれば、主婦が家庭でビール瓶を載せた盆を喜んで運ぶようになるだろう[36]」

ガラスのさらなる進化

オーウェンズとリビーの事業は、何十年ものあいだ、あらゆる種類のガラス製品の製造を独占した。2人はさらに、製瓶機に続けて、もう1つの大きなプロジェクトにとりかかった。それまでは手作業でつくられていた板ガラスの製造を自動化する機械である。そして十分な性能の装置を完成させて、1916年には板ガラスを販売する新しい会社を立ち上げた。製瓶機と同様、その影響は非常に深いところまで及んだ。ガラス製の食器類だけでなく、家屋や車の窓ガラスまでもが、贅沢品から日用品へと変わったのだ。

1952年にイギリスの工学者であり実業家でもあるアラステア・ピルキントンが板ガラスの新製法を開発したことで、ガラスがさらに広く使用されるようになる。溶かした錫《すず》を浅く溜めた上に溶融ガラスを流し込むというこの製法でつくられた、それまでよりも大きくて均一な板ガラスは、大規模な建設プロジェクトでの巨大な窓として理想的なものだった。このフロート方式を使った工場はすぐに業界標準となった。

建築家たちはすぐにこの新しいガラスを建築物に多用し始めた。そして、ガラス張りの高層ビル群が都市の輪郭を空に描き出すようになった。全世界の板ガラス生産量は、1980年から2010年のあいだに25倍に膨れあがっている[37]。今日では年に91億平方メートル以上の板ガラスが消費されている[38]。これは、6枚重ねにしても、ヒューストン市のほぼ全域を覆うことのできる面積だ。

ガラスの製造技術は進化し続けて、ガラスはさらに驚くような目的のために用いられるようになった。ガラスの高度な応用例のいくつかがなければ、現代の生活はまったく違ったものとなっていただろう。1930年代にオーウェンズ＝イリノイ社の社員が、繊維状のガラスを開発した。柔軟で、強靭で、軽量で、防水性があり、耐熱性も備えたそのガラスは、「ファイバーグラス（Fiberglas）」と名づけられた。（ガラス（glass）とちがって「s」は1つだ。後年、他社がそれぞれの独自製品を市場に送り出し、この種の製品が一般名詞の「fiberglass」として知られるようになった）。それまでに他社でも繊維状のガラスがつくられたことはあったが、この新製法によって、直径4ミクロンという細さで長さが何百メートルも続くガラス繊維の製造が可能となったのだ。どのガラス製品にも言えることだが、これももちろん砂でできている。ガラス繊維をつくるためには、まずシリカを他の物質（ホウ素や酸化カルシウム、酸化マグネシウムなど）と一緒に溶かす。それによって、より扱いやすくなり、特定の製品にとって望ましい性質――高い引張強度など――が備わることとなる。この溶融ガラスが金属製の溶解槽に開けられた小さい穴から押し出され、それが高速巻取機で伸ばされて長い糸状になる。これを冷却して化学樹脂でコーティングすれば、なんにでも使えるガラス繊維の完成だ。

ガラス繊維で強化したプラスチックは、非常に強靭でありながら鋼鉄よりも軽くて展性があり耐候性にも優れているので、まったく新しい形のボートや自動車をデザインすることができる。シボレーはこれを使って1953年にコルベットというなめらかな曲線が美しいスポーツカーを製造した。今日では、パイプの断熱材からカヤックまで、あらゆるものにガラス繊維が使用されている。ガラス繊維製のとても高性能な断熱材のおかげもあって、アメリカ南部や南西部に何百万もの人々が移住できるようになった。たいていの人にとっては不快なほど夏は暑くなる場所なので、熱を遮断する信頼できる方法がなければ移住対象にならなかっただろう。ガラス繊維という形での砂によって、人々は砂だらけのアリゾナ州やネバダ州の砂漠でも暮らせるようになったのだ。

1940年、オーウェンズとリビーの企業グループは、断熱に関する大きな革新を新たに成し遂げた。「サーモペイン」という2重はめこみガラスである。すぐに、郊外のどこの家屋でも、この素材を使った巨大なはめ殺し窓とガラスの引き戸が取り入れられた（今でもそうだ）。

このようなオーウェンズ＝イリノイ社だが、この歴史的発明という分野において、あなどりがたいライバルが存在する。コーニング社と聞くと、陶磁器製のオーブン皿を思い浮かべる人も多いだろう。（この陶磁器もまた、多くを砂が占めている。細かいシリカが骨組みとなり、それに粘土や他の材料がくっつくのだ。）あまり知られていないことだが、コーニング社は昔からその先駆性で知られる会社であり、コーニングウェアという食器シリーズやパイレックスの耐熱皿や保存容器を製造しているだけでなく、史上最も革新的なガラス製品の数々をつくってきた。いち早く電球とテレビのブラウン管の大量生産を開始し、NASAの月ロケットやスペースシャトルの耐熱窓も製造している。1970年には、コーニング社の科学者が、高純度のシリカを原料とした最初の実用的な光ファイバーを開発した。膨大な量のデータを伝送できる画期的な素材であり、現在ではインターネット回線の大部分を光ファイバーケーブルが担っている。

今、あなたのポケットには、かなり高い確率でコーニングの製品があるだろう。アイフォーンなどのスマートフォンの画面はとても頑丈で傷がつきにくいが、あれはコーニング社の有名なゴリラガラスである。21世紀の初めにあって、砂は私たちを取り囲んでいるだけではない。砂は私たちとともにあるのだ。ポケットやバッグのなかにある、デジタル時代の象徴であり支柱でもある携帯電話の、重要なパーツなのだから。

さらに進んだガラスも登場している。コーニング社は曲げられるゴリラガラスを開発中だ。これが完成すれば、タブレット型コンピューターを折ったり丸めたりできるようになる。日本の複合企業であるNSGグループ（日本板硝子）は、セルフクリーニング機能をもつガラスを販売している。窓ガラスを少量の酸化チタンでコーティングしたもので、酸化チタンが太陽光と反応して汚れを落とすのだ。また、イギリスのサウサンプトン大学の科学者たちが研究しているのは、途方もない量のデジタル情報を――音楽でも映画でもなんでもいいが――現在の最高のハードドライブよりもずっと安定した形で、小さなガラスのディスク内にナノ構造で記録するという技術である。

日常をさりげなく支えるガラス

今やガラスは、世界中の住宅や企業で、あるのがあたりまえの設備となった。最近では、多くの人がほとんどの時間を屋内で過ごすようになっている。ガラスのおかげで、私たちの職場や工場や住宅には祖父母の時代よりもはるかに自然な光が入り、より安定した温度が保たれ、よい眺めが楽しめるようになったのだ。

ガラスはまた、何千という特別な製品へと形を変えて、さりげない部分で私たちの生活を支えてくれている。たとえば、シャワー扉や額縁用のガラス、塩入れ、屋外用テーブル、鏡など、私たちがほとんど意識しないような、現代の中流家庭で見られるちょっとした品々がいくらでもある。

マイケル・オーウェンズは、ガラスを私たちの日常生活の一部とするために誰よりも貢献した人物である。かなりの財産を築き、自分の名で49の特許を取得し、1923年に会社の役員会議から退席したところで亡くなった。オーウェンズ製瓶機会社は今ではオーウェンズ＝イリノイ社として知られ、トレドのすぐ南、オハイオ州ペリーズバーグのマイケル・オーウェンズ通り1番地に本社を構え、今も変わらず世界有数の酒瓶メーカーである。23カ国で80の工場を操業し、年間売上高は60億ドルを超えている[39]。

しかし、ガラスが飲料の容器として世界で最も使われていたのはすでに過去の話だ。今では市場の80%がペットボトルと金属缶で占められている。また、ガラス製造業は大部分が海外へ移されたため、中西部の他の多くの工業都市と同じく、トレドは衰退することとなった。だが、トレドの住人にとってよかったこともある。ガラス工場が少なければ少ないほど、大気汚染の度合いも小さくなるからだ。砂が溶けてガラスに変わるまで炉を燃やすと、かなりの量の二酸化炭素が排出される。他にも、温室効果ガスではない窒素酸化物や二酸化硫黄などを生じ、これらはスモッグの原因となる。また、人間の肺に害のある微粒子も排出される。工場から出荷されるガラスは澄んでいるかもしれないが、周辺の空気はまったくそうではない。

現在、ガラス産業の中心は中国だ。世界最大のガラス生産国であり消費国でもあって、世界中の板ガラスの半分以上が中国で大量生産され、大量消費されている。今日のガラス製造は中国に完全に支配されており、トレド美術館のガラスパビリオンの壁を構成している精密なガラスパネルは２００６年に中国から輸入されたものだ。かつてニューヨークにあったワールド・トレードセンターは１９７０年代に完成した建物だが、隅から隅までアメリカ製のガラスが使われていた。現在、その跡地に建てられたワン・ワールド・トレードセンターは、低層階が中国製ガラスで覆われている。

発展途上国で急成長中の都市が必要としている砂は、コンクリート用の砂だけではない。ガラス用の砂も不可欠だ。新築のすべてのビルには窓がいるし、新しい高速道路を走る新品の車にはフロントガラスをはめねばならない。新しい中産階級には、食器や瓶、携帯電話の画面が必要だ。ガラスの需要は急増している。フリードニア・グループの調査資料[40]によると、２００３年に中国で消費された板ガラスは19億ドル相当だった。10年後には、それが２２０億ドル近くとなっている。その原料となるケイ砂自体が、数十億ドル規模の産業となっているのだ。

20世紀には、コンクリートとアスファルトとガラスによって、西欧諸国の無数の人々にとっての建築環境が完全に様変わりした。私たちは、砂の軍隊の力によって、高層ビルと郊外を、ふだん使いの窓とガラス瓶を、そして自動車のためになくてはならない舗道を手に入れた。21

世紀に入り、砂を土台としたこの生活スタイルが、全世界に恐るべきスピードで広がっている。

　この新時代において、砂の軍隊は世界を変革させるさらに多くの任務を負っている。今では砂によって、まったく新しい土地がつくられ、これまでは手の届かなかった地球の隙間から石油が抜き取られ、私たちの暮らしのすみずみまで浸透するデジタル機器がつくられている。1世紀半前には、砂は役に立つ付属品であり、数えるほどの目的のための便利な道具にすぎなかった。だが、人類の文明は、今やこの砂に依存しているのだ。

第2部

すべて我がこれらの言《ことば》をききて
行はぬ者を、
沙《すな》の上に家を建てたる
愚なる人に擬《なずら》へん。

マタイ傳福音書7章26節より

砂はいかにして21世紀のグローバル化したデジタルの世界をつくったのか

第5章 高度技術と高純度

デジタル時代を支える砂

ある日曜の朝、ノースカロライナ州スプルースパインの空は雲に覆われ、空気はひんやりしていた。教会から出てきたばかりのアレックス・グラバーがマクドナルドの一角にあるプラスチックのベンチに腰掛けた。リュックサックをごそごそと探って取り出したプラスチック製のサンドイッチ容器には、白い粉がみっしりと詰まっている。「私たちが逮捕されなきゃいいんだがね」と彼は言った。「誰かに誤解されないとも限らない」

グラバーは最近退職した地質学者だ。何十年も、貴重な鉱物を求めて、この小さな町を取り囲むアパラチア山脈の山腹や谷間を歩き回ってきた。小柄でむっくりした体つきをしており、小さな楕円形の眼鏡をかけている。小ざっぱりした白い口ひげを生やしていて、ジープの野球帽の下からのぞく髪もやはり白い。彼の話し方は、最初の音節を強調していくつかの母音を伸ばすという、かなり間延びしたものだった。たとえば、私たちは「コオオヒー」を飲んでいた、といった具合に。そんな話し方で説明してくれた内容とは、この僻地《へきち》が世界的に見ても非常に重要な場所であることの理由だった。

スプルースパインの町は豊かとは言えない。町の中心は、半分眠っているような鉄道の駅と、通りを挟んで向かい側にある2階建てのレンガ造りの建物が並ぶ2ブロックで、そこにはずいぶん前から閉まったきりの映画館と、人影のない商店がいくつか入っていた。

一方で、この町を取り囲んでいる樹木の茂る山々には、人が欲しがるあらゆる種類の岩が豊富にある。あるものは工業用途で、あるものは単純にきれいだからと珍重される。だが、グラバーの持つ容器に入っている粒は――雪のように真っ白で、粉砂糖のように柔らかい粒だ――間違いなく今最も重要な鉱物である。本書ですでにおなじみの石英だが、そこらの石英とは別物だ。わかったのは、スプルースパインは、地球上で見つかっているなかで最も純度の高い天然の石英の宝庫だということだ。二酸化ケイ素粒子のなかでも超エリート部隊であり、コンピューターチップをつくる際に使われるシリコンの製造で重要な役割を果たしている。実際に、この人目につかないアパラチアの僻地で採取された石英からつくられたシリコンチップによって、あなたのノートパソコンや携帯電話が動いている可能性は大いにある。「ここには10億ドル規模の産業があるんだよ」グラバーがフクロウの鳴き声のような笑い声をあげた。「車で通り抜けるだけではわからないがね。絶対に気づかんよ」

21世紀に入り、砂はこれまで以上にさまざまな形でその重要性を増している。デジタル時代の今、私たちが取り組む仕事、楽しむ娯楽、互いにコミュニケーションをとる方法などが、インターネットと、それに私たちをつなげるコンピューターやタブレットや携帯電話などによって、ますます形を変えつつある。そのどれもが、砂がなければありえなかったことだ。コンピューターチップや光ファイバーケーブル、その他のハイテクなハードウェアを——つまり仮想世界を機能させるための物理的な構成要素の数々をつくるために、高純度の二酸化ケイ素の粒はなくてはならない原料である。これらの製品で使用される石英の量は、コンクリートや土地の埋め立てに使われる莫大な量と比べればほんのわずかなものだ。だが、その影響は、はかりしれない。

スプルースパインの石英

スプルースパインの鉱物学的な豊かさは、この地域の地質史のユニークさのおかげである。およそ3億8000万年前、この地域は赤道の南にあった。プレートテクトニクス理論によると、北アメリカ大陸のプレートがアフリカ大陸を含むプレートによって東側から押されたため、重い海洋地殻（海底の地学的な層）がより軽いアメリカ大陸の下にもぐりこんだ。途方もない規模で擦れ合ったことによる摩擦熱は摂氏1000度を超え、地表の下14キロメートルから24キロメートルのあいだの岩は溶けてしまった。この溶岩自身の圧力により周囲の岩の割れ目や亀裂に膨大な量の溶岩が入り込み、ペグマタイトの鉱床が形成されることとなったのだ。

地中深くに埋まった溶岩が冷えて結晶化するまでに、およそ1億年を要した。その深度と、水のない環境のために、ほとんど不純物のないペグマタイトが形成された。一般に、ペグマタイトは約65％が長石、25％が石英、8％が雲母《うんも》、残りが他の鉱物である。一方、約3億年のあいだに、今のアパラチア山脈の下の岩盤が隆起した。露出した岩が風雨などで侵食されて、ペグマタイトの硬い層が地表近くに残されることとなる。

クリストファー・コロンブスがスペインからやってくるずっと前から、ネイティブアメリカンは、光沢があってきらきらと輝く雲母を採掘しては墓を飾ったり通貨として使ったりしていた。この地域を初めて訪れたヨーロッパ人はスペイン人探検家で1567年のことだったが、彼の興味を引いたものは特になかったようだ。19世紀には入植者たちが少しずつアパラチア山脈に入って、農家としてどうにか暮らしを立てるようになった。雲母の商売を始めようとする探鉱者も少しはいたが、険しい山に阻まれてうまくいかなかった。「市場まで商品を運べなかったんだ」こう話すのはデビッド・ビディックスというぼさぼさ頭の歴史愛好家で、スプルースパインがあるミッチェル郡についての本を3冊書いた人物だ。ビディックスの一族は

1802年からこの地で暮らしている。「川も、道も、線路もなかった。運ぶとすれば馬の背に載せるしかなかったんだ」

この土地の先行きが明るくなり始めたのは、1903年に、南部・西部鉄道会社がケンタッキー州からサウスカロライナ州への路線を建造するにあたり、この山中に線路を敷いてからのことだ[1]。たった300メートル登るために、32キロメートルも行きつ戻りつ蛇行する驚くべき路線である。外の世界につながるこの幹線がようやく開通すると、採鉱が活発になり始めた。地元の人と山師たちが山のなかに何百という坑道や露天掘りの穴をつくり、やがてスプルースパイン鉱山地区として知られるようになった。これは3つの郡にまたがる、長辺40キロメートル、短辺16キロメートルの帯状の土地である。

ビディックスの家は廃鉱を埋め立てた上に建っているのだが、そのささやかな家の居間にある散らかった机で、彼のコレクションである、昔の試掘《しくつ》された採鉱場の白黒写真を見せてくれた。雑に掘られてはいるが何メートルもの深さの穴で、オーバーオールを着た無愛想な顔つきの男たちがシャベルやつるはしを振るっている。ビディックスの祖父もそういった男たちの1人で、作業場で雲母を剝がす仕事をしていた。雲母はまるで本のページのように引き剝がすことができて、半透明で平らなシート状になるのだ。薪《まき》ストーブや石炭のストーブの窓として、あるいは真空管機器内部で用いる電気的な絶縁体として、雲母は重宝されていた。現在では、化粧品や、コーキング材、補修用パテ、乾式壁の目地材といったものの特殊添加剤として利用されている。ビディックスの話によると、祖父が働いていた作業場は現在でも使われているものの、雲母は近頃ではインドからの輸入品なのだそうだ。

第二次世界大戦中に、雲母と長石の需要が急増した。両方とも、この地域のペグマタイトで大量に見つかる物質だ。これによりスプルースパインに繁栄の時代が訪れる。1940年代、町の大きさは4倍になった。最盛期のスプルースパインには、映画館が3軒にビリヤード場が2つ、ボーリング場が1軒、そしてたくさんのレストランが立ち並んでいた[2]。旅客列車も1日に3度やってくるようになった。

この1940年代に、テネシー川流域開発公社（TVA）からスプルースパインに科学者チームが派遣される。目的はこの地域の鉱物資源のさらなる開発にあり、彼らが特に注目していたのはもうかる資源である雲母と長石だった。

問題は、それらの鉱物を他の鉱物と分離する方法だ。スプルースパインで採取される典型的なペグマタイトの塊は、風変わりだが気をそそられる硬い飴のかけらのように見える。大部分が乳白色やピンク色の長石で、そのなかに光沢のある雲母がはまっていて、あちらこちらに透明な石英やくすんだ石英があり、さらに、深紅色のガーネットや他の色の鉱物の粒も混ざっている。長年にわたり、地元の人たちはペグマタイトを単純に掘り出して、それを手持ちの道具や大雑把な装置で砕いて、長石と雲母とを手で選り出していた。残った石英ははずれだと思われており、よくても建設用の砂に使われる程度で、ほとんどの場合は他の選鉱くずと一緒に捨てられていた。

ＴＶＡの科学者たちは、近くのアシュビルにあるノースカロライナ州立大学鉱物研究所の研究者と協力して、これらの鉱物を速く効率的に分離するために泡沫浮選《ほうまつふせん》という方法を導入した。「それによって、町の産業は革命的な変化を遂げた」とグラバーは言う。「小規模な家族経営の産業から、巨大多国籍企業の産業へと進化したんだ」

泡沫浮選を行うには、まず、岩石を機械の粉砕機に入れて、細かい粒状の鉱物が混ざり合った状態にする[3]。この混合物をタンクに入れて、それに水を加えて懸濁液をつくり、よくかき混ぜる。次に試薬を加える。これは、たとえば雲母の粒にくっついて雲母を疎水化する（水となじみにくくする）ような化学物質だ。そして懸濁液に空気の泡を次々と送り込む。周囲の水を怖がるようになった雲母の粒は、大慌てでこの空気の泡につかまるので、泡によってタンクの上へと運ばれて、液体の表面に泡沫《あぶく》が溜まる。この泡を回転翼でかき取り、別のタンクに移し替えて水を抜けば、ほら、雲母がとれました。

残りの長石や石英、鉄はタンクの底から排出されて、いくつかの槽を通り、次のタンクに入る。そこで、同様のプロセスにより今度は鉄の浮選が行われる。さらに、長石を分離するための処理が繰り返された。

ガラス製造会社コーニングの技術者がこの地域に興味をもった最初の理由は、ガラス製造でも使用されるこの長石にあった。当時はまだ、残り物であった石英の粒は、不要な副産物だと見なされていた。しかし、コーニングの技術者は、ガラス工場で働かせるための新兵を常に探していたので、この石英の純度の高さに気づいて石英も購入し始めた。鉄道で北へと送られた石英は、ニューヨーク州のイサカにあるコーニング社の施設で、窓ガラスからガラス瓶まであらゆるものに姿を変えることとなった[4]。

ガラス業界におけるスプルースパインの石英の最大の功績の1つは、1930年代にコーニング社が、完成時に世界最大となる反射望遠鏡の主鏡を製造するという契約を勝ち取ったときから始まった。依頼元はカリフォルニア南部にあるパロマー天文台である。主鏡をつくるために、摂氏約1500度の巨大な炉で大量の石英を溶かして、口径が200インチ（508センチメートル）で重さが20トンのガラスの円盤をつくったと、D・O・ウッドベリーが『パロマーの巨人望遠鏡』[5]に記している。

「それから昼夜休みなく交代で働く1組3人の職工が、窯の一方の端の1つの戸から砂と化学原料を入れはじめた。これらの砂と化学原料はゆっくり溶解するので、1日4トンずつしか追加することはできなかった。少しずつ灼熱した溶解液の溜りが窯の底に広がり、それはしだいに長さ50フィート、幅15フィートの白熱した小さな湖のようになった」とある。こうしてつくられた主鏡は1947年に天文台の望遠鏡に取りつけられた。この過去最高の望遠鏡により、星の組成や宇宙それ自体の大きさなどに関わる重要な発見がなされた。今も現役で活躍している。

コンピューターチップ産業の誕生

１９５０年代の中頃、ノースカロライナ州から何千キロメートルも離れたカリフォルニア州で、ある工学者たちのグループが、コンピューター産業の土台となるような発明に取り組み始めた。ベル研究所の先駆的研究者であり、トランジスターの発明にも貢献したウィリアム・ショックレーは、研究所を出て、カリフォルニア州マウンテンビューに自身の会社を立ち上げていた。マウンテンビューはサンフランシスコから南へ車で1時間ほどののどかな町で、彼が育った町からも近かった。スタンフォード大学が近くにあり、ゼネラル・エレクトリック社とＩＢＭのほか、新興企業のヒューレット・パッカードの施設があったものの、当時はサンタクララバレーの名前で知られていたこの地域は、その頃はまだアプリコットや梨、プラムを栽培する果樹園ばかりだった。だが、もうすぐこの地に新しい呼び名がつき、誰もがそれを知るようになる。シリコンバレーだ。

当時、トランジスター市場では競争が急激に加熱していた。テキサス・インスツルメンツやモトローラといったあらゆる会社が、いろいろな製品、なかでもコンピューターで使うためのより小さく、より効率的なトランジスターを完成させようと競い合っていた。最初のアメリカ製コンピューターは、第二次世界大戦中に陸軍によって開発されたもので、ＥＮＩＡＣ《エニアック》と名づけられた。幅が30メートル、高さ3メートルという大きさで、１万８０００本もの真空管が使われていた。トランジスターとは電気の流れをコントロールする小さい電子的なスイッチであり、真空管の代わりにこれを使えば、巨大な装置を小型化できるだけでなく、より強力な新型コンピューターをつくることができる。そして、半導体という、ある特定の温度では電気を通すが別の温度では通さない性質をもつ、ゲルマニウムやケイ素など限られた元素を材料とする物質が、このトランジスターをつくる材料として有望視されていた。

ショックレーの新会社で朝一番に行われるのは、一群の若い博士研究者たちが、炉を非常な高温に熱し、ゲルマニウムやケイ素の結晶を溶かすことだった。トム・ウルフは『エスクァイア』誌に掲載した記事でこう描写している。「彼らは白衣とゴーグルと作業手袋を身につけていた。炉の扉を開けると、奇妙なオレンジ色や白色の光の筋が皆の顔を横切る。（中略）彼らは機械的な仕組みを使って、細い円柱状の物質をどろどろの金属に浸《つ》けた。こうすると、円柱の底部に結晶が形成されるのだ。これを引き上げてできた結晶を、ピンセットでつかみ、顕微鏡の下に置いて、ダイヤモンドカッターで切断する。特に、薄くスライスされたものが、ウエハーあるいはチップとなる。電子工学において、これらの小さい形を表す名称がなかったのだ」。（これは、チョクラルスキー法という結晶育成の方法だ。最後の部分が意味するのは、名称がなかったためにウエハー（薄い菓子）やチップ（小片）といった既存の言葉があてられたということ。）

ショックレーは、ケイ素のほうが有望だと確信し、そちらに集中することにした。「彼はもうすでに、最初の、そして最も有名な半導体研究を行い、製造会社を立ち上げていたので、ゲルマニウムに取り組んでいた連中はみんなそれをやめてケイ素へと乗り替えた」ショックレーの伝記『壊れた天才（Broken Genius）』[6]で著者ジョエル・シャーキンが書いている。「実際のところ、ショックレーのこの決断さえなければ、私たちは今頃ゲルマニウムバレーについて語っていたことだろう」

ショックレーは確かに天才だったが、誰にとっても嫌な上司だった。2年もすると、彼の下で働いていた最も才能のある研究スタッフたちが何人も逃げ出して、自分たちの会社を立ち上げた。これがフェアチャイルドセミコンダクター社である。逃げ出した1人のロバート・ノイスは、のんきだが優秀な工学者であり、まだ20代だったがそのトランジスターに関する専門知識の高さではすでに有名だった。

ブレークスルーが訪れたのは1959年のことだった。ノイスと仲間たちが、爪ほどの大きさしかない高純度シリコンの小片に複数のトランジスターを詰め込む方法を見つけたのだ。それとほとんど同時に、テキサス・インスツルメンツがゲルマニウムの小片で同じような仕掛けを編み出した。だが、ノイスの方法がより効率的であり、まもなく市場を支配することとなった。フェアチャイルドのマイクロチップはNASAの宇宙計画で採用され、売り上げはほぼゼロから年に1億3000万ドルにまで伸びた。1968年に、ノイスはフェアチャイルドを辞めて新しい会社を設立する。インテルと名づけられたこの会社が、集積回路（コンピューターチップ）という生まれたばかりの産業をすぐに支配するようになった。

1971年に発表されたインテルの最初の商用チップには、2300個のトランジスターが組み込まれていた。今日のコンピューターチップではその数は何十億にも達する。これらの小さな正方形や長方形の電子的なチップが頭脳となって、私たちのコンピューターを動かし、インターネットを動かし、すべてのデジタル世界を動かしている。グーグルにアマゾン、アップル、マイクロソフト、そして、ペンタゴンからあなたの最寄りの銀行まであらゆるものの働きを支えるさまざまなコンピューターシステム――これらすべてが、さらにはそれ以上のものが、シリコンチップへとつくり替えられた砂のうえに成り立っているのだ。

スプルースパイン産の石英とシリコンチップ

このチップをつくる工程は、恐ろしく複雑である。まず、基本的に不純物のないシリコンが必要だ。わずかな不純物によって、この微細なシステム全体が正常に動かなくなる可能性がある。（ケイ素はシリコンとも呼ばれるが、本書では元素名をケイ素、その結晶を「シリコン」としている。）

ケイ素は簡単に見つかる。地球上に最も豊富にある元素の1つなのだ。酸素と結合したSiO_2という形で、つまり石英となって、事実上どこにでも現れる。問題は、天然では、純粋な元素の形では絶対に得られないということだ[7]。ケイ素単体を分離するには相当な作業が必要となる。

まずは、ガラスの材料となるような、高純度のケイ砂（石英砂）を採取することから始まる[8]（石英塊も使われることがある）。この石英を強力な電気炉で加熱し、他の元素と化学反応を起こさせて、酸素の大部分を取り除く。そして得られるのが金属シリコンという、純度がおよそ99％のシリコンだ。しかし、この純度でも、ハイテク用途ではまったく使い物にならない。太陽光パネルに使われるシリコンには、99・9999％と、9が6個も並ぶ純度が必要とされる。コンピューターチップに使用する場合の条件はもっと厳しい。シリコンの純度は99・999999999％以上となる必要がある。これは9が11個並ぶので「イレブンナイン」と呼ばれている。「10億個のケイ素の中に、ケイ素でない原子がたった1個混じっているだけ、というレベルの話」だと、『砂』で地質学者のマイケル・ウェランドが書いている（ウェランドが論じたのはもう少し純度の低いシリコンの話であり、イレブンナインの場合には1000億個のうちの1個）。

その純度を達成するには、金属シリコンに対して各種の複雑な化学処理を行う必要がある。まず、金属シリコンを2種類の化合物に変える。1つ目は四塩化ケイ素で、これは光ファイバーのコアガラスをつくるための主成分である。2つ目が三塩化シランで、さらに処理が加えられて多結晶シリコン（ポリシリコン）がつくられる。極めて純度の高いシリコンの形態であり、これを主原料として太陽電池やコンピューターチップがつくられるのだ。

これらの各工程は複数の企業によって行われることがあり、各工程で、材料の価格が跳ね上がる。先ほどの工程の前後を見ると、純度99％の金属シリコンが1キログラムあたり約2ドル[9]なのに対して、多結晶シリコンの価格は10倍近く[10]となりうる。

次の段階は、多結晶シリコンを溶かすことだ。だが、高純度のこの素材を、単に台所の鍋に放り込むというわけにはいかない。溶融シリコンが不適切な物質と接することがあれば、たとえそれがほんのわずかでも、すべてが台無しになるような化学反応が起きてしまう。必要なのは、ある物質でつくられたるつぼである。その物質には、多結晶シリコンの溶融に必要な熱に耐える強さと、多結晶シリコンを不純物で汚染しない分子構成の両方が備わっていなければならない。つまりその物質とは、不純物のない石英である[11]。

ここで登場するのが、スプルースパイン産の石英だ。スプルースパインは石英ガラスのるつぼをつくるのに必要な原料の世界有数の産地であり、そのるつぼでコンピューターチップ級の高純度な多結晶シリコンが溶かされるのだ。2008年に、スプルースパインにある大きな石英工場の1つが火事となり、しばらくのあいだ、高純度の石英の世界市場への供給がほとんど途絶えてしまったときには、業界全体に激震が走ったものだ[12]。

現在、スプルースパインの石英の製造をほぼ独占的に行っている企業がある。1970年に設立されたユニミン社だ。スプルースパイン地域の鉱山を徐々に買い上げ、競合相手の事業も買い取り、今日では、この会社のノースカロライナ州での石英事業が、全世界の高純度および超高純度の石英の大部分を供給するまでになった[13]。（訳註：ユニミン社それ自体が、今では鉱業の複合企業であるベルギーのシベルコ社の子会社となっている。2018年にユニミンは別の会社と合併してCovia社となったが、高純度石英事業はシベルコ社に残された）。だが近年、さらに別の会社が――石英（クォーツ）の会社（コーポレーション）だからとそのままクォーツ・コープと名づけられた会社が、スプルースパインの市場のごく一部分にどうにか食い込んできている。高純度の石英を産出する場所は世界でも他にはほとんどなく[14]、さまざまな会社がそういった場所を必死で探している。しかし、市場の大部分を握っているのはユニミン社だ。

るつぼ用の石英は、そのるつぼでつくられるシリコン同様に、ほぼ完全に不純物がない状態でなければならず、他の元素をできるだけ徹底的に取り除く必要がある。スプルースパインの石英は最初から高純度であり、泡沫浮選を繰り返し行うことでさらにその純度を上げることができる。だが、石英の粒の一部には、グラバーならば侵入型元素による結晶の汚染とでも言うだろうが、結晶に他の鉱物が混ざり込んでいることがある。腹立たしいが、よくあることなのだ。「私は世界中の石英のサンプルを何千と調べてきました」こう話すのはジョン・シュランツだ。スプルースパインから車で1時間ほどの距離にあるアシュビルの鉱物研究所で、選鉱工程主任技術者を務めている。「そのほとんどすべてのサンプルで、石英の粒のなかに、取り除くことの出来ない汚染物質が閉じ込められていたんです」

スプルースパインの石英も、一部にはこういった形の欠陥がある。それらの粒は、石英の選鉱工程によってエリート特殊部隊からは弾かれるわけだが、最高級のビーチの砂として、あるいはゴルフ場のバンカーの砂として――最も有名なのは、権威あるマスターズ・トーナメントが開催されるオーガスタ・ナショナル・ゴルフクラブ[15]の真っ白なバンカーだろう――活用されるのだ。原油で潤うアラブ首長国連邦のとあるゴルフ場では、2008年にこの砂を4000トン輸入している。バンカーも世界トップクラスだぞと示したいのだろう。

しかし、最高級のスプルースパイン産石英の場合は、結晶に隙間があるため、フッ化水素酸を結晶に直接注入すれば残存する長石や鉄の痕跡を溶かせるので、純度をさらに上げることができる。技術者たちはそこからもっと進んで、石英を塩素や塩酸と高温で反応させてから[16]、企業秘密とされるいくつかの物理的処理と化学的処理を行うのだ。

ユニミン社は、こうした各段階を経て製造したIOTAという商品を、高純度石英の業界標準として販売している。基本的なIOTAの石英は、99.998%の純度の SiO_2 である。ハロゲンランプや光電池などをつくるのに使われるが、多結晶シリコンを溶かするつぼをつくるには純度が不十分だ。るつぼをつくるために必要となるのは、IOTA6や、シリーズの最高峰のIOTA8である。IOTA8は純度が99.9992%、つまり100万個の SiO_2 のうち不純物が8個しか含まれていない石英砂で、1トンあたり1万ドル近くで販売されている[17]。砂の業界では対極の存在ともいえる一般的な建設用の砂の場合、1トンあたり数ドルのこともあるのだが。

グラバーは、自宅を訪れた私に、いくつかのＩＯＴＡの粒を顕微鏡で見せてくれた。レンズ（それ自身が純度のかなり落ちる石英砂でつくられている）を通して見ると、ギザギザのある小さなかけらはガラスのように透明でダイヤモンドのように輝いていた。

ユニミン社からこの超高純度の石英砂を購入したゼネラル・エレクトリック社などの会社は、この石英砂を回転する型に入れて加熱溶融させる。そうしてできあがるのが乳白色のガラス製サラダボウルのように見えるもの、つまり、るつぼである[18]。「これらのるつぼの大半がスプルースパインの石英でできていると言って間違いはないですよ」とシュランツは言った。

この石英るつぼに、多結晶シリコンを入れて、溶かし、回転させる。そして、鉛筆ぐらいの大きさのシリコン種結晶を、るつぼとは逆方向に回転させながら、溶融シリコンの液面につける。これをゆっくりと引き上げると、種結晶の下に巨大な円柱状のシリコン単結晶ができるのだ[19]。こうしてできた暗色のぎらぎらと輝く結晶はインゴットと呼ばれ、重さ１００キログラムにもなる。

このインゴットを薄くスライスしたものがウエハーだ。その一部は太陽電池メーカーが購入する。だが、最高純度のインゴットは、鏡のようになめらかになるまで磨かれて、インテルのような半導体チップメーカーに売られる。このウエハー産業はかなりの盛況で、２０１２年には２９２０億ドルの規模であった[20]。

チップメーカーは、フォトリソグラフィという技術を用いて、ウエハー上にトランジスターなどのパターンを形成する。さらに銅が埋め込まれて何十億というトランジスターが配線されて集積回路ができあがる。ほんの小さなゴミが1つ入るだけでチップの微細な回路が台無しになることがあるので、これらはすべてクリーンルームと呼ばれる場所で行われる。クリーンルームは空気清浄機によって病院の手術室より何千倍も清浄な環境が保たれている。技術者が身につけるのは、バニー《うさちゃん》スーツという可愛らしい呼び名のある、全身を覆う白いユニホームだ[21]。製造中のウエハーを汚染しないよう、ウエハーを動かしたり操作したりするための多くのツールは、るつぼと同じく高純度の石英でつくられている[22]。

そして、ウエハーは、信じられないほど薄くて小さな四角形のチップに切り分けられる。このコンピューターチップが、あなたの携帯電話やノートパソコンの頭脳となるわけだ。この全工程には、慎重に制御された精緻な何百ものステップが必要である。完成したチップは、地球で最も複雑な人工物の1つだと言っていいだろう。しかしその原料は、地球で最もありふれたところに存在する慎み深い砂なのだ。

秘密主義に包まれた高純度石英の生産

全世界で毎年生産されている高純度石英は、総量3万トンと推定される[23]。これはアメリカで1時間あたりに生産される建設用の砂よりも少ない量だ。ユニミン社だけがスプルースパインで生産される石英の正確な量を把握しているのだが、同社は生産に関わる数字をいっさい公表していない。徹底した秘密主義で知られる会社なのだ。シュランツはこう話す。「スプルースパインは、昔は小規模な家族経営のところばかりでしたよ。初めて仕事で行った頃は、どの作業所でもぶらりと立ち寄ることができたんです。道を渡って、道具を1つ借りたりとかね」。今では、鉱物研究所の研究員でさえも、採鉱所や処理工場への立ち入りをユニミン社が許可することはない。修理作業に呼ばれる業者は、機密保持契約書に署名させられる。最近、副社長のリチャード・ジールクが裁判所の書類で宣誓したところによると、会社は仕事を可能な限り細分化して多くの請負業者に依頼しているので、単独の業者が多くを知ることはありえないのだという。同じ理由で、ユニミン社は装置や部品を複数の会社から購入している[24]。グラバーが聞いたのは、業者は処理工場内で目隠しをされて自分が仕事をする特定の区域まで連れていかれるだとか、許可なく誰かを連れて入った従業員がその場で解雇されたといった話だ。競合各社の従業員との交流すら許されないのだとグラバーは言う。

こういった話の真偽はなかなか確認できない。ユニミン社が何も教えてくれないからだ。大企業としては相当珍しいことだが、ユニミン社のウェブサイトには、報道機関向けの担当者も、広報の代表者への連絡先も載っていない。一般向けの問い合わせ用アドレスに何度かメールしたが、返信はなかった。コネチカット州にある本社に電話したところ、電話に出た女性は、「質問をしたいと希望するジャーナリスト」という概念に困惑したようだった。保留の状態で何分も待たされてから言われたのは、会社には広報部門がないが、質問をファックス（なんとファックス！）で送ってくれたら誰かが連絡するかもしれないということだった。最終的には、ユニミン社の幹部と連絡がとれたが、質問を彼女にメールで送るようにと言われた。よって、質問を送った。返事はこうだ。「残念ながら、私たちは現時点で回答を提供する立場にはございません」

そこで、私は直接的なアプローチを試みることにした。低木が生い茂る丘の谷間にあるユニミン社のスクールハウス石英工場は、この地域にあるすべての石英採掘場と処理施設と同じく、上部に有刺鉄線をつけた塀でぐるりと囲まれている。フォートノックス（米軍基地内に金銀塊保管所があり警備が厳重なことで有名）と同レベルの警備とまではいかないものの、メッセージははっきりと伝わってくる。

ある土曜の朝、デビッド・ビディックスと一緒にこの工場を見に行って、工場の門から通りを隔てた向かい側に車を停めた。この敷地はビデオ監視下にあり、内部では銃器もタバコも禁止である旨の掲示が出ている。車を降りて写真を数枚撮ったところで、警備員の制服を着た堂々とした女性が守衛詰所から飛び出してきた。「何やってるの？」と砕けた口調で訊かれた。私は最高にフレンドリーな笑顔を浮かべながら、自分は砂についての本を執筆中のジャーナリストで、まさにここの施設にある石英砂の重要性についても書いているんですよと答えた。疑わしげに聞いていた彼女は、週明けの月曜にユニミン社の地元事務所に電話で許可を取るようにと言った。

「わかりました、そうしますね」と私は答えた。「でも、せっかく来たついでに、ちょっと見ていたいんですよ」

「とにかく、写真は撮らないでください」と彼女は言った。そこには見るべきものはたいしてなくて、白い砂の山がいくつかと、たくさんの金属製タンク、門の近くの赤レンガの建物くらいだったので、わかりましたと答えた。彼女は詰所へと重々しく戻っていった。私はカメラをしまってノートを取り出した。それに反応して彼女がすぐにやってきた。

「あなたはテロリストには見えないけど――」弁解がましい笑顔で言う。「近頃はわからないものね。私がイライラし出す前に、帰ってくれないかしら」

「わかりました。ただ、ちょっとメモをとりたいだけなんです。それに、ここは公道ですからね。僕にはここにいる権利があるし」

この言葉で彼女は完全に不機嫌になった。「私は自分の仕事をしているの」とぴしゃりと言う。

「僕も、自分の仕事をしているんです」

「じゃあいいわ、私もメモをとるから」そう言い放った。「もしも何かが起きたら……」と、結論をわざとはっきり言わないまま、レンタカーの傍まできて、横柄そうにナンバープレートの番号を書きとめて、助手席にいる「あなたのお連れさん」の名前を教えるよう言ってきた。

ビディックスに迷惑をかけたくなかったので丁重にお断りをして、車に乗りこんで退却した。全員にとってイライラするような接触となったが、少なくとも今回は、ならず者の手下がシャベルを担いで現れることはなかった。

ユニミン社がどれほど躍起になって企業秘密を守ろうとするのかを本当に知りたければ、トム・ガロ博士に訊いてみるといい。博士はかつてユニミン社で働いていたが、そのために、その後何年にもわたって生活が破壊された人物だ。

ガロは小柄で痩せた50代の男で、ニュージャージーの出身だ。1997年にユニミン社の社員となり、ノースカロライナに越してきた。仕事の初日、彼は機密保持契約書を手渡された。その条件の厳しさには驚いたし、公平な内容だとも思えなかった。しかし、引越しトラックに一切合財を載せてはるばるスプルースパインまで来ており、ニュージャージーでの生活はすでに過去のものとなっている。仕方なく、その契約書にサインをした。

ガロはスプルースパインでユニミン社のために12年間働いた。退職時には、今後5年間、高純度石英業界の競合他社に再就職をしないという競業避止《ひし》契約にサインした。その後、奥さんと一緒にアシュビルに引っ越して、ピザの手作りキットの事業を立ち上げた。会社名は、彼の姓と世話になった友達の名前を組み合わせた「ガロレア」だ。しかし、ガロはここから苦戦することとなる。ピザの事業はなかなか儲けが出るものではなく、しかも、すぐに会社名をめぐってE&Jガロ社から訴訟を起こされるという打撃を受けた。そもそも自分の名前なんだからと、この訴訟のために何千ドルも費やしたが、ついには諦めて社名を変えるのが分別のある判断だろうと考えるに至った。その頃には競業避止契約の期間であった5年間は過ぎていた。そこへ、アイ・ミネラルズ（I-Minerals）という小さな石英会社から連絡があり、顧問になってほしいと言われたので喜んで受けることにした。アイ・ミネラルズはプレスリリースを出して、この雇用について書き立てて、ガロの専門性の高さを褒めちぎった。

だが、これが大きな間違いだった。ユニミン社は速やかにガロとアイ・ミネラルズに対する訴訟を起こし、ユニミン社の機密を彼らが盗もうとしていると訴えたのだ。

「連絡もなければ、停止命令も捜査もなしです」ガロは言う。「連中はプレスリリースを根拠として、私を訴える150ページの訴訟事件摘要書を提出したんです」

その後の数年間、訴訟を闘うためにガロは何万ドルも費やした。「これが、何十億ドルという規模の企業が個人を脅すやり方なんです。事実無根の裁判沙汰から自分を守るために、確定拠出年金を脱退してお金をつくるよりほかなくなりました。自宅まで失うのではないかと心配で、本当に恐ろしかった。私たち夫婦がどれほど眠れない夜を過ごしたか、想像できないと思いますよ」。彼のピザ事業は破綻した。「ユニミンに訴えられたとき、私たちはようやくガロ社との問題を乗り越えたばかりだったんです。それが、ユニミンとの訴訟で完膚《かんぷ》なきまでに叩きのめされました。あの訴訟に5年間を費やしました。感情の面でも、精神的にも、財政面でも、私たちが対処できる限界を超えていたんです」

ユニミン社は結局敗訴したのだが、連邦裁判所に控訴し、そして最終的にその訴えを取り下げた。アイ・ミネラルズ社とガロのそれぞれが、訴訟は潜在的な競合他社への攻撃を目的とした司法プロセスの乱用であるとして、ユニミン社に対する反訴を起こした。ユニミン社が非公開の金額を支払う代わりに、彼らが訴訟を取り下げるということでようやく合意した。このときの合意条件に縛られて、ガロは詳細を明かすことはできない。だが、苦々しげにこう言った。「個人が大企業から訴えられれば、裁判がどう転んだところで、こっちが必ず敗けることになるんです」

スプルースパインの土地からこれほどの富が生み出されているにもかかわらず、そのほとんどがこの地には残らない。今日では、すべての鉱床が外国企業の所有となっている。作業内容は高度に自動化されているので、それほど多くの労働者が必要なわけでもない。「300人が働いているとかじゃなくて、交代制で25人から30人程度がいるだけだと思う」とビディックスが言う。地域の他の仕事も消えつつある。「僕が子どもの頃はここに家具工場が7つあったよ。ブルージーンズやナイロン生地をつくる織布工場もいくつもあった。全部なくなってしまったけどね」

スプルースパインのあるミッチェル郡の世帯収入の中央値は3万7000ドル強と、アメリカ全国での5万1579ドルを大きく下回る。郡の人口1万5000人（大多数が白人）[25]の20％が、貧困線以下の生活を送っている。大学の学位を持つ者は成人7名のうち1名にも満たない。

だが、人々は暮らしていく方法をなんとか見つけるものだ。グラバーは副業として、自分の土地でクリスマスツリーを育てているし、ビディックスは近くのコミュニティカレッジのウェブサイトを運営して生計を立てている。

数少ない新しい働き口の1つが、この地域で開設されたいくつもの巨大なデータ処理センターである。土地の安さにひかれて、グーグル、アップル、マイクロソフトをはじめとするさまざまなテクノロジー企業が、スプルースパインから車で1時間もかからない場所にサーバーファームを設置したのだ[26]。

ある意味で、スプルースパインの石英が一周して戻ってきたと言えよう。「シリ（Siri）に話しかけるときには、ここのアップルセンターの、とあるビルに話しかけてることになるんだよ」ビディックスは言った。

私は自分のアイフォーンを取り出して、シリに、君のシリコンの脳がどこから来たのか知ってるかいと訊ねてみた。

「私ですか？」最初は聞き返してきた。

そこでもう一度聞いてみた。

「そのことについては考えたこともありません」とシリは答えた。

シリを責めるわけにはいかない。人間だって、自分たちのハイテク産業がいかに砂に依存しているのかについて考えたことのある者はほとんどいないのだから。そして、それよりももっと少ないのが、アメリカの21世紀の化石燃料産業が、砂への依存を高めていることに気づいている者だ。

第6章 フラッキングを推し進めるもの

原油と天然ガスの採掘に使われる砂

ノースダコタ州の草原に設置された数階分の高さのプラットフォームで、泥に汚れた1500馬力の原動機が、ソフトボールバットほどの太さの鋼鉄棒を、大きな音を立てながら回し続けていた。下へと続く鋼鉄棒をたどると、10メートルほどの金属製の架構を抜けて地下へと潜っている。このドリルは、地面の下で、ゴールデン・ゲート・ブリッジのほぼ2倍近い長さまで伸びているのだ。

隣の制御室では、肉付きのよい操作者が椅子にもたれかかっていた。ヘルメットに書いてある文字からすると名前はチャックらしい。吊り下げ式のモニター7個に囲まれて、まるでビデオゲームのチャンピオンか何かのように見えるが、実はドリルの掘削状況を監視している。ドリルは真下にむかって3キロメートル以上の縦穴を掘ってから、向きを変えて、水平方向にすでに2キロメートル近く掘り進んでいた。そして横穴の長さを今の2倍にすべく、硬い岩体を砕きながら1時間に34メートルずつ前進していた。この掘削の目的とは、水圧によって岩体に亀裂を生じさせる――水圧破砕法またはフラッキングとして知られる工程を行う――ための準備をすることにある。

フラッキングは一般の人からはすっかり嫌われているが、すでに一大産業となっている。ノースダコタ州、テキサス州、オハイオ州、ペンシルベニア州のフラッキング現場からは、1日あたり500万バレル近い原油と、莫大な量の天然ガスが抽出されている。2008年に本格化したフラッキングの急成長のおかげで、アメリカ合衆国はサウジアラビアとロシアを抜いて原油と天然ガスの世界最大の原産国となった。

これは砂なしでは決して起こりえなかったことだ。アメリカのフラッキング現場とは、私たちが今のライフスタイルを維持するために砂の部隊を展開している最前線なのだ。

もう何十年も前から、エネルギー会社では、頁岩層《シェール》（たとえばノースダコタ州を中心に広がるバッケン層など）に大量の炭化水素類が含まれていることが知られていた。問題は、それをどうやって採取するかである。石油や天然ガスを従来の方法で採掘できる岩石の場合には、砂浜に穴を掘ると海水が染み出てくるように、岩の孔隙《こうげき》から炭化水素分子が油井へと流れ出る。しかし、頁岩層は非常に密であるので、石油やガスが流れ出ることができないのだ。

この解決策が、岩を破砕（フラクチャーあるいはフラック）することだ。掘削した穴に化学物質と砂粒を混ぜた水を高圧で送り込むことで、周辺の頁岩を砕き、小さな亀裂を蜘蛛の巣のように張り巡らせて炭化水素が通り抜けられるようにするのだ。この亀裂を開いたままの状態に保つために必要なのが砂粒である。亀裂を閉じさせようとする周囲の岩の圧力に耐えて、炭化水素の通り道がつぶれないようしっかり支えてくれる。２０００年頃に、テキサス州のジョージ・ミッチェルという石油起業家がこのフラッキング技術を改良して、急速に進歩していた水平掘りの技術と組み合わせた[1]。その結果、以前は採取できなかった原油とガスが採取可能となったのだ。業界の他企業もこの手法を真似るようになり、フラッキングのブームが始まった。

アメリカでのシェールガス生産量は、２０００年に91億立方メートルだったのが、２０１６年には４４７０億立方メートルへと跳ね上がった[2]。米国エネルギー情報局の試算によると、シェールガスだけで、これから40年間のアメリカ全国の天然ガス需要を満たせるという。

一方、ＥＯＧリソース（「エンロン」を冠した旧名で覚えている人も多いだろう）は、２００６年にバッケン層のフラッキングを開始した。２０１１年の終わりには、たとえばノースダコタ州の年間石油生産量はほぼ5倍の日量50万バレル以上となっている（訳註：２０１８年の終わりにはほぼ13倍の日量１４０万バレルとなっている）。そして、バッケン層の生産井の数は２００７年

7月には100以下だったのが、2012年には約6000にまで急増した[3]。テキサス州をはじめ他にも複数の州で、さらに多くのシェールオイルが産出するようになっている。カリフォルニア州にも大規模な油脈と目されている層があるのだが、環境への懸念から掘削は制限されている――現在のところは、であるが。

これらの油井のすべてが、砂を、それも大量に必要としている。1つの油井だけで2万5000トンの砂を使うことがある。これは、200台以上の貨車がいっぱいになる量だ。だが、特殊戦闘部隊の隊員になる場合と同じく、フラックサンド（破砕砂）のつぶは高度な物理的要件をいくつも満たさねばならない。まず、非常に大きな圧力に耐えられるだけの硬さが必要である。これは組成の少なくとも95％が石英でなければならないことを意味する[4]。この条件により、最も一般的な建設用の砂は除外されて、候補はガラス製造用のケイ砂へと狭まる。だが、フラックサンドは形にも条件がある。亀裂にぴったりと入るほど小さくなくてはならず、また、炭化水素がその周りをスムーズに通り抜けられるよう十分な丸みを帯びていなくてはならない。ほとんどの石英のつぶは、覚えていると思うがギザギザである。これほどに高純度でありながら鋭角的ではない砂粒を見つけられる場所は、そう多くはない。

ウィスコンシン州の西部と中央部の地中にある石英砂[5]は、このまれな条件の組み合わせを満たしている。太古の砂であり、侵食され、運ばれ、埋没し、また隆起するという繰り返しを経たものだ。一般に、砂粒は古いほど丸みを増す。他よりも数億年も長く、角や出っ張りが磨《す》り減らされているのだから。ウィスコンシン州はたまたま素晴らしい鉄道網があるうえ環境規制が比較的緩い。そこで、フラッキングの急成長に応じたフラックサンドのブームがこの州で起きたのだ。その結果、州内の100平方キロメートル以上の農地と森とが、地面の下の貴重な石英砂を採取するために潰されることとなった。

ウィスコンシン州にできたフラックサンド採鉱場や処理工場などの施設の数は、2010年の10カ所から、4年後には135カ所にまで増え[6]、同年の州全体のフラックサンド生産量はほぼ20億ドルに相当する約2500万トンとなった。私がウィスコンシン州を訪れた2015年には、原油価格の急落のためにフラッキングの勢いが衰え、それに伴ってフラックサンドの需要も減っていたが、2017年の本書執筆時点ではすっかり回復している。原油とガスの採掘業者が、油井に送り込む砂の量を増やせば原油とガスの回収量も増加することを発見したので、フラックサンドの生産量は今後も増え続けると思われる。テキサス州でも新しいフラックサンドの採鉱場がつくられている。これは、油田の近くにフラックサンドの供給源を確保したいという採掘業者の要望があるためだ。国内の化石燃料生産に対するトランプ政権の強いこだわりは、業界の前途を支えるばかりである。

砂の需要の急増がもたらしたもの

アメリカ全体でフラッキングに使用されるケイ砂の量は2003年から10倍に増加しており[7]、今ではガラスやシリコンチップの製造など他の用途での使用量を圧倒している。2016年にはケイ砂の生産量が年間およそ9200万トンに達したが、そのうちのほぼ4分の3がフラッキングに使われ、ガラス産業で使用されているのはたったの7%だ[8]。

ウィスコンシン州内の、砂が豊富でかつては静かだった郡では、住民の多くがこの産業の急成長によって利益を得るようになった。しかし、これらの採鉱場や処理工場、行き交うトラック、それらに付随するさまざまな工業的な問題によって、この地域の空気や水や生活の質などに悪影響が及ぶことを深く憂慮する者も多い。そして、この砂の需要の急増が原因で、支持者と反対者のあいだに深刻な分断が生じることとなった。「たがいに口もきかなくなった家族も多いんです。大きなわだかまりができてしまって」。ウィスコンシン州西部にある、人口約3000人のアルカディア町で町政執行官を務めるドナ・ブローガンはそう話した。

やはりウィスコンシン州西部のチペワ郡は、この上なく美しい風景が広がる農業地帯だ。何キロも続く起伏のゆるやかな丘陵地帯に、トウモロコシ畑と大豆畑が見事なパッチワークをつくりあげている。エメラルドグリーンに輝く豊かな牧草地では、白と黒のまだら模様の牛の小さな群れがのんびりと移動し、ところどころに赤屋根の納屋とずんぐりしたサイロが見える。

私がそこを訪れたのは晩秋の頃で、紅葉した木々がみっしりと生えている尾根の頂は、赤や黄色に燃え立つようだった。それは、どこまでも美しい牧歌的な風景だった。

もちろんそれは、砂の採掘現場を除けばの話である。ヴィクトリア・トゥリンコが暮らす2階建ての家の、道路を隔てた向かいでは、その絵画のような農地が広範囲にわたって剝ぎ取られ、露出した黄色と茶色の土がまるで生々しいみみずばれのように見えた。周辺をトウモロコシ畑と密生した雑木林とに囲まれた71・2ヘクタールの工業地区がぽっかりとそこにあった。巨大な白い砂山がいくつも並び、その隣の丘の中腹は、まるで巨大なケーキナイフで切り取られたかのようにむき出しになっている。ベルトコンベアーとダクトと金属製タンクをつないだ巨大な仕掛けが大きな音を立てながら砂の選別と洗浄を行い、処理が終わった砂がディーゼルエンジンのトラックへと積み込まれる。ギシギシと音を立てながらゆっくりと進むこれらの車両がひっきりなしに現場を出入りしていた。

トゥリンコが暮らすのは、父親が1936年に買った30ヘクタールほどの農場だ。近くの町で暮らした数年間を除けば、これまでの69年の人生をずっとここで暮らしてきた。今でも自分で草を刈り、牛舎を掃除し、小型のショベルカーを運転する。彼女の自慢は、設置した鳥の餌箱を壊すリスを最近17匹以上撃ち殺したことだ。だがこの数年間は、これまでで最も辛い暮らしをしている。「この土地が破壊された様子を父さんが見たとしたら、カンカンに怒ると思うよ。本当に見苦しいし、みんなの健康にとって有害なんだから」

彼女は採鉱に関するあらゆることを――騒音、トラックの往来、夜間の明かり（郡は採鉱場に年中無休24時間操業を許可している）を――嫌っている。だが、彼女が最も気にしているのは、採鉱場からの砂ぼこりが自分の体に与えている影響だ。２０１１年にチペワ砂会社がここに採鉱場を構えてから何カ月間も、外に出るたびに口のなかに砂が入り、顔に埃が張りつくのを感じた。声はかすれ、喉の痛みが消えなくなった。かかりつけ医から紹介されて診てもらった肺疾患の専門医からは、環境を原因とする喘息だと診断されたと言う。「生まれてこのかた、ずっとここに住んでるんだよ。なのに、採鉱場ができてたった10カ月で喘息になったんだ」。彼女は今では戸外ではずっと防塵マスクをつけて、家には空気清浄機を３台置いている。「もう何年も窓を開けてなくてね。〝自分の土地なんだから何をするのも自由だ〟って連中はいつも言うんだけどさ、騒音も臭いも砂も、そっちの土地を出たら、こっちの土地にやってくるんだからね」

チペワ砂会社には、操業の様子を見せてもらえなかった。それどころか、私が写真を撮ろうと門の外に車を停めると、出てきた作業員からそこに停車することも許されないと言われた。（ユニミン社を覚えているだろうか？　これと似たような形で私を出迎えてくれた、ノースカロライナ州の巨大な鉱業企業だ。どちらの会社もウィスコンシン州で大規模な事業をしている。実はユニミン社は世界最大規模のフラックサンド製造会社でもある[9]。）

砂採鉱場と処理の過程

しかし、近くのトレンポロ郡で、ミシシッピー・サンド社が経営する砂採鉱場と処理施設を隅から隅まで見せてもらうことができた。工場長のチャド・ロジンスキーは、どうやら隠すものは何もないと考えたようだ。

ロジンスキーは、がっしりとした20代の若者で、話し方には祖父母ゆずりのポーランド訛りが残っている。彼と会ったのは２０１５年10月のことで、原油価格の歴史的大暴落の真っ最中だった。全国のフラッキング事業は大きく低迷し、その影響でミシシッピー・サンド社も操業を停止していた。採鉱場はまだ2年間しかフル稼働していなかったが、フラックサンドの需要が落ち込んだために40人あまりの人々を解雇せざるをえなくなり、ロジンスキーともう１人の従業員しか残っていなかった。これが、景気の波に左右されやすいエネルギー事業の特徴である。おかげでロジンスキーにかなり暇があったので、私にとってはありがたかったが。

彼と2人でずいぶん長く鋼鉄の梯子を登って、施設にいくつかある30メートルの貯蔵庫のてっぺんに到着した。ひと休みしてから辺りを見回すと、93・5ヘクタールの敷地で行われている操業の様子が一望できた。

ロジンスキーが指さす先を見ると、木が生い茂る丘の一部がきっちりと切り取られていて、12メートルにわたる岩の表面がむき出しとなり、さまざまな色合いの岩層が見てとれた。この会社では、丘全体を少しずつ削り取っているようだった。

彼の説明によると、作業の第1段階は、掘削機械を使うことができるよう、「表土」を——つまり目的である砂岩を覆う植生や木々、土壌、さまざまな不要な岩を——削り取ることだという。ウィスコンシンのケイ砂が好まれる理由の1つは、ほかの場所のケイ砂と比べると表土のすぐ近くにあるため、それほど掘り進まなくても楽に到達できるという特徴にある[10]。取り除かれた土は邪魔にならない場所に積み上げられていた。採鉱が終わったときに、法律の定めに従って土地を埋め立てるのに必要となるからだ。ミシシッピー・サンド社では、この盛り上げた土壌が目隠しとなり、採鉱場が近隣からは見えないようになっていた。砂をすべて採掘したあとでこの丘を修復する計画になっているが、元の高さと比べるとだいたい3分の2の高さになるだろう。

砂岩が現れたら、爆破のプロが岩にドリルで格子状に穴を開けて、そこに爆発物を詰めて、丘の中腹の一部を単純に吹き飛ばす。砂岩はばらばらになって、ひと山の……そう、砂と岩とになる。この未加工の砂と岩をショベルカーでトラックへと積み込む。この「未加工の山」がなくなれば、第1段階に戻って、掘削担当者が次の部分の表土を取り除いて作業が繰り返されるのだ。丘は少しずつ削られて消えていくことになる。

採掘現場の平地部では、トラックが数百メートル先に砂を運んで、新たな砂山をつくる。ここから砂は複雑で巨大な機械へと送り込まれる。それは、パイプとタンク、梯子、高所に渡された狭い通路、ベルトコンベヤーなどを寄せ集めた、高さ12メートルの怪物のような機械だ。連続するベルトによって砂は9メートルほどの高さまで運ばれて、選別用のふるいにかけられるのだが、まずは、砂に水を噴射してドロドロの懸濁液をつくることから始まる。

この砂と水の懸濁液が、いくつもの振動する金属製のふるい網で濾《こ》される。最初に雑多な岩が、次にサイズの大きいつぶが選り分けられて、これらはまとめて廃棄用の山となる。この選別により、0・8ミリメートルを超えるものがすべて取り除かれると、残った懸濁液は蛇腹式のパイプに吸い上げられて、水力分級機というピラミッドを逆さまにしたような装置へと送り込まれる。100個のノズルからジェット流が内部の円錐内に噴射されると、慎重に調整された上昇水流が生じる。これによって、小さい粒は上部に運ばれて上部から別のタンクへと移され、大きい粒は底へと沈む。ジェット流の強さを制御することで、沈む砂粒の大きさを調整できる。この底に沈んだ砂粒が、さらなる処理へと進むことになる。

次に砂粒を待つのが、連続する4種類のアトリション・タンクである。これは基本的に巨大な洗濯機であって、懸濁液を回転させることでつぶ同士をこすり合わせて、つぶの表面を覆っているシルト（土粒子）や他の不純物を洗い落とすのだ。最後に待っているのが、脱水用のふるいである。メッシュのスリット幅はわずか0・01ミリメートルで、水を通すけれども砂は残るようになっている。

こうしてある程度乾いた砂は連続する3つのベルトコンベヤーで運ばれて、明るいベージュ色の砂の巨大な丘の上に撒き散らされる。ロジンスキーによると、私が訪ねた日にそこにあった砂はおよそ12万トンだったそうだ。

（あとで、処理を終えたフラックサンドのつぶを顕微鏡で見た。ガラスのように透明で、でこぼこはあるけれども、形と大きさがすべて狭い範囲のなかに収まっていて、まるでスーパーで売られているたくさんのジャガイモが結晶になったように見えた。）

この砂が次に運び込まれるのは乾燥施設だ。数百メートル離れたところにある、巨大倉庫のような建物である。トラックから大型じょうごへと移された洗浄済みの砂は、せりあがっていくベルトコンベヤーをいくつも乗り換えて、地上から高さ6メートルほどのところにある戸口まで運ばれて乾燥施設に入る。自然光がまったく入らない、まるで洞窟のような乾燥施設の内側には、さまざまな機械がぎっしり詰まっている。砂はここでさらに選別されて、外の山からここに来るまでに紛れこんだ石がすべて取り除かれてから、円筒形の長いタンクに入れられる。タンクの下にあるいくつもの送風管から熱い空気が送り込まれて砂が乾かされる。このときに、昔ながらの工場にあるような巨大な煙突によって、浮遊するシリカの粉塵が取り除かれる。ロジンスキーは言う。「これが危険なんです。吸い込んだら後悔しますよ」

結晶性シリカの粉塵には鋭いギザギザがある。特に新しくできたばかりのとき、つまり砂の採鉱場や処理施設にあるようなものはその傾向が強く、肺をひどく傷つけるおそれがあるのだ。もう何十年も前から、シリカの粉塵を大量に吸い込むと珪肺症《けいはい》という深刻な肺の病気を発症することが知られている。実は、見学を始める前に、ロジンスキーは法律の定めに従って、私にいくつかの注意文を読み上げた。そのなかに「シリカの粉塵に長時間さらされると、珪肺症を発症する可能性がある」という文言もあった。また、乾燥装置が稼働中のときは、防塵マスクの着用が義務づけられている。

この危険な粉塵は袋のなかに吸い込まれて、水と混ぜられてペースト状となり、あとで地下に埋められる。しかし、安全のための装置が最高に頑張っていても、ひびや接合部の隙間から漏れ出た粉塵が積もって、工場の床のあちらこちらに小さな山ができるのだ。

ロジンスキーは肩をすくめた。「完璧な物などありませんからね」

最後に、振動するふるいがいくつも続く区間があり、ここで砂粒は3種類の大きさに等級分けされる。これらの砂は、垂直のベルトコンベヤーに数十個のガラス繊維製バケツが設置されたバケットエレベーターという装置によって30メートルの高さまで運ばれて、3000トンを収容できる貯蔵庫のどれかに投入される。その貯蔵庫のてっぺんに、ロジンスキーと私が立っていたわけだ。トラックはこの貯蔵庫までやってきて、砂を積んで、この商品をミネソタ州ウィノナにある最寄りの鉄道駅まで運ぶ。そこから砂はフラッキング現場へと向かうのだ。こうして、かつてはウィスコンシン州の丘の一部だった砂が、1000キロ離れたノースダコタ州や2000キロ近く離れたテキサス州の地面の地下深くへと送り込まれることになる。

砂の採鉱が地域に及ぼす影響

ウィスコンシン州西部には何十年も前から小規模なケイ砂の採鉱場があり、ガラス工場や鋳物工場にケイ砂を供給していた。さほどの関心が払われることはなく、地域への影響も対処可能なレベルだった。だが、たった数カ所しかなかった採鉱場が、ほんの数年で100カ所を超えるまでに急増して、地元の人々はあっけにとられた。

フラックサンド企業の殺到は「誰にとっても不意打ちだった」とパット・ポップルは言う。引退した元校長で、2008年に最初の採鉱の話が出たときから、チペワ郡のフラックサンド採鉱の反対運動の先頭に立ってきた人物だ。ここには、グリーンピース的なプロの活動家や理想主義に燃える学生はいない。この産業に主として反対しているのは、問題について自分で調べたり情報交換したりしてきた地元の農家や近隣住民の、急ごしらえの集団である。

ポップルは言った。「連中が石炭会社みたいに人を騙そうとしていることに気づいたんだ。だんだんと、私たちがモルモットにされたことがわかってきたんだよ。大気中のシリカの危険性や、凝集剤（採鉱施設で使用される化学薬品）が水にどんな影響を及ぼすかといったことについての調査はそれまでにされていなかったんだ。調査はされていないし、質問する者もいない。郡や町の評議員はこういった問題について何も知らなかった」

「私たちは、彼らが現れたとき、何の知識もなかったんです」と、チペワ郡の土地保全および森林管理部の部長を務めるダン・マスターポールもこれに同意した。「ここに至るまでにどれほど学んだことか！」

彼らが学んで得た教訓とは、砂の採鉱によって地域の環境や住民の健康にどのような影響が及ぶのかを誰も確かには知らないということだった。とにかくこの種の採鉱が新しすぎるのだ。だが、懸念すべき重大なリスクとなりうるものがいくつもある。

まずは水だ。砂の採鉱では、懸濁液をつくったり砂を洗浄したりするのに大量の水が使われる。1つの採鉱場だけで、1日に760万リットルもの水を使うことがある。その大半は、湧《ゆう》水《すい》量の大きな井戸、具体的には地下の帯水層から1分に260リットルを汲み上げられる井戸[11]から得た水である。「同じ帯水層を水源にしている地下水や鱒《ます》が泳ぐ川にどんな影響があるのか、みんな本当に心配しているんだ」。こう話すのは、チペワ郡の酪農家で4人の子の父であるケン・シュミットだ。彼は採鉱による被害を示すたくさんの写真を持ち歩いており、そのなかに薄茶色の泥で濁っている小川の写真も何枚かあった。ミシシッピー・サンド社の採鉱場は、2013年の豪雨で砂と土壌が近隣の小川に流れ込むのを防ぐ手立てを怠ったとして、6万ドルの罰金を科せられたこともある[12]。

シュミットはがっしりした体つきの男で、赤い野球帽の下から白髪交じりの黒髪がのぞいている。擦り切れたデニムシャツをラングラーのジーンズにたくし込み、ベルトはしていない。家族経営の農場で育ち、人生のほぼすべてをこの地域で暮らしてきた。投票するのはたいていてい共和党だ。2008年に複数の採掘会社がこの地で事業を始めようとしたとき、シュミットは地域の集会に何度か出席した。そこで聞いた内容に、彼は不安を覚えた。

「採掘会社の連中が話をするたびに内容がころころ変わるんだ。〝水や空気中の微粒子について何の心配もいりませんよ。皆さんは、私たちがいることにすら気がつかないくらいです〟なんて言う。要するに連中は嘘をついてたんだ。自分たちのプロジェクトをねじ込むために、我々が聞きたいと思ったことを何でもかんでも言ってただけなんだよ。その態度に、何というか腹が立ってね。連中がこんなことを続ける気なら、本気で闘おうと思った。俺たちは活動を続けて、連中を止めるつもりだ」。シュミットは地域の集会で産業への反対の声をあげるようになり、メディアにも発言するようになった。

マスターポールが言うには、これまでのところ、採鉱によって地下水が深刻なまでに枯渇したというはっきりした証拠はない。だが、シュミットが指摘するように、「これらの問題の多くは、会社がこの地を離れてから現れるのかもしれない」のだ。

砂の洗浄と処理に使った排水をどうするのかという問題もある。よくあるのは、排水を沈殿《ちんでん》池《ち》に集めるという方法だ。パット・ポップルが不安視している凝集剤が入れられるのは、この池である。凝集剤は水中で浮遊している粒子を取り除くのに役立つ。これはいいことだ。だが、凝集剤にはアクリルアミドが含まれている。神経毒性と発癌性のある物質なので、これはよろしくない。この化合物が池から染み出して地下水や地表水に混入する可能性があることを、

NPO団体の市民社会機関とウィスコンシン州マディソンに拠点を置くMEA（中西部環境保全提唱団体）というグループが、2014年の報告書[13]で警告している。州の規制当局はこの問題に関する調査を2016年に開始した。

MEAの執行役員であるキンバーリー・ライトは、農地が失われることによる経済的影響についても懸念を抱いている。「ウィスコンシン州のラクロスはバイクトレイルの世界的な中心地となっています。最近では、朝食つきの宿やバイクトレイルに焦点をあてた企業がたくさんあるんですよ。ですが、採鉱場が急増すれば、トラックが30秒ごとに通り過ぎるようになるでしょうね」。そんな状況で自転車旅行をしたがる者などいるはずもない。

「私たちはミネソタ州のミネアポリスから140キロメートルの距離に住んでいるんだ」とチペワ郡の陶芸家ウィレム・ゲベンが言った。彼の家は、490ヘクタールの採鉱場予定地から1・6キロメートル足らずの場所にある。「たくさんの人がバイクトレイルや釣りをしにここを訪れる。〝車に乗って、露天掘りの砂採取場を見に行こうぜ！〟なんて誰も言うわけがない。採鉱場は、観光業全体にとっての脅威だよ」

最も深刻な懸念は、採鉱場で空中に撒き散らされる物質に対するものだ。処理工場や重機やトラックによって大量の粉塵が舞い上がり、そのなかにはPM2・5という名称で知られる2・5マイクロメーター以下の大きさの微小粒子が混ざっている。これほど小さい粒子を吸い込むと、肺の奥まで入り込んで喘息や肺疾患、他にもさまざまな病気を引き起こしたり悪化させたりすることがある。JAMA（米国医師会雑誌）によると、微小粒子状物質による大気汚染によってアメリカだけで年に2万2000人から5万2000人もの死者が出ていると推定されている[14]。

シリカの粉塵の粒子とは、宙に舞うフラックサンドのかけらであり、微小粒子の問題として特別に厄介な種類だ。シリカに関係する肺疾患によって毎年何百人ものアメリカ人労働者が亡くなっている。そのため、フラックサンドの採鉱場や工場で働く人々にとって、また近隣住民にとっても、大変に気掛かりな問題なのだ。2012年に国立労働安全衛生研究所がフラッキング現場を調査したところ、5州11カ所の異なる現場で採取されたサンプルのほぼ半数で、大気中のシリカが危険と考えられるレベルに達しており、なかには安全とされる限度値の10倍量が含まれていたものもあった[15]。この原稿を執筆している時点で、労働安全衛生局（OSHA）によって、ケイ砂の採鉱現場での安全性を高めるための新しい規制が作成されているところだ。

シリカの粉塵は、ヴィクトリア・トゥリンコだけでなく、採鉱場の風下で暮らすすべての人々、特に子どもや高齢者にとって心配の種である。非営利の研究団体であるEWG（環境活動グループ）が作成したマップによると、砂の採鉱場やその関連施設やそれらの予定地から800メートル以内の場所で暮らしている人が、ウィスコンシン州内で2万5000人以上いる。近隣のミネソタ州やアイオワ州でも同程度だ。また、その範囲内に、学校が20校と2つの病院がある[16]。「労働環境におけるシリカの調査はたくさんありますが、自宅にいる人についての調査はないんです」キンバーリー・ライトは言った。

既存の調査結果も混乱している。２０１３年に、ウィスコンシン州の研究者が、チペワフォールズにある大規模な砂の採鉱場と処理工場を囲むフェンス付近で大気のサンプルを16点採取した。解析の結果、シリカの含有量が、カリフォルニア州やミネソタ州、テキサス州で慢性暴露限界値として定められている数値よりもはるかに高いことがわかった[17]（ウィスコンシン州では、大気環境におけるシリカに対する州独自の基準値がまだ定められていない）。だが、『アトモスフィア（Atmosphere）』誌に掲載された、もっと最近の研究結果によると、ウィスコンシン州の３カ所のフラックサンド採鉱場と処理工場の近くで呼吸域の結晶性シリカ濃度を調べたところ、有害と考えられる基準値を下回っていた[18]。いったい誰が正しいのか、しばらくはわからないかもしれない。珪肺症の症状は、現れるまでに10年から15年かかることがあるのだ。

地域により異なる規制の姿勢

もちろん、地元政府、州政府、連邦政府のいずれもが規制力をもつ政府組織であり、フラックサンド採鉱場の操業の安全性に対して責任を負っている。だが、産業があまりに急激に成長しているため、ＭＥＡの報告書によると、「操業を許可したり規制したりする制度は、よくてもさまざまな機関のつぎはぎであり、州ごとに、あるいは地域ごとに大きく異なる可能性がある[19]」という。

その結果、ある郡での規則の締めつけがあまりに厳しすぎると考えた採鉱会社が、環境への配慮がより少ない町を説得して、目的の土地をその町の行政区に入れさせることで、少ない規制の下で操業できるようにするという事例がいくつも起きた[20]。たとえば、ウィスコンシン州トレンポロ郡にあるアルカディア市の市議会は、2012年にこの計略を実行している[21]。また、アルカディア市と隣接するアルカディア町の町議会は、ほんの数年のうちに10以上の採鉱場に操業許可をばらまいている。これに反発した地元の人々は、2015年に投票を行って町政を司る評議会を退陣させて、砂の採鉱に反対を表明している候補と入れ替えた。ドナ・ブローガンもその1人である。

ウィスコンシン州の大気と水の質をモニタリングしている最も重要な規制機関は、州の天然資源局である。2014年までに、天然資源局は、砂の採鉱企業20社をさまざまな規則違反で召喚した[22]。だが、同局は「疑わしきは罰せず」という姿勢によって企業を優遇していると批判する者も多い。そして確かに、企業寄りの勢力からの圧力を受けている。たとえばスコット・ウォーカー知事は、2010年の選挙戦で、環境に関わる規則によって雇用の拡大が阻まれていると非難し、その規則を施行する同局を「始末に負えない」と断じた。ウォーカー知事によって同局の人員が何十名も削減されたが、少なくとも18名の上級科学者がそれに含まれていた[23]。

隣のミネソタ州にも大規模なフラックサンドの鉱床があるが、当局はずっと慎重な姿勢で臨んでおり、ミネソタ州がこれまでに開設を許可した採鉱場はそれほど多くない[24]。ウィスコンシン州トレンポロ郡とミシシッピー川を挟んで向かい合っているミネソタ州ウィノナ郡では、2013年に砂を載せたトラックの通行を妨害したとして何十人もの抗議者が逮捕された。また、最近になってウィノナ郡はフラックサンドの採鉱と処理の両方を禁じている[25]。

単純な対立図式にはあてはまらない砂の採鉱問題

この問題をよくあるパターンにあてはめるのは簡単である。「素朴な農家」対「土地を破壊する企業」、あるいは「地球に優しい人々」対「巨大石油会社の子分」という構図だ。チペワ郡で砂の採鉱に反対する多くの人の目には、確実にそう映っているだろう。陶芸家のゲベンは言う。「砂の採鉱場を醜悪なもの、風景を切り裂く巨大な傷跡と思わないほうが難しいよ。彼らは、石油の最後の数滴を搾り取るために、森林と木々を根こそぎにしてるんだ。これは未来の世代に対する犯罪だよ」

だがこの問題は、デニスとダーリーン・ロッサ夫妻が暮らす、チペワ郡に建つ平屋の食卓からは、まったく違うものに見えた。彼らは5世代前から、起伏のある280ヘクタールの土地で農業を営んで暮らしており、畑で作物を栽培し、森で狩りをしてきた。夫妻の家の裏手にはガラスの引き戸が使われていて、なだらかにうねるトウモロコシ畑が深い森へと続いている様子が見渡せる。デニスとダーリーンの3人の子どもと4人の孫の全員が、数ヘクタールの間隔で隣り合う農場で暮らしている。彼らはみんなこの土地を愛しているのだ。そして、2013年に、デニスとダーリーンは57ヘクタールの土地を砂の採鉱会社に貸すことにした。

「子どもたちのために、そうしたのよ」手作りのパンプキンパイの向こうから、ダーリーンが言った。声も体も態度もしっかりとした、威厳のある女性だ。「子どもたちの未来のためにね」

「もう農業で儲けることはできないんだ。よっぽど大規模でない限りはね」と、白髪交じりの髪をきっちりと頭の上でなでつけたデニスが説明する。農作物の価格は低く、競争は激しい。そのために、全国各地で家族経営の農場が消えているのだ。ロッサ家が農家として踏みとどまれている理由の1つは、彼らに挑戦の気概があるからだ。牛や豚の飼育を試み、数年前からはニワトリの繁殖事業も開始して、今では年間約100万羽を生産している。

「結局のところ、砂も、トウモロコシや豆や牛と同じような単なる生産品なんだ」とデニスは言う。さらに、彼は採鉱が終わったら土地が以前よりも良い状態で戻るだろうと期待している。「彼らに貸した土地の一部は、木が生えたただの丘なんだよ。それをきれいにしてもらって、返ってくるときには、隆起のない、もっと平らな農地が手に入るのさ」

デニスとダーリーンは、欲に目がくらんだ、企業にとってのいいカモなどではない。彼らはデータと自分たちの状況をよく確認して、トゥリンコやシュミットとは異なる結論に達しただけなのだ。ダーリーンが言う。「とても多くの研究がなされているのよ。これらの鉱床で働いたために珪肺症になった人が1人でもいることを証明できる文書はどこにもないの」。（これは本当のことだ。ただし、科学者が好んで言うように、証拠が存在しないことは、存在しないことの証拠とはならないのだが。）

「健康の問題に関することは全部確認したわ」とダーリーンが続ける。「必ず予防策がとられているの。そうしてくれている限りは構わないわ」。そう言って運んできた白い3穴バインダーには、地図や資料、申請書など、採鉱場の許可をとるために提出する必要のあったすべての書類が揃っていた。「これは防塵計画書で、こっちは湧水量の大きい井戸に関する計画書よ」。大量の書類をめくりながら説明していく。「私たちと同じように、企業も水や粉塵に対して注意を払っているのよ」

「もし本当に何か不安なことがあれば、孫たちも住んでいるこの土地でやらせるわけがない」デニスが話に入ってきた。

ミシシッピー・サンド社のチャド・ロジンスキーも、それとほとんど同じような考えだった。彼は、ラクロスの大学で過ごした4年間を除けば、ずっとアルカディアで暮らしてきた。2012年に、彼の友人がある採鉱会社に土地を貸したのだが、その友人から採鉱業界で働いてみたらと勧められたのだ。それまでの住宅建設の仕事より、給料もよかった。

ロジンスキーは採鉱について何も知らなかったのだが、ともかく雇われた。「まずは技術を必要としない1時間17ドルの仕事から始めて、そこから給料が上がるんです」と彼は言う。トレンポロ郡で雇用者数が多いもう1つの働き口といえば地元の家具工場なのだが、そこよりも給料ははるかによい。農業についての彼の意見はこうだ。「大規模な商業的農家でない限り、小規模な酪農では儲けが出ないんですよ。農作物の売値はただみたいなものなのに、土地や他の物の値段は上がる一方ですから。特にこの辺りではね。ここは猟区としてすごくいい場所なんですよ。広い土地が売りに出たら、グリーンベイやミルウォーキーの裕福な医師がハンティング用として買い上げるんです」。ロジンスキーは酪農場で育ち、夏には干し草を固めた塊をつくるような暮らしをしていた。それが数年前、彼の父親は家畜を売って、採鉱場で働くようになった。「父はここで一番の働き手でした。父にとっては、健康保険料を節約できるだけでも、ここで働くだけの価値があったんです」

次に環境問題についての意見を聞くと、こう断言した。「僕から見て本当に不安になるようなことがあれば、この業界では働いていませんよ。反対派に回っていたでしょうね。でも、水質や大気については天然資源局の、採鉱については労働安全衛生局の厳しい規制に会社が従っていることを知っていますからね。彼らは年に2回、雇用者の安全のために、すべてが正しく行われているかどうか確認しにくるんです。安全性は申し分ないと思いますよ」。では、安全性に問題があると主張する近隣の人々についてはどう思うのか？「彼らとのあいだには話し合いの余地がないんです。〝どにかくあの産業には来てほしくない、以上〟という姿勢ですからね」

実際に、砂の採鉱に反対する勢力のことを、被害妄想の強い連中と、エリート主義的なニンビー（ある好ましくないものの必要性を認めながらも自分の近所にはつくるなという人々）と、自分の土地にフラックサンドがないためにやっかんでいる地元農家とが集まった卑劣な集団だというように茶化すことは簡単である（砂の採鉱に賛成する者の一部にこういう態度は見られる）。

砂の採鉱場についての不平の多くは、それが不愉快だという点にある。採鉱場は醜く、うるさく、眺望を台無しにして、地域の平穏で牧歌的な雰囲気をかき乱すというのだ。（木々が生い茂る丘の上の美しい家で暮らしているある女性が最も不愉快に感じていたのは、何キロも離れた地点の砂の採鉱場のせいで、完璧だった田園風景が台無しになったという点だった。「夏の間ずっと、家のテラスでお客様をもてなすことができなかったのよ！」と嘆いていた。）これらの指摘はいずれも事実である。だが、こういった生活の質の低下というのは、新たな種類の経済活動に伴ってたいてい生じるものなのだ。今までに建てられたどの工場も、どの舗道も、どの都市も、砂ぼこりと騒音のなかで誕生し、以前の暮らしぶりがどんなものであってもそれをかき乱し、周辺の風景を永遠に変えてきたのである。さらに言えば、チペワ郡やトレンポロ郡の素晴らしい農場も、そこにつくられてからたったの1世紀ちょっとしか経っていない。農場があった場所は、かつて森であった。ウィスコンシン州の大部分を覆っていた広大なホワイトパインの森林は、木材を得るために[26]、そして農地とするために、きれいさっぱり伐《き》り倒されたのだ。

それが人間の歴史のたどる道である。都市、幹線道路、工場、近代文明は、土地を引き裂くことを、人々や他の生き物を追い出すことを必要とする。私たちが今のように生活するために必要な資源を得るには、少なくとも一部の人々に迷惑をかけて、自然環境にいくらかの害を及ぼす（あるいはいくらか変化させる）ことは避けられない。文明とは自然界を乱すものであって、私たち人間こそが自然界を乱している。しかし、私たち人間は洞窟での暮らしに戻るつもりはない。木を伐採し川をせき止めることを、そして何よりも、砂を掘り出すことをやめるつもりはない。私たちの課題とは、そういったことを行う際の、無責任ではない、持続可能で、限定的な方法を見つけることなのだ。なんとか逃げ切れる程度にまで、そういったことを最小限に抑える必要がある。

だが、フラックサンドという特殊な事例については、私たちは完全にやめるべきだという妥当な議論がある。フラッキングそのものが特に深刻な環境上の危険を伴うためだ。フラッキングによって帯水層が汚染され、フラッキングが地震の原因にさえなっているという報告や、現場近くで暮らす人々のあいだで癌や珪肺症のリスクが高まっている可能性を示す調査例は数多い[27]。しかも、社会は、フラッキングにより得られる石油やガスを必ずしも必要としてはいないのだ。理想的な世界では、その分は太陽光と風力発電で置き換えられるはずである。

だが、他の資源は――特に砂は――そういうわけにはいかない。砂の最も重要な用途であるコンクリートやガラス製造については、実行可能な代替手段がそもそも存在しないのだ（これについては後の章で説明しよう）。

代替手段でまかなえるようになるまでは、フラッキングが打ち切られることはなく、ウィスコンシン州の砂に対する需要も続くだろう。だが、チペワ郡に家をもつ一部の人の不満がこっけいであるとか、砂の採鉱業者たちが妙に楽観的だとか、そういったこととは無関係に、フラックサンド産業によって地下水が過度に使われ、地表水が汚染され、珪肺症が引き起こされる可能性を気にすべきだという正当な理由は確かにあるのだ。

こういったことはすべて、ウィスコンシン州だけなく、アメリカの他の多くの地域にとっても問題である。比較的少量ではあるが、フラックサンドはすでにカナダやテキサス州や他の州でも採鉱されているし、大規模な鉱床は他にも多くの場所にある。自国の頁岩層から原油とガスを採取するためにフラッキングを検討している国はいくつもある[28]。中国の埋蔵量は莫大であり、その開発とフラックサンドの採鉱とが本格的に始まろうとしている。

チペワ郡当局の一員で、政府の規制徹底に関する責任者であるダン・マスターポールは、こうした議論になると、嫌になるほどそつなくはぐらかす。砂の採鉱が川や帯水層に及ぼすリスクについて質問しても、「一方ではこうですが、他方ではああでして」といったのらりくらりした答えが返ってくるだけだ。ついに私は、最低限これだけはという質問をした。人々は心配すべきなのか、それともしなくてよいのか？

「心配すべきです。この問題には論拠とすべき有意な実績がないのですから。私たちにはほんのわずかの経験しかありません。そして、これらの採鉱会社にも、ほんのわずかの経験しかないのです。私たちが今いるのは、とても長い旅路の出発点なのです」

こぼれ話

驚くべき砂の応用例の一覧（ごく一部）

◉フェイシャルエステ

自分の顔の、おでこの皺《しわ》や目尻のカラスの足跡にうんざりでは？　簡単な若返り法がある。顔に砂を吹きつけるのだ。マイクロダーマブレージョン（クリスタルピーリング）という人気の施術で行われるのは要するにこれであり、極度に細かいシリカの結晶を肌に吹きつけることで、肌の角質（死んだ細胞）の最外層が取り除かれる。

◉法医学的証拠

砂粒は、その出所の土地に固有の形や大きさや色をしている。1世紀以上も前から、砂粒がどこから来たのかを知ることは、犯罪捜査の解決のヒントとなってきた。1908年にバイエルン王国で起きたある殺人事件は、容疑者の靴についていた砂の出所を化学者が特定して解決された。また、2002年には、バージニア州の捜査官が、殺人現場の砂が容疑者のトラックについていた砂と一致することを示して、容疑者から自白を引き出している。

◉水の代替品

コーランには敬虔なイスラム教徒がすべきことが定められており、1日に5回の礼拝と、その前に体を清めるウドゥ（小浄）という行為が求められる。イスラム教が生まれた砂漠の地にあっては水を見つけられないことも多いが、砂ならばいくらでもある。そこで、もしも清潔な水が見つからなければ、イスラム教徒は清めの儀式を土や砂で行ってもよいとされている。この次善策をタヤンムム、乾式の浄化という。

◉巨大な芸術作品

トルコのアンタルヤで毎年開催される「国際砂の彫刻まつり」では、世界中から参加したアーティストが1万トンもの砂を使ってスフィンクスからシュレックまで、あらゆるものの巨大な彫像をつくりあげる。使っていいのは砂と水のみだが、地元の海岸の砂は彫像づくりにあまり適していないので、川や渓流で採取されたより滑らかな砂が材料として提供されている。これ以外にも同様の催しは世界各地で行われており、たとえばサンディエゴの全米砂の彫刻コンテストなどがある。また、フロリダのいくつかのホテルでは、結婚式用の装飾としてオーダーメイドの砂の彫刻の注文を受け付けており、1体の費用が3000ドルの場合もある。「永遠に続く愛」を表現するのに砂でできたものを使うとは、なんとも不思議なことではあるが。

第7章 消えるマイアミビーチ

砂浜は世界中で消えつつある

砂は建物の骨格であり、石油や天然ガスを得るための道具にもなる。しかし、砂という言葉を聞いてたいていの人が真っ先に思い浮かべるのは砂浜だろう。大地が海と出会う場所である、あの詩的で美しい広がりを嫌う人などいないはずだ。砂浜とは、休暇の思い出をつくり、写真を撮影し、子どもたちが砂の城をつくり、ティーンエイジャーが互いを品定めし、恋人たちは波打ち際をそぞろ歩き、怠け者の大人がマルガリータをすする場所である。砂浜は、世界中で、地上の楽園を意味する場所になっている。

この砂浜もまた、何千億ドルという規模の産業である。世界中の海岸沿いでは、裕福な国でも貧しい国でも、砂の兵隊たちが観光スポットとなるべくその身を投げ出すことにより、それによって数え切れないほどの人々の生計が支えられている。

フロリダ州フォートローダーデール市の住民の大部分もそこに含まれている。ここは何十年にもわたってアメリカにおける休暇の目的地として最高のビーチであり続け、少なくとも1960年の映画『ボーイハント』以降、陽光降り注ぐ春休みのお楽しみの代名詞となった。だが、太陽と砂を求める旅行者に依存するこのフォートローダーデールは、大きな問題を抱えている。砂浜が消えつつあるのだ。

フォートローダーデール市は長年にわたり、自然を相手に防戦一方の戦いを続けてきた。海岸を形づくる砂は、風と波と潮汐によって絶えず海へとさらわれている。物事が自然のままに進んでいれば、大西洋近海の南向きの海流によって海砂が運ばれてきて砂浜に継ぎ足されるはずである。かつては確かにそうだった。だが現在では、人間によって、海砂の供給が断ち切られた。過去100年間であまりに多くのマリーナや突堤や防波堤が大西洋岸につくられたために、海からの砂の流れが遮られるようになったのだ。自然侵食は続いているのに、自然による補給はもはやない。

何十年にもわたり、フォートローダーデールのあるブロワード郡では、海岸沿いから連れ去られた砂の代わりに近くの海底から浚渫してきた砂の部隊を投入することで、この消える砂浜問題を解決していた。だが、今では、手に入れられる海底の砂をほとんど使い果たしてしまった。マイアミビーチやパームビーチをはじめ、ビーチに依存しているフロリダ州の多くの町で、これと同じ状況が起きている。フロリダ州のビーチの半分近くは「深刻な侵食が進んでいる状態」だとして州から指定されているのだ[1]。ブロワード郡の天然資源に関する行政官であるニコル・シャープは、この状況を端的にこう言っている。「フロリダの砂は、なくなりかけています」

フロリダ州が特殊なのではない。アメリカ全土で、そして世界中で、砂浜はなくなりつつある。南アフリカから日本、そして西ヨーロッパまで、状況は同じだ。アメリカ地質調査所は2017年の調査で、何らかの対策を講じない限り南カリフォルニアの砂浜の3分の2が2100年までに完全に侵食されるおそれがあると警告している[2]。

なぜこうなったのかを理解するには、そもそも砂がどのようにして砂浜までやって来るのかを理解しなくてはならない。地域の地理的条件によって違いはあるが、多くの場合、砂の供給源は複数ある。南北アメリカの西海岸の大部分やベトナムのメコンデルタで見られるように、急斜面の山が海岸近くまで迫っている場所では、砂は川によってまっすぐに海岸まで運ばれる。アメリカ東海岸やブラジルや中国で見られるように海岸まで隆起のない平野部が続く場所では、一部の砂は古代の河口域の名残である[3]。

水辺に絶壁や崖がある場合は、それらが波で侵食されてできた砂粒が、砂浜に供給される。多くの砂浜には生物由来の砂もある。貝殻やサンゴや海の生き物の骨が砕けて粉々になったものだ[4]。ピンク色や極端に真っ白な砂浜があるのはそのためだ。(不思議な色をしたたくさんの砂浜のなかでも特に珍しいのが、ハワイが誇るカウアイ島のグラスビーチだろう。砂の大部分が、長らく侵食されてきた色とりどりのガラスの無数のかけらなのだ。)場所によっては、海底の砂が波によって浜辺へと運ばれる。そしてどんな砂浜でも、少なくともその一部は、海岸に沿って進む海流が運んできた他の地域の砂である。

実際のところ、人間はこれらのプロセスすべてを邪魔している。まず、大規模な沿岸の開発――マリーナや突堤や港の建設――によって、砂を運ぶ海流が妨げられている。そして、アメリカをはじめとする多くの国で、河川につくられたダムによって、かつては砂浜へと砂を運んでいた流れがせき止められている。カリフォルニア南部の砂浜へと川が運んでいた堆積物は、ダムのせいで以前の5分の1にまで減ってしまった[5]。

(また、人間の介入によって砂の流れが変わったことで、内陸部における砂の領土も減少している。ルイジアナ州では概算で毎年41平方キロメートルずつ湿地帯が――ハリケーンに対する自然の防御地帯として重要なのだが――消えている。ミシシッピー川の堤防や運河によって堆積物の流れが塞がれて、湿地帯への継ぎ足しがなくなったためだ[6]。エジプトのアスワン・ダムによって、ナイル川のデルタ地帯の岸辺も同程度の割合で減りつつある。中国で最近完成した巨大な三峡ダムによる影響は、これらよりもさらに大きくなることが予想されている。)

砂の採掘によって、この問題はさらに悪化している。2000万人が暮らし、国の食糧の半分の供給源であるベトナムのメコンデルタでは、いくつものダムと上流での砂の採掘という要因が重なって、メコンデルタを補充する堆積物の供給が大幅に減った[7]。南アフリカでは、都市ダーバンの複数の砂浜に砂を供給していた川砂の流れが、採掘のせいで3分の1にまで減少したと研究者は考えている。ケニアでは鉄道敷設用に沿岸の砂を浚っているため、国内で最も美しい砂浜のいくつかが破壊されるかもしれない。そして、サンフランシスコ湾では、大規模な砂の浚渫が原因となって近くのビーチの砂が枯渇するかもしれず、環境保護主義者たちは長年にわたり浚渫を止めるための闘いを続けている。

砂泥棒と採掘の制限

さらに、砂浜そのものが運び出されている場所もある。浜辺の砂の違法採掘は世界中で報告されている。モロッコとアルジェリアでは、違法採掘者が建設用の砂を得るためにビーチから砂をごっそりと剝ぎ取って、月面のような岩肌だけが残された。ハンガリーでは2007年に河川の人工ビーチから何百トンもの砂が盗まれる事件があった。2016年にはロシア占領下のクリミアで8キロメートルにわたって砂浜が剝ぎ取られて、粘土の地盤のみになった。マレーシアやインドネシア、カンボジアの密輸業者は、夜中に砂浜の砂を小さな平底荷船へと積み込んでシンガポールで売っている[8]。インドなどでは、石英砂に少量混じっているジルコンやモナザイトなどの希少鉱物を探す採掘者によって、砂浜が荒らされている。スコットランドや北アイルランドでは、農民までが、畑の土壌の質を改善するために浜辺の砂を盗むことで知られている。

おそらく最も悪名高い砂泥棒は、２００８年にジャマイカのコーラル・スプリングスという町の近くにある美しい白砂のビーチから、砂を４００メートルにわたって数週間がかりで剥ぎ取った連中だろう。この浜辺での開発が進められていたリゾート計画は中止された。警察の発表によると、トラック５００台相当の砂が島内の競合する開発業者に転売され、地元警察官が共謀した可能性もあるという。犯行に関与したとされる５人がようやく逮捕されたものの、原告の中心となっていたコーラル・スプリングスの開発会社幹部が、殺害の脅迫を受けたとして証言を拒否したため、訴えは取り下げられることになった。

たとえ無分別な海岸の砂の採掘であっても、法的には問題とされない場合もある。カリフォルニア州では、１９２０年代初頭から、沿岸の６カ所で業者による砂の採掘が行われていた。そのうち５カ所は、海岸線の侵食への懸念がもちあがり、ようやく１９８９年に操業が停止された。最後の採掘場は、メキシコの巨大建材会社セメックスが所有するもので、２０１７年の半ばになってもモントレー近くのビーチから砂を吸いあげている。だが、環境保護団体や州の規制当局からの圧力を何年も受け続け、ついに、採掘場を２０２０年に閉鎖することにセメックスが同意した。

プエルトリコの政府当局もビーチでの砂の採掘を制限せざるをえなくなった。観光客向けのホテルを建てるためにあまりに多くの砂が採掘されて、その観光客が目当てとするはずのビーチが消えそうになったためだ[9]。カリブ海の他の島の多くでも、歴史的に、コンクリート製造用の砂の最大の供給源は海岸の砂なのだ。さらには、裕福な島が近隣の貧しい島から海岸の砂を買い取って、自分たちの砂浜を太らせるというケースもある。

砂浜や砂丘から砂を採掘することは、カリブ海の小さなバーブーダ島で暮らす1600人の住民にとっては数十年にわたる主要産業の1つだった。1997年に、砂の採掘によって環境に広範な影響が及んでいるとして裁判官が採掘の禁止を命じたのだが、長くは続かなかった[10]。「環境を守っていると思われることを優先して、人々を飢えさせるほうがいいのでしょうか」。島の評議会の議長が2013年に地元の記者に言った言葉だ[11]。この問いかけは、世界中のたくさんの場所で当てはまる。本書の執筆時点では、バーブーダ島でのこの産業の将来ははっきりしていない。2017年9月に強烈なハリケーンが島を襲い、全住民が避難のために島を出なければならなくなった。もしも防護効果のある砂丘があれほど多く破壊されていなければ、ハリケーンによる被害はそこまで甚大にはならなかっただろう[12]。

砂浜をつくるというビジネス

一方、気候変動のために海面がゆっくりと上昇し、海岸線は内陸部へと移動しつつある。海面の上昇と砂浜の減少が組み合わさって、世界中で深刻な問題が生じている。海がかつてないほど建物や道路に接近しつつある状況で、人々や地所にとっての脅威は増すばかりだ。だが、バーニー・イーストマンにとってはビジネスチャンスである。

イーストマンはプロの砂浜造成業者だ。2016年1月のある晴れた日、フォートローダーデール市で、イーストマンが運転するどんな地形でも走れそうなゴルフカートのような乗り物に乗せられて、彼が仕事を進めている現場を案内してもらった。そこでは、ブロワード郡で最新の、人工的に海岸を造成する5500万ドルのプロジェクトが進行中だった。行政に好まれる用語を使うと「養浜《ようひん》」プロジェクトである。

片側に大西洋を、反対側に別荘やホテルを見ながら幅のある乳白色のビーチを1・5キロメートルほども進むと、急に砂がなくなって高さ1・5メートルほどの小さな崖になっていた。崖下からは、砂浜の幅が狭まって、黄褐色の細い帯状の砂が海岸沿いに続いていた。

海草や貝殻、サンゴのかけらでいっぱいの、この黄褐色の砂の帯こそが、自然のままの砂浜だった。砂以外のものがひとかけらも見当たらない白いほうの砂浜は、イーストマンが造成した砂浜だ。白い砂粒は、ほんの数日前に、フロリダ州の内陸約160キロメートルの場所の地下の穴から掘り出されたものである。イーストマンは1日に何千トンもの砂を海岸に投入し、砂浜を太らせていた。「作業を始める前には、波がみんなの家の壁に打ち寄せていたよ」と彼は言った。

砂浜まで砂を運ぶ自然のプロセスを遮ってしまった人間は、砂浜を人工の砂浜へとすげ替えているのだ。言わば砂浜の継ぎ足しである養浜は、すでに一大産業となっている。アメリカではここ数十年で70億ドルを費やして、全国的に何百キロもの砂浜を人工的に再建しており、その費用の大部分が税金でまかなわれている。プロジェクトの多くを監督するのは、アメリカ陸軍工兵隊だ。ウェスタンカロライナ大学の研究者によると、フロリダ州の砂浜だけで費用全体の約4分の1を占めているという。また、世界各国にある何百という砂浜が、他の場所から運ばれてくる砂によって定期的に再建されている。

これは実入りのよい事業である。イーストマンは、引き締まった体つきをした中年の男だ。日焼けした顔は白いあごひげと口ひげで飾られていて、極めつきにカウボーイハット型のヘルメットをかぶっていた。建設業を営んでいた父親のもとで、彼は3人の兄弟とともにトラックに油をさしながら育った。本人いわく、かろうじて高校を卒業したというが、その後たくさんの夜間コースを受講してプロジェクトの見積もりなどを学び、１９９４年に自分で請負業を始めたのだという。

イーストマンの会社は、２００６年に不動産市場が暴落するまで、小規模の再養浜を含めてありとあらゆる請負業をしていた。だが、彼は、浮き沈みの激しい不動産市場などに自らの命運を委ねるよりも、侵食という安定した力と、それと闘うために割り当てられる政府の財源をあてにするほうがよさそうだと気づいた。「市場が冷え込んだときに会社を改革したんだ」。現在、イーストマン・アグリゲート社は養浜のみを請け負って、フロリダ州や近隣の州の各地で仕事をしている。自社のトラックを5台と40名以上の従業員を抱え、年に約1500万ドルの利益を上げているのだ。

イーストマン・アグリゲート社がブロワード郡の砂浜に投入する真新しい砂の量は、数カ月で合計100万トンに達するという。砂は、車で2時間ほどの内陸部の石切り場で採掘されたものだ。そこから砂を積んで幹線道路を走ってきたトラックが、車体をねじ込むようにしながら別荘やホテルの間の道をすり抜けて、海岸に砂をどさっと降ろしていく。届いたばかりの砂をショベルカーが大きな図体をした黄色いダンプカーに載せる。ダンプカーはその砂を、養浜が進められている端の所まで運ぶ。小さなブルドーザーが砂粒を適切な場所へと押し込んで、波打ち際まで砂浜を均等に整える。「1日に1万トンの砂を海に入れているんだ」イーストマンが自慢げに話した。

もっと一般的な養浜の手法として、海底から砂を浚渫して浮遊式パイプで海岸に撒き散らすという方法がある。それに比べて、トラックで砂を運んで適切な場所に配置するやり方は、時間もコストもはるかにかかる。問題は、養浜が本格的に開始されてから40年以上の間に、ブロワード郡は合法的かつ技術的に入手可能なすべての砂を使い果たしてしまったということだ。これまでに約880万立方メートル[13]の砂が海底から剝ぎ取られて、ブロワード郡の海岸に撒き散らされてきた。海底にはまだ部分的に砂が残っているが、近くのサンゴ礁を傷つけるおそれがあるため浚渫は禁じられている。南隣のマイアミ・デイド郡も同じ状況にある。北側のパームビーチ郡では、2015年に私が訪れたときには、残り少ない海砂をやせたビーチに振り撒いているところだった。

実は、フロリダ州内でさらに北にある3つの郡の海岸には、たくさんの砂が残っている。旅行者のメッカである南部ほどにはビーチとして活用されておらず、また、大陸棚が深い海底へすぐには落ち込まずにずっと遠くまで続いているので浚渫できる範囲も広い。助けを求めたマイアミ・デイド郡に対して、北部の郡はこれまでのところ砂を分け与えることを拒否している。これから30年後に、今のマイアミと同じ状況にはなりたくないのだ。「私たちの砂浜から砂ひと粒でも取ろうものなら、陸軍工兵隊とも戦うつもりだ」2015年にこの地域の上院議員が強い口調で言ったという[14]。

必死になったマイアミ・デイド郡当局は、現在、バハマから砂の傭兵部隊を輸入することを検討している。バハマ諸島には、フロリダ州から300キロメートルほどの場所に美しい砂をもつ大きな島がいくつもあり、最近砂の輸出にも同意した。問題はアメリカの法律のほうにあり、これは浚渫産業からの圧力で可決されたものなのだが、国外の砂を使っての養浜プロジェクトに連邦政府の補助金を充てることが禁じられているのだ。養浜プロジェクトでは一般に、連邦政府が費用の半分以上を負担するので、バハマの砂は選択肢から外れることになる。数年前、ブロワード郡はリサイクルガラスからつくった人工の砂を使うことさえ検討した。しかし、技術的には可能なのだが、ばかばかしいほどコストがかかることが判明している。

こうした状況にあるので、フロリダ南部の多くの町では、内陸部の採鉱場で砂を採掘して、排煙を吐き出すディーゼルのうるさいトラックに積んで、小分けで海岸まで運ぶより仕方ないのだ。旅行客や地元住民はトラックの騒音や往来に辟易《へきえき》し、郡の当局は割り増しになる費用に辟易している（浚渫した砂を使う場合の軽く倍の費用がかかるのだ）。しかし、内陸の砂にも利点はある。採鉱場には精巧な選別装置と洗浄装置があるので、厳密な仕様に応じた――郡の当局者が大きさも形も色も砂浜にふさわしいと考える――砂を提供できるのだ。

浜辺の町の住民も観光客も、砂浜の色合いや、砂にむらがないことにとてもこだわる。砂糖のように白い砂浜は完璧さを表す世界基準となっており、その基準に達しないリゾートは減点されるのだ。（これも、オリンピックのビーチバレーボール選手のこだわりに比べればたいしたことはない。彼らの素足が正しい大きさと形の砂粒だけに触れるよう、2008年の北京オリンピックではビーチバレーの試合のために海南島《ハイナン》から砂が運ばれたし、2004年のアテネオリンピックではベルギーの採石場から輸送された[15]。）

「海底から砂を汲みあげたら、何が出てくるかわかったもんじゃないよ」とイーストマンは言うが、必ずしもそうではない。海砂を細かく検査して、目的の砂浜にとって適切であることを確認してはじめて規制当局が養浜用の浚渫を許可するのだ。しかし、陸地で採鉱する砂は、一定の基準を満たすよう、選別し、ふるいにかけ、洗浄することができる。そのときにイーストマンが養浜に使っていた砂は、すべてが塩の粒と同じ大きさで、すべてが同じ銀白色で、石や貝殻のかけらなどは少しも混ざっていなかった。砂の色は、マンセル表色系という1915年につくられた色見本を使って承認されている。砂は採鉱場で3000トンごとに仕様を満たすかどうかを確認され、また砂浜に敷かれた後でも約450メートルごとに確認される。波によって徐々に貝殻や他の有機的な物質が混ざるので、数カ月もすれば、今のようなあからさまに人工的な砂浜という感じはなくなるだろう。

養浜のプロセスについて何かしら思うところがある者でも、イーストマンが造成する砂浜を見れば感銘を受けるだろう。柔らかくて均一で深さのある砂浜が何キロも何キロも続くのだ。ほんの数日前に完成した場所では、リタイア後の人々がデッキチェアにもたれて日光浴をし、子どもたちは砂で手のこんだ城をつくり、カップルが素足で散歩をしていた。この風景を見ただけでは、砂が100キロ以上離れた場所の巨大な穴からやってきたもので、この砂浜の場所がほんの数週間前には海だったとは誰も気づかないはずだ。

だが同時に、養浜とは、現実となったシーシュポスの神話のようなもので、果てしなく同じ処置を繰り返すことになる。この砂浜に限っていえば、約6年間はもつだろうと予想されているが、それからまた次の養浜が必要となるのだ。

砂浜の文化史

ほとんどの人が砂浜に対してもつイメージとは、自然界にあっていつまでも変わらず、海と空と大地という要素をつなぐ場所といったところだろう。だが実際には、多くの砂浜は――世界に名だたる砂浜のいくつかも含めて――人工的に造成されたものであり、営利目的でつくられた工学的な環境なのだ。そのような場所では、人類が現れる以前にあった自然の状態の海岸線はかき消されて、運びこまれた砂の下に埋まっている。ブロワード郡はそれを率直に認めている。「砂浜は一種のインフラなんですよ」とシャープは言う。「道路に穴があいたら舗装しますよね。私たちは砂浜を砂で舗装しているんです」

人類の歴史の大半、砂浜はリラックスする場所ではなく、働く場所だった。砂浜とは、漁師が船を出したり水揚げしたりする場所であり、小さな貿易船が積荷を降ろす場所だったのだ。海岸近くに住む人々は、予測不可能な天候と沿岸部の波から安全な距離をとって家を建て、念には念を入れて、家の正面が海と反対側を向くようにすることが多かった[16]。「ヨーロッパやアメリカの沿岸に人類が居住しはじめたころは、浜辺は見向きもされず、実際には避けられた」。歴史家のジョン・R・ギリスは、人類と沿岸との関係性の変化について説明した著書

『沿岸と20万年の人類史』にこう記している。「浜辺は上陸のためだけに使われ、居住はされなかった。特徴のない不毛の地は、冷ややかで不快でさえあった」

それが変わり始めたのは、18世紀初めのことである。病気を患った英国上流階級の人々のあいだで、海辺の保養地を訪れて、治癒力があると考えられていた冷たい海水で病身を癒すことが流行したのだ。「人々は海に出て海水を浴びた。小屋に車輪がついた更衣車という乗り物で海に出て、係員の付き添いのもとに女性も男性も海水に浸かった。それが肉体にも精神にも治療効果があるとされ、海水をのむことも含まれた」とギリスは書いている。当時は泳げる人がほとんどおらず、「浜辺に行くのは運動選手ではなく病人で、浜辺には健康ではなく病気のイメージが定着[17]」していたという。

塩水の万能薬としての名声は徐々に失われたが、行楽地としてのビーチは独自の産業として発展した。「1820年代のイギリスが、海辺のリゾートの歴史における転換点となった。この時期に初めて、海水浴やレクリエーション、娯楽という特定の目的のために、大規模な海水浴場としての設備が整えられたのだ[18]」。フロリダ大学で学んでいたタチアナ・レセターーは、海水浴場などの歴史をテーマにした修士論文でこのように書いている。19世紀の終わり頃、中流階級の人々が急増し、また彼らが初めて余暇を過ごせるようになったため、砂浜の人気が高まった。さらに、都市部に住む下層階級の人も、それまでは海岸までの足がなかったのが、鉄道で訪れることができるようになった[19]。「浜辺までの線路が敷設されて、安い周遊旅行券や

1日券が販売されるようになると、（都市部の貧困層が）この新たなチャンスを積極的に活用するようになり、レジャー産業が永遠に変わることとなった」とレセターは言う。

そして、泳ぐことが、それまで以上に人気のある娯楽となった。たいてい水着として下着姿で泳ぐか、あるいは素っ裸で泳ぐかだったので、オーストラリアでは公序良俗に反するとして日中に浜辺で泳ぐことは当局に禁じられた。だが、男女ともに適度に慎みのある水着――典型的なものは首から膝までを覆う木綿かウールの水着だった――が着用されるようになると、そういった懸念は和らいだ。ロサンゼルスとその周辺の都市では、男性に対しても女性に対しても十分に体を覆うような水着の着用が条例で決められていた。1929年になっても上半身が裸の男性は逮捕されていたのだ[20]。

それでもまだ、砂浜そのものに疑いの目が向けられていた。ニュージャージー州のアトランティックシティやコート・ダジュールのニースなどの海辺の町では、板張りの遊歩道や桟橋をつくって、観光客が海草だらけの臭い砂地に直接足を踏み入れなくても海岸の景色を楽しめるようにしていた。

やがて、海水浴場の所有者は目障りな漂流物や投棄された貨物を片付けて、漁師たちを少し不便な場所へと追い払い、観光客が砂そのものの上を散歩できるようにした。都市部の労働者層が海辺で休暇をとることが増えるにつれて、ホテルや貸し別荘が次々と建てられた。金持ちは海辺に豪華な邸宅を建て始め、中流階級はスケールダウンした形でそれを真似るようになり、

1930年代までにはヨーロッパや北アメリカ全体で海辺に町ができていた。自動車の普及と第二次世界大戦後の繁栄によって、かつてないほど多くの人々がビーチを訪れるようになり、時が経つにつれてリタイア後の生活の場として海岸近くを選ぶ人が増えていった。

やがてビーチは、現代社会の慌しさからの隠れ家、あるいは純粋な娯楽のための場所を象徴するようになった。海辺での休暇では、遺跡や教会を見てまわったり、乗り物の順番待ちの列に並んだりする必要などない。まったく何もしなくてもいいのだ。気が向けば、さまざまなアクティビティを楽しむこともできる。砂浜を走ったり、泳いだり、サーフィンをしたり、貝殻を集めたり、穴を掘ったり、やりたければ何でもできるが、何もせずにくつろいでのんびりとただ座っているだけでもいい。広がる砂地は、何でも描けるキャンバスなのだ。「浜辺はゼロからつくられ、そこには場所という感覚も、田園の村《カントリービレッジ》のような長期休暇の滞在場所としての歴史も存在しなかった。こうして浜辺は場所ではなく無としてはじまり、現在も無のままである。浜辺の空虚さや人工的な砂漠化は、最初から浜辺の魅力の一部だった」とギリスは書いている。「浜辺の魅力は〝労働を示唆する〟ものすべてが排除されているという事実にある。浜辺と自然や歴史との真の関係は、どんなときも表に出てはならない。現代の文化において、浜辺は逃亡、忘我、忘却の場所として機能しているからだ[21]」

フロリダがビーチと休暇の土地となるまで

陽気な気候の海岸沿いの土地が人々をますますひきつけているのを見れば、フロリダ州の繁栄の理由はだいたいわかるだろう。アメリカ本土からちょこんと飛び出したフロリダ半島は、もともとは病気が蔓延するただの湿地だらけの地域であり、良識ある人々が見向きもしない場所だった。だが、不動産開発業者が北東部の人口過密都市の人々に冬の寒さを逃れられる場所として売り込み始めると、状況が変わった。1890年代に、スタンダード・オイル社の共同創設者であるヘンリー・フラグラーが、南フロリダ海岸沿いの小さな町パームビーチに、東部エリートのための新しい遊び場をつくろうと決心した。鉄道を通し、自生していたマングローブを伐採して、輸入したヤシの木を植えて、豪華なホテルを建設した（従業員の居住用にウェストパームビーチという町もつくられた）。間もなくして、彼は、鉄道をフロリダ州南端の低木地帯にまで延ばした。そこにあったのが、マイアミという小さな居住地である。マイアミは1900年には住民数1681人の町だったが、1930年には人口20万人を超す都市（もちろんコンクリートでつくられた）へと膨れ上がった[22]。

このフラグラーの鉄道によって、それまではほとんど誰も住んでいなかった海岸沿いに新しく町が生まれ、すでにあった町は大きくなった。フォートローダーデールもその1つで、もともとは、かつてアメリカの兵隊がネイティブアメリカンのセミノール族と戦う際に築いた砦の名前を引き継いだ小さな村だった。郡の公式の歴史によると、鉄道が敷かれる前、この地域は大部分が沼地であり、「少数の頑健な者のみが[23]」たどりつける場所だったという。人口が増えると、フォートローダーデールの町は、新たに制定されたブロワード郡の一部となった。この郡の名前は、湿地の排水に熱心に取り組んだ前州知事ナポレオン・ボナパルト・ブロワードにちなんでいる。

（ちなみに、ブロワードは恥ずかしげもなく人種差別を標榜した人物で、すべての黒人のフロリダ州からの立ち退きを主張した[24]。その何十年か後の1960年代の公民権運動の時期に、自らの名が冠されたブロワード郡で、黒人居住者が白人しかいないビーチに突入するという抗議活動を繰り返したのを知って、草葉の陰で悔しがったにちがいない。フォートローダーデール市当局の法廷での訴えや、その場にいた怒れる白人集団の反発をはねのけて、抗議活動は実を結び、ビーチでの人種差別は法的に撤廃されることとなった[25]。）

このような広範囲にわたる不動産ブーム、つまり、特注の都市づくりとそれによる大金を稼ぐチャンスに引き寄せられて、投機家や先見の明のある金持ち、さらには大勢の山師たちが全国から集まってきた。その中には、すでに我々にとってはおなじみのカール・グレアム・フィッシャー、あのリンカーン・ハイウェイを建設した男も混ざっていた。

1916年、フィッシャーはアメリカ大陸をまたぐ新たな道路を開通させた。中西部とフロリダをつなぐディキシー・ハイウェイだ。目論見どおり、この道路によってフロリダ州にさらに多くの人が訪れるようになった。そして1919年にフォートローダーデールで初めての観光ホテルがオープンした[26]。だが、フィッシャーが目指していたのはもっとスケールの大きなことだった。さらに南に狙いを定めていたフィッシャーは、まず、マイアミの近くで端が砂浜になっている100ヘクタールほどの湿地帯を買い上げた。「フィッシャーが大金をかけて手に入れたのはビスケーン湾の海岸沿いの害虫がはびこる沼地だった。自家用車を利用する人々のために、この荒涼たる沼地を、民営鉄道車両を利用する人々にとってのパームビーチのような場所にするのだとフィッシャーは決意したのだ」とT・D・オールマンは著書『フロリダ発見（Finding Florida）』で書いている[27]。フィッシャーはマングローブ林を伐採し、ビスケーン湾から浚渫した何百万トンもの砂と泥とで自分の土地を埋め立てて、建物を建てられるよう締め固め、そこをマイアミビーチと宣言したのである。

それは確かに大胆かつ大規模な土地造成であったが、前例がないわけではない。世界有数のビーチのなかには、同じように、他の場所から大量の砂を運び込んで造成や拡張がされたものがあった。1世紀前、ハワイのワイキキビーチはすぐ横に湿地帯のある細い帯状の砂浜にすぎなかった。現在のような広々とした砂浜になったのは、ハワイ諸島の他の島から運んできた砂を投入した結果であり[28]、1930年代にはカリフォルニア州から砂が輸送されたこともある。今日でも、定期的に養浜を必要とする。また、スペイン領のカナリア諸島のビーチの多くは、かつてはただの岩だらけの海岸だったが、開発業者がカリブ海やモロッコから輸入した大量の砂を海岸に投入してつくられている[29]。さらに、スペインのバルセロナに1ダースあるビーチの半分は、1992年のオリンピックのために造成されたものだ。そして、パリでは毎年夏になるとセーヌ川のほとりにビーチを数週間つくるのがすっかり恒例行事となっている[30]。（一方で、フランス南西部の海岸では、長年にわたり、地元の人々が砂浜での砂の採掘への抗議運動をしているのだが。）

フィッシャーは彼のプレハブ造りの楽園を、素敵なホテルとカジノで飾り立てた。もちろん、ゲストに新鮮な牛乳を提供するための牛の群れや、一緒に写真を撮れる赤ちゃん象の用意も忘れない。そして、ヨットハーバーを開港し、ポロ競技場を設置し、スピードボートのレースを開催した。この事業は大当たりだった。1925年には、フィッシャーのフロリダ州での所有財産は1億ドル以上と評価された。これは今日の13億ドル以上に相当する。

だが、その翌年、風速毎時210キロメートルのハリケーンがフロリダ州南部を襲った。吹き荒れる風と猛烈な波によって、フィッシャーのホテルの壁が打ち破られ、下層階は浸水。小さめの建物は丸ごと流されて、多くの人が亡くなった。フロリダになだれ込んでいた北部や他の地域の人々は突然に考えを改めて、不動産市場が急落する。さらにその3年後、株価は大暴落し、フィッシャーの財産も消えてしまった。10年後に亡くなったとき、フィッシャーはほぼ一文無しのアルコール依存症となっていた。

もちろんマイアミビーチには、はるかに華やかで稼ぎの大きい未来が待っており、すぐ北側のブロワード郡も同じだった。フォートローダーデール市は長年にわたりアメリカの「春休みの首都」として知られていたが、35万人の学生が押しかけるという記録を残した1985年以降、市はその呼び名を返上すべく努めてきた。そして今ではヨットやクルーザーの施設が市の誇りとなっている。

今日では、フィッシャーがその普及に大きく貢献した、ビーチを中心とするずっと変わらない休暇の過ごし方が、フロリダ州の経済とアイデンティティを支えている。「サンシャイン・ステート」という直截的な呼び名をもつフロリダ州の基幹産業は、観光業だ。ブロワード郡だけでも毎年ビーチに1400万人の観光客を呼び込み、およそ60億ドルの収益をあげている。2000年の調査[31]によると、フロリダ州に毎年7100万人が観光に訪れている。そのうち2300万人がビーチで過ごすことを一番の目的としており、直接的収益と間接的収益を合わせると410億ドル以上を州にもたらしている。

フラグラーとフィッシャーによってフロリダ州南部への道は拓かれた。しかし、多くの人をフロリダ州に連れてきたのは、州間高速道路だった。東海岸の大都市の人々は州間高速道路95号線に乗ってじょうごに注ぎ込まれるように真南のフロリダまで下りてくるし、中西部の人々は75号線で、フロリダの西に住む残りのみんなは10号線でやってくる。

これらの発展は絡み合っている。まるで、砂粒が絡み合ってコンクリートが形成されるように。砂浜の魅力によって、マイアミビーチやフォートローダーデールのような都市は発展した。

砂でできた道によって、人々がそれらの都市を訪れることができるようになった。コンクリートによって、何もないところに巨大な都市が建設されて人々が暮らせるようになった。そして後に、コンクリートによってウォルト・ディズニー・ワールドやユニバーサル・スタジオなどの巨大なテーマパークがつくられ、さらに多くの人々が集まるようになったのだ。砂は砂を呼び、その砂がさらに砂を呼ぶ。

どんなビーチリゾートでも観光産業の経済全体を支えているのは砂である。太陽や海も素晴らしいが、柔らかな砂浜がなければ、せいぜいで岩やコンクリートの防波堤で日光浴ができる、そこそこ魅力的な地中海沿岸の町くらいにしかならない。それでは何百万という観光客は集まらない。砂によって、単なる海のそばの暑い場所が、誰もが望む目的地へと変貌する。砂を加えれば、蒸し暑くてマラリアが蔓延するような南フロリダの海岸沿いが、突如として大きな価値のある場所へと生まれ変わるのだ。

黒海からバハマまで、世界中の数え切れないほどの場所が、そこを訪れる他所《よそ》の人間が落とす金に依存している。彼らが求めるのは、太陽・海・砂という魔法の組み合わせだ。ハワイに砂浜がなければ、ただの巨大パイナップル農園だっただろう。フィジーは、その素晴らしい海岸に引きつけられる観光客によって、毎年10億ドル相当の収益をあげている。この小さな太平洋の島国がその5大輸出業で得ている全収益を上回る額だ[32]。

防波堤としての砂浜

しかし、砂浜は、別の理由によってもその評価を高めつつある。そこには観光業による収益以上の重要性があるかもしれない。これら海辺の砂の軍隊は、近くで暮らす人々を守る強い防御力を備えているのだ。砂浜は、気候変動の危機にさらされているこの世界にあって、嵐や海面の上昇から人々の命や財産を守ることのできる防波堤である。海岸のもつ防御力は、養浜を繰り返し行うことの主な理由の1つであり、しかもそれは正当なものなのだ。

気候変動が加速し続けているあいだにも、海岸近くで暮らす人の数はますます増えている。とりわけ1960年代以降、アメリカ人は、休暇のためばかりでなくそこで生活するために沿岸のコミュニティへと群れをなしてやってくるようになった。港町や漁業の町だけでなく、沿岸の何もなかった場所が、海辺の郊外住宅地や退職者の居住地区へと姿を変えた。ロイター通信社の分析結果によると、1990年から2010年のあいだにアメリカの沿岸近くで約220万戸の住宅が新たに建てられたが、その多くが海面の上昇による被害を最も受けやすいとされる地域であった。また、それらの住宅の3分の1が、フロリダ州内にある[33]。

なぜそんな場所にと思うかもしれないが、次のことも知ってほしい。それを奨励しているのはアメリカ政府なのだ。政府は、各地方自治体や危険性の高い沿岸地域に家を建てた人々に対して数十億ドルという補助金を出している[34]。これは、保険の保証や災害緊急援助、その他のさまざまな保護という形をとっている[35]。また、住宅の資産価値を上げようと地元コミュニティが養浜の費用を出したとすると、連邦政府が出す場合と比べて、かえって資産価値が下がることが最近の研究で明らかとなった[36]。

ブロワード郡の海岸線よりも海側にある堡礁《ほしょう》島（バリアー島）の上に建てられているホテルや家屋や他の構造物などのインフラだけでも、40億ドル相当の価値がある。そして、アメリカの海岸沿いにある不動産すべてを合計すると、1兆4000億ドルの価値があると推定される。これらすべてが、さらには他の国の沿岸部にある数え切れないほどのコミュニティが、海面の上昇や、さらに勢いを増す暴風雨、そして気候変動のために頻度を増している極端に大きな潮の満ち引きによって危険にさらされているのだ。

人口が密集するアメリカ東海岸では、すでに洪水の頻度が増しており[37]、暴風雨による被害も深刻化している。2012年に東海岸に上陸したハリケーン・サンディでは159名が亡くなり、少なくとも65万戸が損壊し、被害総額はおよそ650億ドルに達した。

サンディによる被害は、砂浜が侵食されていた地域で最も深刻だった。都市と、荒れ狂う風や波とのあいだに、その衝撃を和らげるものがほとんど、あるいはまったく存在しなかったためだ。一方で、アメリカ陸軍工兵隊によると、ニューヨーク州とニュージャージー州で再養浜の処置を受けていた砂浜によって、サンディによって引き起こされたであろう推定13億ドル分の損害が食い止められたという[38]。

明らかになったのは、砂丘もまた、優秀な防御となるということだ。開発業者は何十年にもわたって砂丘をブルドーザーで取り除いてきた。砂浜に変えればもっと利用しやすくなるし、ホテルの客や分譲マンションの居住者からの眺めもよくなる。しかし、時が経つにつれて、自然の砂丘をそのままの形で残すほうが、それらの建物の防護という点で高い効果が得られることが経験からわかってきた。「サンディ以降、沿岸部のすべてのコミュニティが砂丘についての考えを改めました」とニコル・シャープは言う。「砂丘のもつ暴風雨への防護効果を人々がしっかりと認識するようになったのです」。自然にできた砂の構造物が、人間のつくる砂の構造物を守ってくれるのだ。

砂浜を保護するには

経済面と防護面での両方の重要性を考えると、フロリダ州にとって、また、海岸沿いの移ろいやすい砂に自分たちの命運を預けた世界中の他の多くの場所にとって、砂浜を保護することは最重要課題である。多くの場所の砂浜は、石やコンクリートでつくられた防潮堤や突堤（砂浜から突き出た強固な構造体）によって「武装」している。だが、これらの構造物はあまり人気がなくなってきている。研究の結果、これらの構造物があると、潮流が強まったり、跳ね返された波が砂浜に強く打ち寄せたり、自然の砂の流入が妨げられたりするために、時間が経つにつれて侵食が悪化する場合が多いことがわかってきたのだ。

こうして私たちは養浜の問題へと戻ってきたわけだ。砂浜は他の場所の砂を使って人工的に増強されてきたが、これは少なくとも1922年のコニーアイランドのプロジェクトにまでさかのぼる。養浜は1960年代半ばから広く実施されるようになった。非常に勢力の強い嵐によってニュージャージー州の砂浜に大きな被害がもたらされてからのことだ[39]。ブロワード郡で養浜が行われるようになったのは1970年以降だ[40]。浜辺から供給される「無尽蔵の砂」によって家を建てようとする人が、ニューヨーク州のロングアイランドに集まったという話を覚えているだろうか？ その後、ロングアイランドの砂浜も養浜の処理を継続的に受けねばならなくなった。今では、養浜は世界のどこでもあたりまえに行われている。(だが、常に簡単にできるとは限らない。ムンバイで予定されていたある養浜プロジェクトは、市当局が十分な量の砂を確保できなかったため、2016年に中止を余儀なくされた。)

しかし、養浜では、砂浜の侵食を食い止めることはできない。一時的な処置なので、定期的に施す必要があるのだ。砂を増量してから次の処置まで5年ももつような砂浜はまずない。フロリダ州の何十という砂浜は、これまでに何度も砂の追加がなされており、18回処置されたところもある。これまでに2億立方メートル以上の砂がこの取り組みで使用されてきた。たとえばニュージャージー州のオーシャンシティビーチは37回、バージニア州のバージニアビーチは50回以上の処置を受けている[41]。

養浜はコストのかかる処置であり、1マイル（約1・6キロメートル）あたり1000万ドル近い費用が必要となる[42]。ブロワード郡だけでも、郡内の約39キロメートルの砂浜を対象とした2015年開始の複数年プロジェクトで1億ドル以上の支出を行っている。アトランティックシティなど、かなりの数の砂浜が、1億ドルを優に超える請求書をすでにそれぞれが受け取っているのだ。

しかも、この費用は必ず上がり続ける。ウェスタンカロライナ大学の海岸線開発研究プログラムに所属する海岸科学者アンディ・コバーンが計算したところ、養浜用の砂の価格は1970年代の8倍となっているのだ。現在では1立方メートルあたり18ドル以上であり、彼の見積もりによると、需要の増加と、容易に入手できる砂が使い果たされていくことにより、価格の上昇はさらに続くとのことだ。

確かに値は張るが、観光業が地元や州やその地方の経済にもたらすものを考えれば、養浜には代金以上の価値があるという主張も聞かれる。経済的な見解としては反論の余地はない。しかし、必ずしも金額に換算できない他のコストもこの問題には関わっている。

人工的な砂浜の造成は、環境に深刻な被害を及ぼすおそれがある。学者や環境保護論者は、どのようにして被害がもたらされるのかについての記録を残している。なかでも、マイアミ大学のハロルド・ワンレスとデューク大学のオリン・ピルキーという地質学者たちは、長年にわたり、養浜が海洋の生態系と生育環境に及ぼす影響について警告を発してきた。だが、熱心な批判者としては、ダン・クラークという腹を括《くく》った活動家以上の人物を見つけるのは難しいだろう。

クラークは、長い赤毛を頭の後ろで束ねた、ずんぐりした血色のよい男で、地元のサンゴ礁の保護を目的とする団体「クライ・オブ・ザ・ウォーター（水の叫び）」を立ち上げ、その会長を務めている。クラークはウィスコンシン州の馬牧場で育った。曽祖父は、リングリングブラザーズサーカスのためにシマウマと馬を訓練していたこともあるという。クラークが8歳くらいの頃、母親とブロワード郡に引っ越してきた。そこで彼は、人生を懸けて情熱をそそぐこととなるスキューバダイビングと出会ったのだ。

「70年代に私がダイビングを学んだサンゴ礁は埋め立てられてしまった」と彼は嘆いた。「最後のちゃんとしたサンゴ礁が、ここの海にあるんだよ」

クラークと妻のステフィは、バケーション用の空き家の管理やさまざまな雑用をして、どうにか生計を立てている。「ボート磨きでもトイレ掃除でも、金になるんだったら何だってするよ」とクラークは言う。この20年間、ブロワード郡の養浜を止めるためなら、ブルドーザーの前に身を投げ出すこと以外は何でもやってきた。訴訟を起こし、政府当局に働きかけ、コミュニティの集会ではあえて嫌われ者となり、この話題が出るたびに地元メディアが必ず自分の訴えを取り上げるよう努めた。「19年間、闘ってきたんだ」と誇らしげに言った。

養浜が及ぼす環境への影響

養浜が野生生物や環境に何らかの形で害を及ぼしうることに疑う余地はない。フロリダ州で誰もが一番心配している犠牲者といえば、3月から10月にかけて大西洋から這い出てきて砂浜で卵を産む、かわいらしいウミガメである。ブロワード郡では、これ以外の時期にしか養浜を許可せず、ウミガメの営巣シーズンに影響を与えないようにしている。

また、新しい砂の特性は自然の砂と同じでなければならない。そうでないと、ウミガメが産卵しなくなるかもしれないからだ。角張りすぎている砂はウミガメが嫌がるかもしれない。色が濃すぎると、砂浜の温度が上がりすぎて卵が駄目になるだろう。砂浜の傾斜が急すぎるとウミガメが登れないかもしれない。イーストマンの作業員は、砂を入れたあとで、巨大な熊手で砂を耕しさえする。固く詰まりすぎていると、ウミガメが登れないかもしれないからだ。だがこれほど注意を払っていても、2015年に、絶滅危惧種であるアカウミガメ数匹が、パームビーチ郡の沿岸に撒くための砂を採取していたトロール船によって殺されるという事故が起きている。

浜辺の砂には、海面の上でも下でも、たくさんの生き物が暮らしている。はっきりと目につく生き物、たとえば貝やカニ、鳥、植物などの他にも、ありとあらゆる種類の線虫、扁形動物、細菌、そしてとても小さくて砂粒の表面に住みついているような微生物が暮らしている。サイズは小さいが、これらの生物の多くは生態系にとって重要な役割を果たしており、有機物を分解し、魚をはじめとする他の生物に食べ物を提供している[43]。これらの生物の上に、運んできた砂を何千トンもドカドカと落とせば命取りにもなるだろう。2016年のカリフォルニア大学の調査により、サンディエゴでの養浜プロジェクトの後で、砂浜の海洋虫や他の無脊椎動物の数が半減していたことがわかった[44]。また、サウスカロライナ州での最近の研究によると、この地域の海底で生きている虫や他の生物が、養浜のために浚渫されて大幅に減少したことが明らかとなっている[45]。

フロリダ州南部の海岸のすぐそばにあるサンゴ礁もまた、論争の種だ。過去には、砂を採取する装置を引きずっていた浚渫船によってサンゴ礁が直接傷つけられ、マイアミ・デイド郡とブロワード郡ではその浚渫方法は許可されなくなった。だが、最も解決しづらい問題は、砂がかき立てられることで生じる水の濁りである。水中で浮遊する砂によって、日光が遮られてサンゴまで届かないことがあり、またその砂が沈んでくると、サンゴや浅瀬で暮らす生き物を窒息させることもありえる。クラークが何年もかけて撮影した水中写真をラミネート加工したものをたくさん見せてもらった。ある写真の束は、シルトの厚い層で覆われたサンゴが写っており、まるでサンゴが長年誰も訪れたことのない屋根裏部屋にあるかのようだった。「埋もれてはいないサンゴでも、シルトや堆積物の影響を受けるんだ」とクラークは言う。2016年には、隣のパームビーチ郡で進行していた養浜プロジェクトが、海水の濁度が高くなりすぎたために何度も中断を余儀なくされている。

最も海水が濁るのは海底から砂を浚渫した場合だが、トラックで砂が運ばれてきた場合でも、ある程度の濁りが生じる。どんな方法で砂浜まで運んできても、その場に初めて置かれた砂は、その一部が自然の砂浜よりもずっとゆるく詰まっているので、どうしても水中へと流れてしまう。南カリフォルニアでは2016年に再養浜プロジェクトの砂がティファナ川の河口に流れ込んで川をせき止めてしまったため、ティファナで雨が降ったときに河口部分が汚水でいっぱいになり河口の魚が死滅した[46]。

バーニー・イーストマンのような請負業者は、作業でかき立てられた海水の濁度を定期的に確認する第三者機関のコンサルタントを雇うことが義務づけられている。だが、クラークにとってはそれでも不十分だ。彼は、コンサルタントは都合のいいサンプルだけを採るのだと考えている。堆積物から生じる濁りの中心部の、砂が最も密集して浮遊する場所からではなく、端っこの水を採取するというのだ。「アメフトの競技場の白線だけからサンプルを採れば、競技場全体が真っ白だと主張することもできるからね」と彼は好んで言う。

「コンサルタントには、プロジェクトを継続させる方向への、すごく強いプレッシャーがかかるんだ」こう付け加えるのは、エド・ティチェナーだ。クラークがブロワード郡で取り組んでいるような活動を、大なり小なりパームビーチ郡で行っている環境保護活動家である。「彼らは1日に800ドルを受け取っている。プロジェクトを毎回中断させていたら、仕事がなくなっちゃうからね」

これは、複雑な形で環境に作用するプロセスの影響を理解しようとする人ならば、必ず直面する問題である。次のような疑問が常につきまとうのだ。データはどの程度信頼できるのか。そのデータを集めたのは誰なのか。その動機は何であるのか。疑ってかかれば、結果を捻じ曲げないと信じられる相手など、実質的に一人もいなくなる。

クラークは独自に検査を行っている。彼が言うには、砂が郡の基準を満たしているかを確認するために、オレンジ色の安全ベストを身に着けて、髪をヘルメットの下にたくし込み、作業員たちをうまくごまかしてトラックから直接に砂のサンプルを採取したことが何度もあるという。また、時には、自分の釣り用のボートで海に出て、海水のサンプルを採って濁度を確認することもある。頻繁にやっているのが、砂浜から直接サンプルを採ることだ。ある日、私はクラークとステフィのサンプル採取についていった。2人の持ち物は、バッグにいっぱいの空のペットボトルと、ラベルを書くための油性マーカーと、海水サンプルの採取場所を記録するための、腕に巻くタイプの小さなGPS装置だった。

私たちは、イーストマンの作業員が数日前に完成させたばかりの新しく整備された区域までぶらぶらと歩いていった。クラークはブーツもズボンの折り返しも濡らしながら海のなかに入ってペットボトルに水を汲むと、戻ってきて私に見せてくれた。水はシルトによってかなり濁っており、まるでチョコレート・ミルクのようだった。「洗浄してないいんだよ。とうてい十分とは言えないレベルだ。十分に洗浄する能力はあるのに、費用がかさむからやらないのさ」

さらに南へ800メートルほど進んだところで養浜された区画が終わって、私たちは自然のままの砂浜に足を踏み入れた。クラークは別のペットボトルに海水をいっぱいに汲んだ。こちらの海水はほとんど完全に澄んでいた。彼はボトルを振って、舞いあがった砂がすぐに底へと落ちて、水が再び透明になる様子を見せてくれた。養浜の区画で採取したサンプルはまだ半透明な茶色のままで、水面にはまるでビールのように泡の膜が張っている。「この泡の原因はリン酸塩かもしれない」とクラークが言った。環境に害を及ぼしうる汚染物質である。

それでも人口は沿岸部へと流入している

養浜の隠れた危険性を完全に避けながら沿岸部の都市を守ることのできる、唯一の現実的な方法とは、それらの都市を内陸部へと後退させることである。後退とは極端な、と思うかもしれないが、多くの研究者が積極的に勧めている方法なのだ。

しかし、実際にどうやって後退させるかを想像するのは難しい。これまでのところ、私たちは退却よりも防御を選んできた。マイアミビーチは4億ドルをかけて、防潮堤をつくり、街路を高架に替え、海面の上昇により洪水が増加することが見込まれているので、それに備えてポンプを設置している。インドネシアの首都ジャカルタや、タイの首都バンコクなど、世界中の沿岸部の都市が、巨大な防潮堤や他の防護対策のために巨額の資金を使っている。

今にして思えば、海からこんなに近くにこれほど多くを建てたのは明らかに愚かなことだった。だが、すでにそこには、何千万もの人々が暮らし、何兆ドル分もの価値のある建物が建っている。どうすればこれらすべてをやり直せるのだろうか？　誰にもわからないし、そうしたい者もまずいない。となれば、海に対する守りとして、また、観光客をひきつけるものとして、多かれ少なかれ砂浜を再建し続けなくてはならないことになる。問題は、そのための費用や砂が使い尽くされるまで、どれだけ長く砂浜を維持できるかという点にある。

マイク・ジェンキンズは40代の細身の沿岸工学者であり、アプライド・テクノロジー・アンド・マネジメント社という、マリーナや人工島などの海辺の建造物を専門に扱う技術系の会社に勤めている。彼もまた、数多くの養浜プロジェクトを監督してきた。何が問題であるかをほとんど誰よりもよく心得ている人物だ。

「ある時点で、このやり方は持続できなくなります」。ウェストパームビーチにある会社の本社の会議室でジェンキンズはこう言った。「今から100年後かもしれないし、200年後かもしれませんが、ある時点で、入手可能な砂をすべて浚い尽くすことになります」。砂の流れを遮っている人工の入り江や突堤の一部をつくり直すことで時間を稼ぐことはできるだろうが、長期的にはさらに大きな問題があるのだと言う。「砂の究極の供給源は川です。何十年も先のことを考えると、あらゆる川がダムでせき止められているという今の状況は、砂の供給がすでに絶たれているということを意味します。ですが、それに気づき始めるのに、100年かかるかもしれません」

「人口統計によると、人々は海岸へと移動していて、インフラが沿岸部でどんどん整備されています」ジェンキンズは続ける。「では、それが賢明かというと、たぶん違うでしょうね。なのに、私たちはそうしているのです」

私たちは、迫りくる波を気にも留めず、砂の城をつくり続けているのだ。

こぼれ話

7,500,000,000,000,000,000

この数字は、全世界の海岸にある砂粒の個数に対する最善の見積もり値である。750京《けい》個であり、750億の1億倍とも言える。

この素晴らしい統計値は、ハワイ大学の研究者であるハワード・マカリスターが計算してくれたものだ。世界の海岸が、深さ30メートル、幅5メートルの砂で覆われていて、砂1粒の体積が平均で1立方ミリメートルだとして計算されている（全世界の海岸の総距離が5万キロメートルとの仮定もされている）。100京か200京くらい違っているかもしれないが、数えている人なんて、まずいないだろう。

第8章 人がつくりし土地

ドバイに出現する〝ヨーロッパの国々〟

クリーム色のスーツと鮮やかな青色のシャツを身に着けた、長身で、都会的で、自信に満ちたジョゼフ・クラインディーンストは、彼が個人所有するドイツへの訪問を歓迎してくれた。彼の後をついて、流線形の小型ヨットを降りてビーチに足を踏み入れると、そこにはドイツ国旗と同じ縞模様に塗られた木製の看板が立っている。その看板には「WILLKOMMEN IN DEUTSCHLAND（ようこそドイツへ）」とドイツ語で書かれていた。

私がそこを訪れたのは2015年の終わり頃だったが、その場所からドイツ的な雰囲気を感じ取るのは難しかった。第一に、クリスマスまでたった数週間だというのに気温が高くて日差しが強い。第二に、そこは島だった。いや、実際には本当の島ですらない。ペルシャ湾の底から浚渫された途方もない量の砂が、ドバイ沿岸から数キロメートルの場所に積みあげられてできたものだった。ドバイとは、石油で潤うアラブ首長国連邦を構成する7つの首長国の1つである。さらに、鉢植えの小さなオリーブの木とヤシの木がたくさん置いてあって、近くのあずまやには数台のゴルフカートが停めてあった。黄色い安全ベストとヘルメットを身に着けた2人の作業員が所在なげにうろついていて、3人目の作業員はありもしないゴミを探して水際を歩いている。そして何よりも、このドイツはたった5・7ヘクタールの平らでむき出しの砂地だった。

だが、オーストリア生まれの不動産開発業者であるクラインディーンストは、はるかに壮大なある種のビジョンを思い描いている。彼はすでに数千万ドルを費やして、この砂のかたまりを、そしてさらに別の5つのかたまりを小さな橋でつないで、自分の故郷であるヨーロッパを模した高級リゾートに仕立てあげようとしていた。世界中からたくさんの人々が休暇を過ごすために、あるいは別荘を購入するために押し寄せるだろうと踏んでのことだ。6つの島はそれぞれが異なる国や地域をテーマとしている。ドイツ、モナコ、スウェーデン、スイス、サンクトペテルブルク、そして「メイン・ヨーロッパ」である。スウェーデンの島の呼び物となるのは、サウナつきの個人所有の別荘で、屋根はバイキング船を上下逆さにした形となるそうだ。モナコの島には、「七つ星」ホテルとマリーナの複合施設が建てられ、故グレース・ケリー公妃の生涯がモチーフとして取り入れられる。ハート形をしたサンクトペテルブルクの島では伝統的なバレエやオペラの舞台を鑑賞できるという。なんとも曖昧な名前をした「メイン・ヨーロッパ」の島の目玉となるのは、降雨装置を仕込んだ、ウィーンを模した街並みである。そして、この盛りだくさんのパフェの頂上に飾られるさくらんぼにあたるのは、スイスの島に再現される街路へと降る本物の雪だ。屋上に巧みに隠されたパイプから吹き出て、そぞろ歩く観光客のもとに舞い落ちるのだという。

「島の片側では毎日、雪が降るのに、反対側にはトロピカルビーチが広がるんですよ」クラインディーンストは、同じオーストリア出身のアーノルド・シュワルツェネッガーのような訛りのある英語で熱く語った。「私たちが創造しようとしているのは、他のどこにも存在しない空間なんです」

クラインディーンストはあずまやのゴルフカートを運転して、まもなく中欧へと姿を変える予定の、手つかずの砂州《さす》のあちこちを案内してくれた。「私たちが（2007年に）購入したときには、単なる砂の山だったんですよ」と言うが、2015年でも、それほど代わり映えはしていないようだった。何らかの変化が見られた唯一の場所はスウェーデンの島だった。彼の島のなかでも特に富裕層志向の強い場所である（1年の半分を寒くて暗い時期が占める北欧の国が、中東で大当たりするはずだと彼が確信している根拠はわからなかったが）。20人強の作業員と、ブルドーザーとショベルカー、トラック数台ずつが、何カ所かの狭い建設現場をかけずりまわっていた。たいていの現場は単なる深い穴で、にじみ出てくる海水の水たまりが底にいくつかできていた。それらの穴はいずれコンクリートでふさがれて、島に10棟の個人向け別荘の基礎となる。広さ約2000平方メートルのこの快楽の館には、ベッドルームが7つに、サウナ、「スノールーム」、ホームシアター、ジムがある。追加料金を払えば、高級車メーカーのベントレーに内装を依頼できる。価格はというと、約1300万ドル。エレベーターも設置されるそうだが、5階建てなので必須だろう。最上階にあるのはプライベートのディスコだ。「ちょっと賑やかになりそうですね」と訊ねてみた。「そうあってほしいですね！パーティー用の場所ですから」クラインディーンストは熱に浮かされたように答えた。

クラインディーンストによると、「ハート・オブ・ヨーロッパ」と呼ばれるこの6島のプロジェクト全体で、最終的に住宅4000戸とホテル12軒（アラブ首長国連邦唯一となる愛犬同伴可のホテルも含まれる）、そして何十軒ものレストランをつくる予定だという。島々を車道でつなぐことはしないし、島の上にも車道はつくらない。島に渡るためには、船やヘリコプター、水上飛行機が使われる。

短期間だがラスベガスに住んでいたことのある私からすると、この話の大部分は目新しいものではないように感じられた。クラインディーンストの計画を聞いていて連想したのは、ラスベガスにあるカジノつきホテル、「ベネチアン」だ。ベネチアをテーマとしており、かなり大がかりな構造で、ゴンドラが行きかう運河やサンマルコ広場が屋内に再現されている。

だが、クラインディーンストはこの対比がお気に召さなかったようだ。

「ベネチアンと似てはいませんよ」と見下すように言った。「ああいうのは、テーマパーク的な発想でつくられています。私たちがつくろうとしているのは、さまざまな国の要素を備えた余暇の目的地です。どのレストランにも、その国出身のスタッフが配置されて、自国とまったく同じように振る舞います。私たちが提供しようと考えているのは、本物の体験なんです」。

通貨は、アラブ首長国連邦のディルハムではなく、ユーロが使われるという。ドイツの島の船着場周辺に散らばっていた鉢植えは、スペインから輸入された、何世紀も経てきたオリーブの木であって、いずれモナコの島に配置されて本場の地中海のムードづくりに役立つこととなる。大道芸人やアーティスト、音楽家、そしてサーカスまで、すべてをヨーロッパから招くのだ。

「ヨーロッパには51の国があります。毎週、私たちはそのうち1つの国のお祭りをやるんです。あらゆる国の郷土料理のレストランを開き、あらゆる国からアーティストを招きます。フィンランドの人を歓迎するためにはフィンランドのレストランが必要ですからね。このハート・オブ・ヨーロッパでヨーロッパを体感できるはずですよ」

私は疑問をぶつけてみた。「ドバイまで旅行するだけのお金があってヨーロッパを体感したい人は、単に、えーと、ヨーロッパに行きはしないでしょうか?」明らかに同じ質問をこれまでにされたことがある様子で彼は答えた。「確かに、実際の国にも行けますよ。しかし、フィンランドでは年がら年じゅうビーチに行けるというわけではありませんよね。ここなら、51の国の食べ物や祭りや大道芸を体験する機会があります。１つの場所にすべてがあるんですよ」。もちろん、水中の別荘、花火ショー、シュノーケリング施設などもあるのだ。

クラインディーンストは２０２０年のグランドオープンを目指していると語った。だが、その時点ですでに何度も完成予定日を延期していた。本書を執筆している２０１７年終わりの時点でも、建設は遅々として進んでいない。

史上最大規模の人工島

クラインディーンストが語るこの計画も、はるかに大きなプロジェクトのごく小さな一部分にすぎない。彼の６島からなるミニチュアの国々は、「ザ・ワールド」に含まれる、ちょっとした狭い区画のことなのだ。ザ・ワールドとは、約３００の人工島が集まったもので、大体ではあるが全世界《ザ・ワールド》の地図の形をしている。造成を指示したのはドバイ首長である。21世紀最初の10年の半ばに、ペルシャ湾から浚渫された何億トンもの砂を使って、投機主導型の地球工学の結晶ともいうべき島々が、思いつきからつくられたのだ。人工的な造成地の集合体としては史上最大規模だろう[1]。

その構想は、不動産開発業者と世界の上位１％の富裕層とに島を購入させて、各島が対応している国の姿へと思いのままに開発してもらおうというものだ。しかし、２００８年の世界的不況の打撃を受けて、ザ・ワールドのプロジェクトは行き詰まった。私が現地を訪れたのは2015年だったが、これらの数百の「島々」のほとんどは、開発もされず、少し盛り上がっただけの単なる平たい砂地のままだった。ペルシャ湾の表面に豹柄のように浮かぶその様は、まるで丸められたクッキー生地が巨大な青いトレーの上にぽつぽつと置かれているようだった。

もちろん、プロジェクト全体が馬鹿げたものなのだ。しかし、かつては小さな漁村だったドバイに、今では、世界一高いビルと世界最大のショッピングモールと、そして屋内スキー場までもがあるのだ。馬鹿げたアイデアだからといって事業として失敗するとは限らないということを、ドバイは何度も証明してきた。そして、壮大で想像力あふれる形の人工島群も確かにその一例なのだ。ドバイには、パーム・ジュメイラという、ヤシの木の形をした人工の半島がある。その土地はあまりに巨大で、宇宙空間からも認識できるほどだ。そこには度肝を抜かれるほど贅沢なアパートメント、別荘、行楽地がすべて揃っていて、何万人もがそこで働き、生活し、楽しんでいる。言い換えると、ドバイは15年前には水しかなかった場所に、ただの昔ながらの砂を使って何十億ドルにも相当する不動産を生み出してみせたのだ。

実際には、パーム・ジュメイラとザ・ワールドは、ペルシャ湾沿岸や世界各地で行われている数多くの同様の「埋め立て」プロジェクトのなかで、最も派手だというだけのことだ。南シナ海から東京湾まで、そしてカリフォルニア州からナイジェリアまで、人類はかつてないほど大量の砂をその最も不遜な用途へ、新たな土地の創造という神のごとき力へとつぎ込んでいる。

私たちは建設用の砂とケイ砂の膨大な軍隊を地面から掘り起こして、私たちの生活を変容させる様々な用途に充ててきた。そしてついには、海底から引き上げた海砂の大軍を使って、文字どおり世界を変容させ、国の形や海岸線を変えて、これまで土地のなかった場所に新しい土地をつくりだしているのだ。

こうして配備された海砂は、価値ある不動産へと姿を変える。場所によっては、地政学上の道具として、つまり隣国に対して自国の主張を押し通すための武器として使われることもある。

砂を活用する埋め立てプロジェクト

マーク・トウェインのこの言葉がよく知られている。「土地を買え。これ以上には増やせないのだから」。気の利いた名言ではあるが、完全に間違っている。オランダ人は11世紀から人工地を造成していた。湿地に堤防を築いて排水するという方法が用いられ、人工地の大部分は海面より低い位置にあった[2]。アメリカで、後にマンハッタン島と呼ばれることになる植民地の総督であったピーター・ストイフェサントが島の拡張を始めたのは1646年という昔だった。当時は、建物や運河の建設時に掘り出された余分の土が使われることがほとんどだった。現在では、新たな土地をつくる際に最もよく使われる材料は砂である。海底から浚渫された砂によってシカゴのレイクフロントの長く広がる土地はつくられたし[3]、マルセイユや香港、ムンバイの大部分も同様である。サンフランシスコの金融街は、1850年代に、近隣の丘から削りとった砂でサンフランシスコ湾の浅瀬を埋め立ててつくられた[4]。他にもアメリカのあちこちで、何もなかった場所に砂によって人工島がつくられている。たとえば、サンフランシスコのトレジャー・アイランドや、南カリフォルニアのバルボア・アイランド、シアトルのハーバー・アイランドなどだ。

しかし、これらの事業も、現代の埋め立てプロジェクトの並外れたスケール感と大胆さに比べればかわいらしいものだ。今の埋め立て事業を駆り立てているのは、すでにお馴染みとなった、都市部に向かう人々の、加速し続けている動きである。

都市が繁栄するためには貿易が必要なので、湖岸や川沿いや特に海岸に都市がつくられることが多い。毎年、何千万という人々が都市に引き寄せられているが、なかでも人気が高いのが港湾都市で、世界最大の10都市のうち8都市が海に面している。世界の人口の半数が、海岸から100キロメートル以内の場所で暮らしているのだ[5]。都市には、これらすべての人々の住居だけでなく、工場や港、他にも人々が働く場所のためのスペースが必要である。東京からナイジェリアのラゴスまで、多くの海沿いの巨大都市はすでに過密状態であるが、山や川、砂漠などに囲まれているため、内陸に向けてさらに拡張することは難しくなっている。

ところが、砂を使えば、人々が暮らす建物のためのコンクリートやガラスを製造できるだけでなく、その建物が建つ地面まで造成できることがわかった。そして1970年代以降[6]、技術の進歩によって、より多くの土地を単につくるということが簡単かつ安価になった。極度に強力なポンプを備えた浚渫船が市場に登場し、これまでよりもずっと深い場所から海砂を引き上げて、はるかに多くの海砂をかつてない正確さで所定の場所へと届けることができるようにもなった。2017年の時点で稼働中の最大の浚渫船は全長200メートル以上であり、もし地面に垂直に立てれば60階建てのビルを超える大きさである。搭載されているパイプによって、海面下150メートル以上の深さから砂を吸い上げることが可能だ。

埋め立てに使われるのは、一般に、コンクリートの材料と似たタイプの砂である。すなわち、角張っていて互いに引っかかりやすい、中くらいの大きさの石英砂だ。国際浚渫業協会（IADC）によると、十分に近場で良質な砂が手に入る場合には、海沿いに新しく土地を造成するための費用は1平方メートルあたり536ドル未満となる[7]。香港やシンガポール、ドバイなどの人気の高い場所の海沿いの土地を購入するのに比べれば、ごくわずかな金額ですむということだ。

大規模工事に新世代の浚渫技術が用いられたのは、1970年代初頭、オランダがロッテルダム港を北海に向けて大きく拡張したのが最初である。シンガポールがそれに続き、1975年に、海底から引き上げた4000万立方メートルの砂の上に新空港を建設した。（以降、オーストラリア、日本、香港、カタールの空港も埋め立て地に空港を建設している[8]。）その後、東京湾でつくられた工業用地には、水深70メートル以上の海底から引き上げた砂が使われた。さらに深い場所から吸引した砂によって、シンガポールや台湾、香港、アムステルダムの沿岸がつくられている。自然に生じた国土という観点からすると世界第4位の面積をもつ中国は、海岸線を約2000キロメートルも延ばして、豪華リゾート地として人工島をいくつも造成している[9]。また、ナイジェリアのラゴスは沿岸から大西洋に向けて都市部を約1000ヘクタール拡張しようとしている。モルディブやマレーシア、パナマなど、もっと小さい国々も、何もないところにいくつもの島を造成してきた。

ドバイの周辺国も、沿岸の活用に乗り出している。カタールは首都ドーハのすぐ沖合で砂を使って400ヘクタール近い土地を造成している。バーレーンは港を建設し、リゾート用の数々の島をゼロからつくりあげた。浚渫した砂と、これまた砂を充填《じゅうてん》した巨大なチューブを組み合わせるという方法がとられた。

そして、埋め立てに関して世界をリードする国といえばシンガポールだ。世界で最も人口密度の高い国の1つであり、とても裕福だが、地理的には小国である。600万人に達しようという住民のためにさらなるスペースをつくろうと、この人口過密の都市国家は過去50年間で国土を140平方キロメートル拡大した。これに使用された砂のほぼすべては他国から輸入されたものだ。第1章で述べたように、砂の採取による環境破壊が非常に深刻であるため、近隣のインドネシア、マレーシア、ベトナム、カンボジアのすべてが、シンガポールへの砂の輸出を制限している。しかし、地元メディアや外部団体によると、いまもそれらの国々から砂が密輸されており、特にカンボジアで顕著だという[10]。また、シンガポールはもっと遠くの国にもその手を伸ばしており、ミャンマーやバングラデシュ、フィリピンから砂を購入するようになった。それでも供給に対する不安はやまず、緊急時にそなえた戦略的な砂の備蓄を進めている[11]。

オランダの研究グループによると、こういったすべてを合わせると、人類は1985年以降に1万3565平方キロメートルの人工地を世界中の沿岸部に追加したという。コネチカット州やジャマイカと同程度の面積が増えたということだ[12]。そして、その大方が砂でできている。

このように多くの国が埋め立てに励んでいるとはいえ、ドバイの人工島はそのすがすがしいほどの臆面のなさで群を抜いている。国際浚渫業協会いわく「その規模、コンセプト、工学といった点において史上最も野心的な埋め立てプロジェクト」なのだ[13]。

これほど大規模で記録的な建設プロジェクトを打ち出せたドバイであるが、ごく最近までこの地がいかにちっぽけで重要度の低い場所であったかを知れば、さらに驚きが増すだろう。

ドバイの繁栄と砂

アラブの羊飼いや砂漠に住む遊牧民たちは、何千年にもわたって、アラビア半島のこの荒涼とした地域で暮らしてきた。極度に過酷な環境であるため、イスラム教が頭角を現した西暦

630年から1930年代に至るまで、現在のアラブ首長国連邦にあたる地域の人口は8万人程度にとどまっていた[14]。元ジャーナリストのジム・クレーンは著書『ゴールドの都市（City of Gold）』で次のように書いている。「およそ50年前まで、（現在のアラブ首長国連邦では）世界で最も開発が進んでいない社会で人々がどうにか暮らしていた。常に飢えと渇きに苦しんでいる彼らの窮状や、ナツメヤシの実やラクダの乳という食生活をうらやむ者など誰もいなかった[15]」

この地の数少ない定住地の1つに、ペルシャ湾の沿岸で形成されていた、ドバイと呼ばれる小さな漁村があった。そこの支配者になるというわずかな栄誉をめぐって現地の部族が激しく争っていたが、19世紀に入ると大英帝国が主にインドへの航路を防衛したいという思惑をもってアラビアでの存在感を強め始めた。ドバイを支配していた首長たちは、イギリスと和平条約を結ぶことで自分たちの地位とある程度の独立性を維持した。イギリスは、形式上はこの地域を植民地化したことはないのだが、その後約150年間にわたって、いずれアラブ首長国連邦となる首長国の数々を支配し続けていた。

1833年、ドバイは首長マクトゥーム・ビン・ブティが率いる部族によって制圧された。イギリスはすぐにマクトゥーム家をドバイの支配者として認め、マクトゥーム家は以降ずっと首長家の地位を守っている。建国以来175年間にわたり首長の地位は平和裏に継承されているが、これは中東の基準からすると異例なほど長期の安定支配である。

油田が開発される前のこの時代に、ペルシャ湾の産業を支えていたのは真珠だった。小船から海へと飛び込んだ漁師たちはこの貴重な宝石を袋いっぱいにつめては海から引き上げ、地元の貿易商たちを儲けさせた。だが1930年代の世界恐慌で市場は崩壊し、残った真珠市場も、日本で開発された安い「養殖」真珠に奪われてしまう。ドバイでは、企業は倒産し、貿易商は町を離れ、地域経済が受けた打撃はあまりに大きく食糧不足が生じた。クレーンはこう記している。「第二次世界大戦が始まると深刻な飢饉に陥った。米も魚もナツメヤシの実もなく、人々は草木の葉や、どこにでもいたダブ（dhub）というトカゲを食べた。ドバイ（Dubai）の名称の由来とも言われる、尾に棘《とげ》のあるトカゲだ。そんなときに生じたバッタの大量発生は恩恵となった。人々はバッタを捕まえては油で揚げ、ボリボリとむさぼった。（中略）しかし、どうしようもなく餓死することとなったドバイ人もいた[16]」

戦後、事態は好転したものの、ドバイは停滞したままで、外の世界から顧みられることもめったになかった。1950年代になっても、ドバイで暮らす1万5000人の住民の多くはヤシの木を建材としたバラスティと呼ばれる掘っ立て小屋や日干しレンガの家に住んでおり、町なかの砂ぼこりの立つ道をラクダがぶらついていた。電気が使えるようになり、人工的につくられる氷（気温が38度を超えることも多い場所で暮らす人々にとっては、おそらく電気と同じくらいに重要だ）が手に入るようになったのは、1960年代に入ってからのことだった。しかし、そんな状況も変わろうとしていた。それも極端なほどに。1958年に隣の首長国であるアブダビで油田が発見されたのだ。

アブダビの石油埋蔵量はとてつもない量で、少なくとも920億バレル、金額にすると数兆ドルに相当することがわかった。ドバイでも、1960年代後半にかなりの埋蔵量をもつ海底油田が発見され始めたが、アブダビが手に入れた地質上の当たりくじには遠く及ばなかった。現在、アブダビで産出される石油の量は1日あたり約250万バレルだが、ドバイでは6万バレルがやっとである。実際のところ、ドバイ首長国は石油とガスの輸入国なのだ。

だがドバイは、化石燃料の不足を、中東ではるかに珍しいもので補っている。それは、有能なリーダーシップだ。マクトゥーム家が地元のちっぽけな港を産業と貿易のハブへとつくりかえ始めたのは、100年前にさかのぼる。20世紀の初めに関税を廃止し、アラブとペルシャの貿易商たちを誘致するために土地を無料提供して、政府による事業支援を保証した（これによりドラッグから金《きん》に至るまであらゆるものの密輸も活発化し、今日までそれが続くことにもなった）。富を求める移民たちが、特に現在のイランから押し寄せて、ドバイの人口は膨れあがり、海外との貿易も活発化した。今日、ドバイで暮らすイラン人は首長国出身者の3倍近くにのぼる。

1958年という早い時期に、ある狭い範囲を埋め立てたおかげで、ドバイ首長国の命運に関わる決定的な転機が訪れる。その頃、ドバイ・クリークの名で知られる入り江の水深が長年にわたる土砂の流入により浅くなったため、船が港に入れず沖合に停泊せざるをえなくなっていた。（砂それ自体が邪魔になることもあるのだ。）ドバイの現首長ムハンマド・ビン・ラーシド・

アール・マクトゥームの父親であるラーシド・ビン・サイード・アール・マクトゥーム首長は、ドバイ・クリークの土砂を深くまで浚わせて、より多くの、またより大型の船が入港できるようにした。さらに、砂の価値をよく理解していた首長は、浚渫した砂で入り江の沿岸に土地を造成して貿易商に販売したのだ。まさに一石二鳥であった。

クレーンは記している。「以降、ドバイは爆発的な成長を続け、今もそれは続いている。入り江の浚渫が火つけ役となって、このすべてが始まったのだ[17]」。首長は石油による利益を建設につぎこみ、道路、港、空港、国有事業などをかつてないほど拡大させた。世界最大の人工港であるジュベル・アリの建設もこの一環である。今もまだちっぽけな小国かもしれないドバイだが、その壮大な野望をはっきりと打ち出したのだ。「1974年、彼らはドバイにワールド・トレードセンターを建てたんだ。ヒルトンホテルも入っていてね。なんにもない場所に中東最大のビルが建てられたんだよ！」笑いながらこう話すのはジョージ・カトドリティスだ。ドバイの隣の首長国シャルジャにあるシャルジャアメリカン大学の建築学者である。

こうして、金と人材がドバイに殺到した。1960年、ドバイの住民は6万人で、その多くが約5平方キロメートルの範囲内で暮らしていた。それが20年後には、27万6000人が83平方キロメートル内で生活するという状況へと膨れ上がっていた。

この発展は、ドバイの首長家にとっては確実に喜ばしいことである。現首長のムハンマドは世界で最も裕福な男性の1人であり、その財産は100億ドルに達するとも言われる。ドバイはすでに急成長しつつあったが、ムハンマド首長が2002年に講じたかつてない措置によって、その流れはさらに加速した。外国人による不動産の購入を許可したのだ。どの湾岸諸国でも許されていなかったことである。作戦は大当たりして、これがきっかけとなり、世界的規模での不動産ブームが巻き起こった。それにより、すぐにもっと多くの不動産をつくる必要が生じた。島という形の不動産だ。

ある種の地球市民にとってドバイはとてつもなく魅力的な場所だ。まず、スイスのような、守秘義務が徹底された素晴らしい銀行システムがある。また、輸出入に対して関税を課さず、制限もほぼない。さらに、質の高い教育、医療、インフラを誇っている。

そして何よりも、ドバイでは安全が守られる。世界で最も混乱した地域にありながら、セキュリティと政治的安定という面で、文字どおりのオアシスなのだ。戦争や経済的混乱、政府当局の監視などで事業に悪影響が及ぶことを恐れる、イラクやパキスタン、リビアなどの近隣諸国のすべての人々にとって、ドバイは避難所である。そういった人々が会社を設立し、財産を蓄え、家族を守ることのできる、安全な場所なのだ。

ドバイがその安定性を保っていられるのは富のおかげであるが、政治批判に対する徹底した弾圧のためでもある。国際人権NGOのヒューマン・ライツ・ウォッチは、「ドバイ政府は当局を批判した個人を独断で拘禁し、強制退去させることもある。また、政府の治安部隊は、拘束した人々を拷問したという疑惑がもたれている」と指摘する。富と弾圧という組み合わせは効果的で、ドバイではクーデターや内戦が起きたことはなく、大規模なテロ攻撃を50年以上受けていない。

またドバイは、湾岸諸国の基準からすれば比類ないほど開かれており寛容でもある。首長国出身者の多くは保守的なイスラム教徒であり、真っ白い民族衣装を着て頭にはかぶりものを着けているのでそれとわかる（ムハンマド首長自身にも複数の妻がいて、子どもは少なくとも24人いる）。だが、他の人々は、おおむね自由に好きなことをしてよい。ヒンドゥー教徒やキリスト教徒、ユダヤ教徒さえも、ドバイで暮らし、働いている。

このようにして、信じられないことに、ドバイは人気の高い観光地へと変身したのだ。確かに、場所はというと世界でも特に混乱した抑圧的な地域のなかにある。だが、一年を通して日差しが降り注ぎ、素晴らしいビーチと暖かい海に恵まれている。近隣のサウジアラビアやクウェートとは違って、飲酒もナイトクラブで踊ることもビキニ姿での日光浴も、したければしていいのだ。ドバイには１９８５年にはホテルは42軒しかなかった。それが今では何百軒もあり、毎年７００万人以上の旅行者が訪れている。

特にドバイの観光業の発展にとって予想外の後押しとなったのが、２００１年9月11日の同時多発テロである。アメリカは、テロリストの資金の動きを止めるため、アルカイダとの関連が疑われた湾岸アラブ諸国の一部の人々の銀行口座を即座に凍結した。中東の資産に対する疑いに凝り固まっていたのだ。裕福なアラブ人とその財産管理者の多くは、資産を母国の近くに置いておくほうが安心だと考えた。そうしてアメリカから引き上げられた何十億ドルという資産が、安全な投資先を求めて東へと向かったのだ。そこで待っていたのは、門戸を大きく開いてにっこりと微笑むドバイであり、大量の資金がドバイへと流れ込んだ。

その結果、ドバイの不動産市場は爆発的に成長した。高層ビルやショッピングモール、高級ホテルが乱立することになる。

こうしてできあがったドバイの都市は――今でも戸惑うほどのペースで成長し続けているが――私が訪れたなかで最も裕福な場所であることは間違いない。まるでファンタジーのように、精霊《ジン》よろしく砂漠から都市が突然に現れたのだ。ドバイが体現しているのは、金と意志の力が自然を圧した勝利の姿だ。砂漠の真ん中にゴルフコースや観賞用の湖が1つどころかいくつも存在している理由など、他に説明のしようがない。さらには、水しかなかった場所に、砂でできた巨大な島がいくつもあるのだから。

ドバイ・メトロは、80億ドルをかけてつくられた最新型の都市鉄道である。市の端から高架を走る自動運転の車両に乗って、ピクサーのＳＦファンタジー映画から抜け出したような未来的な都市の中心部を通り抜けるのは、驚きに満ちた楽しい体験だ。何キロも帯状に続く密集した都市空間には、ギラギラと光を反射するガラス張りの高層ビル群と8車線のアスファルトの道路が詰まっていて、これらすべてが片側は砂漠、反対側はビーチと、大量の砂によって挟まれている。50階以上の高層ビルは、ありとあらゆる奇抜な形をしており、コルク栓抜きのようなねじれたビル、半月形のビル、さらには半円を何層も重ねたようなビルなどがある。それらすべてをはるかな高みから見下ろすのは、世界一の高さを誇るブルジュ・ハリファの非現実的な尖塔だ。これを幾重にも取り囲むビル群は、あまりの高さの違いに低木の茂みのようにしか見えず、ギラリと輝くガラスの顔を見せるリーダーを畏敬の念をこめて見上げているかのようだ。

ドバイ市の端では、クローバー型の立体交差路をもつ高架の高速道路が、砂漠に繊細な模様を描いている。どうやら、空き地になっているすべての場所が建設現場のようで、そこに生えた巨大な鋼鉄のタンポポのようなクレーンに見下ろされながら、ブルドーザーや掘削機、黄色の安全ベストをつけた作業員が這いずり回っている。

この20年間でほとんど何もない状態からこのような都市をつくるのに、どれほどの大量の砂が必要だったかを考えてほしい。だからこそ、いま砂が深刻な問題となりつつあるのだ。これまでの消費ペースとはかけ離れた量の砂を、現在わたしたちは消費しつつある。

全体としてドバイには巨大な空港の屋外ラウンジのような雰囲気がある。清潔でモダンで、コンクリートとガラスでできたビルが立ち並び、そこにはおなじみのチェーン店やファストフード店が入っていて、有名ブランドの広告であふれている。街路も、モールやホテルのロビーも、21世紀のどの大都市と言われてもおかしくはなく、世界中の人々をひきつけるどんな場所にも引けをとらない。ドバイはいわばポストモダンの都市であり、あらゆるアイデンティティが剝ぎ取られて現代性そのものだけが残された場所なのだ。

歴史や宗教、伝統、文化などが深くまで浸透し、古くからの信仰や伝統に忠実であることが非常に重んじられる地域にあって、この都市全体が驚くほど場違いに感じられる。だがドバイは、自身が並外れて成功したモデルであることを立証してみせた。ドバイは中東で有数の金融の中心地となり、中東最大の港と、世界で最も賑わう空港を備えている。五つ星ホテルは満室続きで、高級別荘を購入する者は後を絶たない。

延びるドバイの海岸線

ドバイが売り物にしているのは何よりもその場所であり、実際の土地が人気を集めている。しかし、土地の販売が急成長を始めると、問題に突き当たった。現実的に、空いている土地がそれほどないのだ。少なくとも、旅行者や裕福な不動産購入者が本当に欲しがるような場所、つまり浜辺の地所はない。だが、ドバイは2020年までに年間の旅行客数2000万人の達成を目指している。ドバイの自然の海岸線はわずか65キロメートルほどなのだが、次々と建物で埋めつくされつつあった。解決策は信じがたい方法ではあるがはっきりしていた。土地を増やすことだ。

島を造成する計画が本格始動したのは1990年代の半ばだが、最初の計画では、よくあるように丸い形の島を造成する予定だった。しかしそれでは海沿いの土地がたった数キロしか増えない。ムハンマド首長は（少なくとも公式にはそういう話になっているのだが）、ドバイの文化を連想させながら、はるかに多くのビーチを生み出すことのできるデザインを思いついた。ヤシの木の形をした島にするのだ。そうすれば、細長く飛び出るいくつものヤシの葉にあたる部分がすべて、砂浜つきの地所となる。パーム・ジュメイラは、上空から見て意匠がわかる形となるよう意図的に設計された初めての人工島となるのだ。この島によってドバイの海岸線は2倍以上に延びるだろう。新たに加わる海岸線は78キロメートル、うち61キロメートルが砂浜である。

ムハンマド首長は島の造成にあたり国営企業を立ち上げた。社名はナキール、アラビア語でヤシの木という意味である。責任者には、自身の右腕であるスルタン・アハメド・ビン・スレイヤムを就任させた。このナキール社が土地の造成を依頼した先はファン・オールト社だ。オランダの歴史ある企業で、浚渫と埋め立てに関して世界でも最大規模である。（オランダはこの業界では何世紀にもわたる経験があるのだから当然の選択だろう。）

ドバイは世界最大級の砂山――アラビア半島に広がる、「空白の地域」を意味する名のルブアルハリ砂漠――のはしっこにある。しかし、砂漠の砂は、コンクリートの材料として不向きであるのと同様、埋め立て用途にも適していない。砂の粒が丸みを帯びすぎているため粒同士がしっかりくっつかないのだ。幸運なことに、ドバイの反対側には埋め立てに適した砂が大量にある。問題は、それがペルシャ湾の底にあるという点だけだ。

だが、ファン・オールト社にとっては問題ではなかった。自家発電式・自動誘導式の測量船を送り、近辺の海底からコア試料を採取して、化学組成や有機物の含有量や圧縮強度が埋め立て用として適切である砂を探した。条件に合致した砂の堆積が沖合10キロメートルの場所で発見されるとすぐに[18]、浚渫船の艦隊がGPSに誘導されて土取り場となるポイントへと向かった。それぞれの船から巨大なパイプが海底へと降ろされる。パイプにはふるいがついていて、拳《こぶし》より大きいものを通さないようになっており、砂は吸い上げられて船倉に納められた。

そして各船は岸へと方向転換し、GPSに従ってパーム・ジュメイラの予定地に到達すると、船底にある船倉の扉を開いて単純に砂を落とした。このプロセスを何度か繰り返すうちに、やがて積もった砂の量が増えすぎて船底からは砂を落とせなくなる。この時点から方法が変更され、船は数百メートル離れた場所に泊まって、大砲のようなホースを斜め上に向けてすさまじい勢いで土砂を吹き上げるようになる。土砂が弧を描くこの方法は「レインボー方式」と華やかな名前なのだが、実情は「1秒あたり5トンの砂と水を空中に噴射する方式」である。可動式ノズルと化したこれらの船は、再びGPSの誘導に従って、砂を噴き出す巨大なスプレー缶よろしくヤシの形を描きあげた。

ある意味で、ペルシャ湾はこのようなプロジェクトに特別に適している。水深は浅く、最も深いところでもせいぜい90メートルなので、海水面の上まで砂を積み上げることが割と簡単にできるのだ。さらに、内海であり比較的穏やかで、砂の堆積を侵食するほどの波はめったに立たない。

しかし、砂の城をつくったことがある人ならわかるだろうが、砂粒を積み重ねるだけではかなり緩いつくりになってしまう。上に何万トンものビルを建てるつもりならば、これでは困る。この新たな土地を固めるためにファン・オールト社は振動締固めという工法を使った。クレーンを使って太い金属製の槍を砂の奥深くまで何本も突き刺し、それを振動させる。振動によって砂粒は飛び跳ねて動き回り、粒同士のあいだの隙間へと潜り込み、互いにかみ合って動かなくなるので、砂全体がより高密度で固く締まった構造へと変わる。また、砂全体の体積が小さくなるので、振動締固めの後でさらに多くの砂が追加される[19]。8カ月以上にわたった作業期間で、20万個以上の穴が島の表面に空けられた。

パーム・ジュメイラがついに2005年に完成したとき、約1億2000万立方メートルの砂が積み重なって島が形成されていた。島全体は防波堤によって囲まれているが、この防波堤もさらなる砂の上に岩が重ねられたものだ。この島に使われた砂と岩を全部あわせると、地球を1周する高さ約2メートルの壁をつくれるほどの量となる。

奇抜な人工島プロジェクト、ザ・ワールド

パーム・ジュメイラには同じくらい驚かされる事実がもう1つある。ナキール社は島の造成前に、島の上の全区画を完売していたのだ。2001年5月、島の予定地にまだ海水しかなかった頃、ナキールは販売開始を宣言した。売りに出されたのは、幹の部分に沿ったビーチに面する2500のアパートメントと、葉の部分の2500の個人用別荘だった。最も安い別荘はベッドルーム4室の「ガーデン」で120万ドル、ベッドルーム6室の「シグネチャー」になるとさらに値が張った。どの別荘にも2台分の駐車スペースに、もちろんメイド用の部屋が1室と、裏口を出た先にある1区画分の砂浜がついてくる。少なくとも、建築家の図面ではそうなっていた。実際にはまだ何も建てられていないのだ。クレーンはこう書いている。「完璧に整えられた口ひげをたくわえ、礼儀作法が体に染みついている優雅な男、ビン・スレイヤムは、購入を検討している人が訪れると自分の高速モーターボートのエンジンを始動させて、投資家を沖合2・5キロメートルのポイントまで連れて行った。(中略)そしてエンジンを止める。〝あなたの別荘はここになります〟とペルシャ湾の波に揺られながらビン・スレイヤムは顧客に言う。〝では手付金をいただきましょうか[20]〟」。こうして72時間のうちに区画は1つ残らず売約済みとなった。

それらの別荘の建設が実際に始まったのは、数年後のことだ。4万人の作業員が投入されて、

ガラスやコンクリートへと形を変えたさらに何百万トンという砂が所定の位置へと配置された。

個人で購入した者もいれば不動産業者もいたが、彼らの出身国はおよそ30カ国にわたっていた。3分の1は湾岸諸国の人々、4分の1はイギリス人（デビッド・ベッカムもこの枠だ）、そしてオーストリア人が少なくとも1人いた——ジョゼフ・クラインディーンストである。

クラインディーンストが初めてドバイに来たのは2002年のことだ。ドバイの不動産市場が外国人にも開かれたことが、儲け話を探していた彼のアンテナに引っかかったのだ。彼は18年間ウィーンで警察官として働き、本人の言によるとその職を気に入り、監察官にまでなった。政治にも関わり、極右政党であるオーストリア自由党に参加し、それと提携する警察労働組合の組合長も務めた。だが2000年に派手な形で離党した。『私は告白する（Ich gestehe）』という本を出版して、そのなかで政党の主導者たちが警察を買収して機密情報を違法に得ていたと告発したのだ（この告発について政党は否定している）。

警察官として働きながらも、彼は副業として不動産を扱っていた。子どもの頃から、父親と祖父が土地を売買するのを見ていたのだ。1990年代の初めにヨーロッパで共産主義が崩壊し、オーストリアの東隣の国々が突如として経済を自由化したとき、クラインディーンストはチャンスの扉が大きく開くのを感じた。ハンガリー警察に勤める友人たちと協力して、ブダペストでかなりの土地を購入した。「かなりいい儲けになりましたよ」と彼は話した。1999年までには警察を辞めて不動産業に専念し、会社を設立した。現在のクラインディーンスト・

グループである。同社は現在、中欧全域のみならず、パキスタンやセーシェル、南アフリカなどの不動産にも投資している。だが、クラインディーンストが自らの野心に真にふさわしい舞台として選んだのは、ドバイだった。２００３年から現地での事業を開始し、それ以来、彼の会社はドバイでさまざまなアパートメント、オフィスパーク、ホテルなどを開発してきた。

「パーム・ジュメイラでは別荘を50棟、購入しましたよ。当時は砂しかありませんでした。もっと買いたかったんですが、もう何も残ってなかったんです！　私たちは数日、出遅れてしまったものでね」

パーム・ジュメイラの大当たりを受けて、形は同じようにヤシの木で、面積はもっと広い島をさらに2つ——パーム・ジュベル・アリとパーム・デイラを——造成するという計画がすぐに発表された。だが、その頃には、ペルシャ湾の海底からあまりに大量の砂を浚渫してしまっていたため、残った砂粒の質が落ちており、振動締固めを追加で行うための時間とコストがさらに必要となった[21]。だが問題にはならなかった。21世紀初めの浮き足立った経済状況にあって、土地は際限なく造成されて買い取られるかに思われた。

そうしてナキール社が取り掛かったのが、最も奇抜なプロジェクト——ザ・ワールドである。別荘を買うどころではない。国を丸ごと購入できるというのだ。

ザ・ワールドの建設は２００３年に始まった。３億２０００万立方メートルの砂を使って、10平方キロメートルを超える土地がつくられ、ドバイの海岸線は２３２キロメートル長くなる。

この計画を立てた者たちは、ザ・ワールドの島々に30万人を収容できるようにしたいと考えていた。パーム・アイランドの場合はナキール社が建物やインフラの多くの建造を行ったが、ザ・ワールドの島々は何もない状態のまま、開発者自身が夢を実現するための白いキャンバスとして販売されることになった。プロジェクトへの投資費用は、推定140億ドルである。

「ザ・ワールドとは、何千万ドルという価値のあるブランド物の砂だったんです」とアドナン・ダウッドは言う。彼が詳しいのは当然で、ザ・ワールド建設中の何年間にもわたってマーケティングと広報を担当し、ザ・ワールドというアイデアを世界に売り込むことを任されていた人物なのだ。2003年、マーケティングの学位を取得してカリフォルニア州立大学フラトン校を卒業したばかりの彼は、地元のタイル会社で単調な仕事をしていた。ドバイはその最も壮大なプロジェクトに着手したところで、ダウッドは、もしそれに参加できれば、南カリフォルニアで床タイルを売るよりもずっとエキサイティングに違いないと考えた。彼はナキール社に自分を売り込んで、上向きの波に乗ったのである。

現在30代半ばのダウッドは、アメリカで教育を受けたインド系のイスラム教徒だ。2歳のときに家族とドバイに移住した。2009年にナキール社を去ったが、働いていた当時のことを喜んで話してくれる。あの頃に動かしていた大金と、セレブたちと、華やかさのことを。

ダウッドがナキール社で働き始めたのは2005年のことだ。まだ砂の浚渫が行われているところだった。島のサイズは1・2ヘクタールから4ヘクタールを超えるものまであり、価格は1500万ドルから5000万ドルまであった。だが、売れ行きは振るわなかった。「ロゴはありました。呼び名は決まっていましたからね。ですが、それだけでした」とダウッドが言う。「戦略がなかったんですよね」。彼はうまみの大きいターゲットに狙いを絞ることにした。金持ちで権力がある者の虚栄心を刺激するのだ。「あなたには購入できないでしょうねと言うようにしたんです」。ナキール社は、本人の「業績」に基づいて選ばれた者だけが島を購入できるとし、1年に50名しかオファーしないと宣言した。「これは2006年、2007年のこと、当時はエゴと富とが度し難く結びついていました。〝島をあなたのものにできませんよ〟と言われると、誰もが欲しがるようになったんです」

ダウッドと彼のチームは、すでにすべてを所有している上位1%の富裕層のための究極の高級住宅として島々を売り込んだ。ジェームズ・ボンドの悪役がもっているような、プライベートな島の小国家だ。彼らはその魅力を誇張して、選ばれた者だけが独占するという幻想を膨らませた。写真家アニー・リーボヴィッツを引き込んで、ザ・ワールドの島でロジャー・フェデラーの写真を撮影してもらう。また、マイケル・ジャクソン、マルコム・グラッドウェル、ダナ・キャラン、ドナルド・トランプの息子エリックなどのセレブたちを島に案内し、それを広くメディアにアピールする。ダウッドがこういった戦略を詳しく語るとき、その両側に離れた目には、こすっからい表情が浮かんでいた。マスコミは、誰がどの「国」を手に入れるのかという憶測で賑わった。特に沸いていたのが「イギリス」の購入者についてだった。そこでダウッドは、注目を集めるのが大好きな億万長者のリチャード・ブランソンが自分の航空会社の宣伝でドバイにやって来ると聞きつけると、彼に一石二鳥となるアイデアをもちかけた。ダウッドはたくさんの外国人記者をかき集めて、ボートでザ・ワールドまで連れて行った。ヨーロッパの北の辺りに近づくと、波打ち際の砂の上にイギリスの典型的な電話ボックスがあることに記者たちは気づいた。突然そこからブランソンが飛び出してくる。イギリス国旗の柄のスーツを身にまとい、さらにはイギリス国旗を手にもって頭上で大きく振っている。この映像によって、ザ・ワールドとヴァージン・グループの両方がメディアに大きく取り上げられることとなった。「面白いのは、ブランソンが立っていたのは実はデンマークの島だったことです」とダウッドは言った。「イギリスはまだつくられてもいなかったんですよ!」

有名人の話題を利用するのは注目を集めるために非常に有効なので、ダウッドはあるとき地元のニュースサイトにブラッド・ピットとアンジェリーナ・ジョリーがエチオピアの島を購入しようとしていると漏らした。そして、大手メディア数社に連絡して、そのニュースサイトの匿名情報源にもとづくとされた記事を彼らが確認するよう仕向けた。数日のうちに、CNNから『ピープル』誌まで、夫妻が最近「アフリカ」に小旅行したと嬉々として報じていた。結局のところ、誰にとっても、その話が完全なでっちあげであろうがなかろうが大したことではなかった。

ナキール社にとって重要なのは、ザ・ワールドの島々が売れ始めたということだ。2007

年までに、およそ7割の島が売れた。2008年、マーケティングを専門とするカナダ人のローレン・マクドナルドはペプシコのロンドン支社で働いていたが、驚くような仕事のオファーを受けた。ナキール社がザ・ワールドの仕事をしないかと打診してきたのだ。給料は3倍になり、しかもドバイでは所得税がかからない。悩む必要すらないように思われた。

だが、その直後に2008年の金融危機が生じた。彼女はこう話す。「ナキール社と契約を結んだ3週間後に、リーマン・ブラザーズが破綻したんです。私はナキール社に何度も電話をして、〝ひどい状況になっているようです！〟と言ったんですが、彼らは〝問題ありませんよ〟と返すだけなんです。結局、3カ月のうちに、会社の従業員は4000人から600人にまで減らされました。私は1年半そこで働きましたが、翌日にも仕事はあるのか、ずっとわからない状況でしたね」

彼女はどうにか2つの島をそれぞれ数千万ドルで販売したという。台湾をイタリアのホテル経営者に、アイスランドをドイツ人に売ったのだ。「2人とも桁外れのお金持ちで、値引き価格になっているから買い時だと考えるような人たちでした」

ザ・ワールドが軌道に乗り始めたと思ったら、その動きを支えていた現金の流れが突然に枯れてしまった。外の現実の世界で、2008年の金融危機によって何十億ドルという投資資金が消えてしまったのだから。ペルシャ湾のまんなかにあるむき出しの砂の山は、結局のところ大していい投資にはならなさそうだと、風向きが突然変わった。ドバイ全体の不動産市場はものの見事に落ち込んだ。ドバイ経済の低迷は深刻で、その後、隣の富裕なアブダビから100億ドルを借りるなどしている。

ナキール社は従業員を何百人も解雇し、そのなかにダウッドも入っていた。同社への汚職捜査が行われ、重役の何名かが逮捕されて、少なくとも2名が実刑判決を受けている。

人工島の建設は実質的に頓挫《とんざ》した。パーム・ジュベル・アリ造成用の砂はすべて目的の場所に置かれたが、それがプロジェクトの限界だった。大量の砂が芸術的な形に整えられただけで、道路1本、建物1つ、そこにはない。パーム・デイラの予定も保留となった。そして、全世界《ザ・ワールド》の動きは止まった。

開発業者は破産した。数百万ドルの不渡りを出して刑務所行きとなった者もいる。投資家たちは、建てられることのなかったホテルや別荘をめぐる訴訟を起こした。そして、少なくとも1人が自殺している[22]。クラインディーンストの会社も破産寸前となった。彼は2010年に『デイリー・メール』紙に次のように語っている。「とても苦しい時期でした。親しい友人たちを解雇せざるをえなかったのです。〝みんな、別の仕事を見つけてくれ〟と言うしかありませんでしたが、別の仕事などどこにもないことは彼らにもわかっていました。多くの人にとって、ドバイ・ドリームは終わったのです」

土地造成と生態系の破壊

だが、自然環境に関心のある人々にとっては、それは悪夢からのつかの間の休息といえる出来事だった。水のなかに土地を新たに造成するのはいい商売になるのかもしれないが、生態系にとっては大きな負担である。「埋め立ては、ペルシャ湾に害を及ぼす3大要因の1つなんだ」。そう話すのはニューヨーク大学アブダビ校の海洋生物学者、ジョン・バートだ。長年にわたってペルシャ湾の生態系を研究し続けている人物である。

第一に、海底から大量の砂を引きあげることにより、そこで生きていたあらゆるものの生息地が破壊される。「土取り場を技術者たちはボロウ・エリア（borrow area）と呼ぶくせに、彼らは借りた（borrow）ものを決して返しはしないんだ」とバートは言う。「環境悪化に関して、彼らは回りくどい立派な用語をたくさん用意しているからね」。ボロウ・エリアは通常は目立つ生物がほとんどいない単なる砂底である。「単に記録されていないだけで、生命体がいるのは確実だよ」

これらの浚渫事業により堆積物全体がかき回されると周辺の水が濁るのだが、その濁りがなかなか引かないことがある。フロリダでの養浜プロジェクトを悩ませているのと同じ問題が、さらに大きな規模で生じているのだ。水の濁度、つまり水中にとどまる砂やシルトの量が増えると、魚や甲殻類、そのほかの生物を窒息させることになりかねない。さらに、海中深くにいる植物に日光が届かなくなってしまう[23]。これを懸念するのはバートのような学者たちだけではない。インドネシア東部で進められていた島を造成するプロジェクトは、浚渫により地元の水産資源が枯渇することを危惧した地元漁師の抗議を受けて、2017年初めに中止されている。

浚われた大量の砂が何の上に落とされるのかという問題もある。パーム・ジュメイラがつくられたのは平らな砂底の上だった。だがパーム・ジュベル・アリの場合、島をつくるための何億トンもの砂が、約8平方キロメートルのサンゴ礁の真上に放り出されたのだ[24]。保護地域に指定されていたサンゴ礁だったのに、そういった配慮はペルシャ湾の開発にあたっては後回しにされやすい。近くのバーレーンでは、もっと大きいサンゴ礁がほぼ完全に破壊されており、その原因の大部分は土地の埋め立てにある[25]。さらに、ペルシャ湾でのさまざまなプロジェクトによって、カキの生育環境や海草藻場が埋められている[26]。

また、これらの人工の陸塊によってペルシャ湾の潮流のパターンが変化したため、元々あったビーチに砂が運ばれなくなってしまった。その結果、ドバイは近年、建設現場からトラック輸送した砂を使って本土にあるいくつかのビーチを養浜するのに何百万ドルも費やさねばならなくなっている。

「人類は海岸線を延ばし続けるだろうが、もっと持続可能な方法はあるんだ」とバートは言う。「だが、1世代か2世代のうちに、ペルシャ湾岸の生態系の大部分が失われるだろう。私はアラブ首長国連邦の市民ではないけれど、もしそうなら、子どもや孫のために何を残そうとしているかを考えると、冷静ではいられないだろうね」

ナキール社の広報担当を務めるブレンダン・ジャックは、勢い込んで、同社は環境に配慮しているのだと私を説得しようとし始めた。今はパーム・ジュベル・アリの底に埋まっているサンゴ礁だが、その一部は移植されていること、利害関係のないコンサルタントを使って最小限のダメージで砂を採取できる海域を探したこと、ファン・オールト社に依頼して、浚渫によるシルトの拡散を抑えるために水中に汚濁防止幕を設置したことなどを聞かされた。さらに、思いがけないこととして、島の周りにめぐらせた防波堤の岩場には、今ではあらゆる海洋生物が生息しているということも。

「確かに、影響はありますし、以前と同じではなくなりました。しかし、どんな建設にでもそれは言えることですよね。地球上のあらゆる場所での人間の活動を反映しているにすぎません。必ず賛否はあります。我が社では、影響を最小限に抑えたうえで、利益が最大限となるよう努めているのです」

ジャックの仕事は雇用主の事業を説明したり弁解したりすることではあるが、確かに彼の言うことにも一理ある。どんな種類の開発でも環境に負荷がかかる。こちらではサンゴ礁が消え、あちらでは魚の生息地が失われて、それは悲しいことかもしれないが、世界はそれを許容できるのだ。そのような局所的な影響にだけ注目していては、木を見て森を見ずということになる。

より大局的な疑問とは、次のようなものだ。ドバイが象徴し、また体現している全体としての生活スタイルに――空調が整備され、車に依存し、エネルギーを浪費し、資源を大量消費する「よい暮らし」に――地球は対処できるのかという問題だ。これを念頭においたうえで、アラブ首長国連邦の住民1人あたりの水や電気の消費量と廃棄物の量が世界でもトップレベルであることを知っておくべきだろう。この砂漠の民たちは、1人あたり1日に550リットルの水を使用しており、これは世界で最も多い量である[27]。

そうこうするうちに、世界的な景気回復により、再び大金が動き始めた。クラインディーンストの顧客の投資家たちも戻ってきて、2013年に建設が再開された。他の島々もまた、息を吹き返したようだ。パーム・ジュベル・アリは2015年の末にはまだ保留状態だが、改名されてデイラ・アイランドとなったパーム・デイラは、島上での建設作業が進行中である。開発計画は縮小され、より保守的な設計となり、マリーナ、ホテル、アパートメント、数千平方メートルのモールなどの建設が予定されている。2017年初めには、新たな投資家グループが人工島を新しく2島造成する計画を発表した。これにより、ドバイの海岸線がさらに2・3キロメートルほど延びることになる。

ザ・ワールドからの帰りのヨットで、私たちは、上部デッキにあるバターのように滑らかで柔らかな白革のソファにゆったりと座り、太陽の光と暖かい風を楽しんだ。白い制服を着た品のよい若い女性が、細長いシャンパングラスにモエ・エ・シャンドンを注いでくれる。果物やナッツ、オリーブ、そしてどういうわけかドリトスが入ったいくつものボウルがあちこちに置かれていた。（ドリトスを数枚かじってみた。ドリトスとシャンパンの組み合わせなんて、めったにお目にかかれないからね。）

私はクラインディーンストに最後の質問を投げた。「多くの海外メディアや、ここドバイの人たちにさえ、ザ・ワールドは笑われています。アイデア倒れのお笑い種《ぐさ》なんじゃないかって。そういう声が気になりませんか？　そういう風に考えることは？」

クラインディーンストはしばらく黙り込んだあと、近代ドバイの短い歴史を簡単に振り返ることで私の問いに答えた。「現首長ムハンマドの父親のラーシド首長は、ジュベル・アリ港の建造を決意しました。この港を建てると決めたとき、国民からはどうかしているのではないかとの声が上がったんです。そんな巨大な港をここにつくってどうするのか、とね。その港が、今では世界でも最大級かつ最も利用されている港のひとつになりました。港に隣接する自由貿易地域には2000社を超える企業が集まっています。この港はドバイ成功の土台となったんです。今日では、ラーシド首長を笑う者など誰もいませんよ。人々が（ハート・オブ・ヨーロッパの）建造を見れば、笑う者はいなくなるでしょうね」

その翌日、私はパーム・ジュメイラを見に行った。ドバイにある人工的な水上の楽園の、唯一の完成版だ。今までよりもさらに手の込んだ形へ、さらに華やかな状態へと変化し続けている。豪華になったホテルのいくつかを見たあとで、私はキャリー・ハートの自宅を訪問した。

細身の優雅な企業家で、イベントのプロモーターであり、バーニング・マンへの献身的な参加者にして、ミネソタ州の出身である。石油トレーダーの夫と2人の小さな子どもを連れて、数年前にドバイに移住した。

彼女の家はパーム・ジュメイラのFの葉の部分にある、床が大理石張りの邸宅だ。プールサイドのベランダでミントティーを飲み、手の込んだ小さなペストリーをつまむ。数メートル先には人工のビーチがあり、金色の砂浜がゆるやかに傾斜するその先に待っているのは、ペルシャ湾のターコイズブルーの海だ。海を挟んで数百メートル先には隣のEの葉が延びている。同じようにビーチで縁取りされていて、この家と同じく贅《ぜい》を凝らした家が並んでいる。さらにずっと向こうには本土があり、ドバイの高層ビル群がそびえている。

ハートと夫は、ドバイの温暖な気候、街の安全性、全体的に質の高い生活に魅了されて、それまで暮らしていたロンドンから移住してきた。「パーム・ジュメイラを選んだ理由？　海のそばで暮らせるのに砂漠に住む必要はないでしょう」。子どもたちは私立学校に通い、ドバイ・モールの屋内リンクでアイスホッケーをしている。住環境はとても安全だ。それぞれの葉の部分にはゲートがついていて守衛が監視している。彼女が最も心配しているのは、葉の部分に1本通っている道をフェラーリやランボルギーニでかっ飛ばすのが好きなワイルドな隣人たちの車に、子どもがはねられはしないかということだ。

このような楽園を用意するのも、何もないところから土地まで含めて丸ごとつくるのであれば簡単だ。パーム・ジュメイラでは、空気以外はすべて人工物である。歩いている足の下の土地も、海水の塩分を除去してつくった飲み水も、輸入された食べ物も、あらゆるものは人の手によってここに運ばれ、あるいはここで製造されたものだ。そして、その大部分は砂である。砂によって足もとの地面はつくられ、周囲の壁がつくられ、自分のビーチを見通せるスライドドアの板ガラスがつくられているのだ。

「とにかくここが大好きなの」とハートは言った。「これ以上のものは望みようがないわ」

砂を巡って高まる国際的緊張

ドバイでは、水面下の砂が人工の土地へと変わることで、開発者の懐が潤い、裕福な購買者が幸せになる。だが、ここから数千キロメートル離れた場所では、これと同じプロセスによって、世界最強の2国間の極度に危険な対立が生じている。

南シナ海の、中国の南岸から約800キロメートル離れた海域は、熱い論争の的となっている。南シナ海での漁獲量は世界の約1割を占めているが、おそらくそれよりも重要なのは、海底に10億バレルを超える石油と数兆立方メートルの天然ガスが眠っているということだろうか[28]。さらに、この海域は世界で最も混み合う航路の1つでもある。よって、当然ながら、この近辺のすべての国――中国、台湾、ベトナム、ブルネイ、マレーシア、そしてフィリピンが、スプラトリー（南沙）諸島と呼ばれる、この海域に散らばるように存在する岩礁や砂州の領有を主張している。

1970年代以降、それらの国の多くは、自国の主張を補強すべく、海底から浚渫した砂を使ってそれらのちっぽけな島礁を1つまた1つと滑走路を建設できる大きさへと拡張してきた。これらは比較的小規模であって、2014年までで最も広範にわたる埋め立てを行ったのはベトナムだが、複数の前哨基地を合計で約24ヘクタール拡張した[29]。

中国はスプラトリー諸島の7カ所を押さえている（なかには1988年の武力衝突でベトナムから奪ったものもある。この衝突では数十名の兵士が死亡した）。この中国が、さらに主張を押し通そうとし始めた。

近年中国では、国家の指導のもと、道路網と鉄道網、都市部のインフラ、そして実質的に経済活動のあらゆる面が大幅に拡張されつつあるが、それと同時に、外洋向けの世界最大級かつ最新技術が盛り込まれた浚渫船の艦隊がつくられている。外国からも購入しているが、自国製の船を増やしている。中国の1年あたりの浚渫能力、つまり水面下から浚渫できる土砂の体積は2000年時と比べると3倍以上となり、10億立方メートルを超えた。これは世界第1位の浚渫能力である[30]。

艦隊が誇るのは、自走式カッター吸引浚渫という先端技術である。船底から出て海底まで達するブームアームが搭載されており、アームの先端に堀削用のヘッドが——歯で覆われた巨大な鉄球が――ついている。鉄球が転がりまわると、その歯が、砂や岩や海底にあるものすべてを噛み砕いて、それと同時に内蔵のポンプが船へと土砂を吸い上げるのだ。この土砂は、海面に浮かぶ排送管を通して圧送される。この排送管は何キロにもわたる長さにすることが可能で、岩礁や砂州まで届き、そこに土砂が積み重ねられて新しい乾いた土地が造成されるのだ。中国で最も強力なアジア最大の浚渫船は2017年に進水した。「島造成の神器」とも呼ばれるこの船は、毎時6000立方メートルの砂などの物質を35メートルもの深さから吸い上げることが可能だ[31]。

このように砂を巧みに扱い移動させる技術は、中国にとって、国政の強力な手段となっている。2013年終わりには、中国政府は艦隊を送り出し、スプラトリー諸島にいくつかある領土を拡大する作業に着手した。衛星画像を見ると、船は排送管を尻尾のようにくっつけてぶらぶらさせているので、拡大する島礁という卵子から離れていこうとする混乱した精子の群れのように見える[32]。18カ月のうちに、これらの船によって約1200ヘクタールの土地が新しくつくられた。これは、領有を主張する他の国々が過去40年間にわたり島礁に追加してきた全面積の17倍にあたる[33]。

この事実上の領土拡大について、フィリピン政府とベトナム政府から、アメリカ政府に警報が発せられたが、これにはいくつかの理由がある。1つには、こういった土地造成は、周辺の環境を破壊するおそれがあることだ。中国が実効支配する7つの岩礁それ自体に生息するサンゴとさまざまな生物のほとんどは、当然のことながら、上から投棄された大量の砂によって破壊されている。さらに、浚渫によって砂などの堆積物が攪拌《かくはん》されて周辺何キロにもわたる海水が濁り、近くの他の岩礁にも害が及んでいるが、これらの岩礁は無数の魚、絶滅が危惧されるオオジャコガイ、ジュゴン、数種のウミガメなどの生息地なのだ。2016年、南シナ海における中国の活動に対するフィリピンの訴えを受けて召集された国際裁判により、次のような判決が下されている。「中国による人工的な島の造成は（中略）海洋環境に対して破壊的かつ長期的に影響の残る被害をもたらしている[34]」。あるアメリカの海洋生物学者は「サンゴ礁海域の取り返しのつかない喪失が人類史上最も急速に進んでいる」状況だとしている[35]。

だが、この島の造成による環境への影響よりもさらに不安をかき立てるのは、その地政学上の影響だ。砂が乾くやいなや、中国はスプラトリー諸島に軍事基地を建設し始めた。ミサイル迎撃兵器、軍用機に対応した滑走路、アメリカ政府筋が考えるところによれば長距離の地対空ミサイル発射装置の収容を目的として設計されている施設、そして原子力潜水艦が寄港できると思われる港などを、武装部隊が島に設置しているのだ。「近隣諸国にとっては深刻な懸念となっています」こう話すのは、南シナ海の専門家である戦略国際問題研究所のグレゴリー・ポーリングだ。「いまや、中国の空軍基地と海軍基地がすぐ隣にあるのですから。中国は実効支配を確立しているので、国際社会が何を言おうと気にしないのです」

中国政府の攻勢はスプラトリー諸島にとどまらない。南シナ海にあるやはり小さな島礁の集まりであるパラセル（西沙）諸島にも新たな領土を造成し、滑走路とミサイルの砲列を設置して、さらには電力供給源としての浮体式原子力発電所の建設が計画されているという[36]。また、中国政府の覇権拡大という目論見を示す兆候は他の場所でも見られる。2017年には中国初となる海外基地の運用がアフリカのジブチ共和国で開始された。この基地は土地の埋め立ては不要だったが、将来的には埋め立てが必要となる場所に基地がつくられるかもしれない。砂で地形を変える力を中国が新たに手に入れたということは、友好国の港に中国の軍艦が寄港できるよう、必要に応じてそれらの国々の海岸や島の形を変える可能性があるということなのだ。

スプラトリー諸島は、中国とアメリカ、太平洋地域におけるアメリカの同盟諸国のあいだで、大きな火種となっている。「中国は浚渫船とブルドーザーを使って、砂で万里の長城をつくろうとしている」。2015年の演説で、当時のアメリカ太平洋軍司令官ハリー・ハリス海軍大将はこう表現した[37]。同年、建造中止を求めるアメリカの要請をはねつけて中国は宣言した。「南シナ海の島々は中国の領土である[38]」。オバマ政権はこの海域に対して空と海から巡視活動を行い、これに応じた。

そして、トランプ政権の初期には、緊張がこれまでないほど高まった。レックス・ティラーソン国務長官は、自身の指名承認公聴会において、中国によるスプラトリー諸島の造成をロシアのクリミア侵攻になぞらえた[39]。そしてこう付け加えた。「我々は中国に対して、まずそうした島の建設中止を要求し、第二にそうした島々を利用させせない姿勢を示さねばならない」。

これに対して中国の国営メディアは、トランプ政権が島々を封鎖しようとするならば「中国と米国のあいだの大規模な武力衝突へと至るだろう」と警告した。

当時トランプの上級顧問の1人であり国家安全保障会議のメンバーでもあったスティーブン・バノンは、この展開を歓迎するようだった。トランプの選挙キャンペーンに正式参加する数カ月前、バノンは自分が司会するラジオ番組で、中国は「砂州《さす》を奪い、言わば不動の空母をつくりあげてミサイルを置いた」と言っている。彼の結論はこうだ。「我々は5年から10年以内に南シナ海で戦争をするだろう。これは確実なことだ[40]」

砂の軍隊のために、世界の2大強国に属する人間の軍隊が武力衝突へと向かっているのかもしれない。砂はさまざまな形で人間を助けるが、同時に人類を危険にさらしかねないものでもあるのだ。この観点から、私たちはまた砂漠へと戻ることにしよう。

こぼれ話

戦う砂愛好家《アレノフィル》

インディ・ジョーンズを別にすれば、命知らずにもナチスと戦う科学者はそう多くはないし、砂の専門家に限ればさらに少ない。実際には、おそらくたった1人だけだろう。その人物とは科学者であり軍人でもあるラルフ・バグノルドである。サハラ砂漠の探検家で、砂の物理を研究した学者であり、第三帝国を苦しめた人物だ。

1920年代にエジプトへと赴任した英国の若き陸軍将校バグノルドは、砂漠にすっかり魅せられた。空いた時間には、自国流儀を貫くイギリス人らしく、暑い気候ものともせずに勤勉に立ち働いてT型フォードに手を加えた。砂のなかを走れるようにと、特大のラジエーターを載せて低圧タイヤをとりつけるなどさまざまな改造を施し、ヨーロッパ人の誰よりもサハラ砂漠の奥深くまで探検に出かけられるようにしたのだ。こうして彼は、この轍《わだち》のない土地についてすっかり詳しくなった。

そうこうするうちに第二次世界大戦が勃発する。エジプトのイギリス部隊と、リビアにいたイタリアとドイツの部隊のあいだには、サハラ砂漠が広がっていた。突如としてバグノルドの酔狂な趣味が強力な武器となった。サハラ砂漠に関する比類ない知識をもつバグノルドは少佐に任命され、エリート部隊の創設を任されることとなった。バグノルドが結成した長距離砂漠挺身隊は、イギリスやニュージーランド、ローデシア（現在のザンビアとジンバブエ）、インド、その他にも大英帝国のさまざまな植民地出身の志願兵数百名が所属する部隊であり、1940年9月にその活動を開始した。「私は完全な自由裁量権を与えられていた。（中略）目的は、リビアのどこかで騒ぎを起こすことだった」彼は後にそう書いている[41]。

バグノルドの兵士たちは、地図もない砂の広がりのただなかへと踏み込んだ。トラックには、数週間は行軍できるだけの食糧と水と弾薬が積み込まれている。彼らの見た目はまるで砂漠の海賊のようだった。アラブ式に布で頭を覆い、ひげは伸び放題、サソリの紋様の記章をつけていた。敵陣から何キロも離れた地点で、カムフラージュして砂丘のあいだに身を隠し、敵部隊の動きを監視して、カイロのイギリス軍にその情報を無線で送った。また、枢軸軍の護送部隊や飛行場に電撃的な奇襲をかけては、広大なサハラ砂漠へと引き上げて姿を消す。さらには、通り抜けられないと思われていた砂漠の案内役となって、連合国軍による奇襲を可能とし、「砂漠の狐」と呼ばれたナチス・ドイツの陸軍元帥エルヴィン・ロンメルを打ち破るにあたって大きな役割を果たしたのだ[42]。

1943年に枢軸国がアフリカで降伏した後、長距離砂漠挺身隊はギリシャやイタリア、バルカン半島で任務に当たり、第二次世界大戦の終結とともについに解散した。だが、バグノルドの砂への情熱がやむことはなかった。彼は砂の動きの研究において世界でも有数の科学者となり、風に吹かれて飛ぶ砂と砂丘の物理学について決定打となる本を書いている。バグノルドは1990年に亡くなったが、彼の研究は今でも用いられている。NASAの科学者は火星探査の計画にあたり、この本を参照しているのだ。これにはインディも降参するだろう。

第9章 砂漠との闘い

砂が脅威になる時

中国の内モンゴル自治区にあるドロンノール県の、とある吹きさらしの丘の上からの眺めは、想像力をかきたてられるとも、かなりの奇観ともいえるようなものだ。何キロにもわたる灰褐色の乾いた砂漠のところどころに黄色い草が生えている。だが、2016年の春、その丘に立った私の目に映ったのは、近くの丘の中腹に、緑の木々の広大な植え込みがいくつも入念に配置されている、なんともにぎやかな景色だった。木々は幾何学模様を描くように植えられて、正方形やドーナツ型、さらには、三角形がいくつも重なり合っている模様もあった。その下の平地には、定規で引いたように直線状に並べられた松の若木が縞模様をつくっていた。すべてが同じ高さで、まるで戦場へと赴く兵士が整列しているかのようだった。

この地域には中国の国家林業局に属する「緑化事務所」があり、その副所長ズオ・ホンフェイは快活な人物だった（訳註：「国家林業局」は、2018年に「国家林業草原局」へと名称変更されている）。彼が熱心に指し示す先には25メートルに及ぶ展示があり、ドロンノール県のこの地域がわずか15年前にはいかに不毛の地であったかが示されていた。この地に何百万本もの木を植えた大掛かりな緑化活動が始められる前の姿である。写真や衛星画像からわかるのは、土地の大部分が砂漠で、そのなかに点々とひょろ長い木や低木があるだけだったということだ。「これを見てください」とズオが言いながら、半ばまで砂に呑みこまれている背の低い家の前に老人と少女がいる写真を指差した。「家がほとんど砂に埋まっていたんですよ！」

砂の軍隊は私たちにとってかけがえのない味方であり、さまざまな形で、そしてさまざまな場所で、私たちの生活スタイルを支えている。だがこの砂は、私たちに逆らう無情な敵軍にもなりえるのだ。世界中の砂漠にある膨大の量の砂は、都市建設に関してはまず役に立たない。場所によっては、のけ者にされたことを怒っているかのように、都市に対する脅威となっている。

中国の国土の18％を覆う砂地は、急激に拡大している。2006年までは、毎年およそ2500平方キロメートルの割合で、砂漠が有用な土地を呑みこんでいた[1]。これはヨセミテ国立公園の面積に近い広さである。1950年代の毎年約1500平方キロメートルから大幅に加速している。

この問題は、呑みこまれる地域で暮らす人たちだけに関わるのではない。砂漠のかなり近くに住んでいる何百万という人々にも砂の移動は影響する。砂丘の移動によって、農地や、場合によっては村全体の存続が脅かされているのだ。道路や鉄道は飛砂によってしょっちゅう通行止めになる。繰り返し発生する砂嵐によって何万トンもの砂ぼこりが北京や他の都市に吹き込むため、交通が麻痺し、深刻な健康被害が引き起こされている。世界銀行の推定によると、砂漠化によって中国経済は年間310億ドルの損失を被っているという[2]。

そしてこれは中国だけの問題ではない。国連によると、砂漠化によって世界中の2億5000万人に直接の影響が及んでおり、これにはアメリカの一部も含まれている[3]。マリ共和国の、サハラ砂漠の端にあるアラワンというかつて栄えていた町は、今はゆっくりと砂に埋もれつつある。2015年には、レバノンやシリアで大規模な砂嵐が吹き荒れ、12人が亡くなり、呼吸障害により数百名が病院へと運ばれた。また、中国の砂塵嵐によって舞い上がった黄砂の粒子が、はるか遠いコロラド州にまで飛来している。

大規模な気候や地形の変動により、砂漠は何世紀にもわたって常に前進と後退を繰り返してきた。だが現在起きていることはそれとは違う。世界中の砂漠が侵略的な疾病のように広がっているわけではない。むしろ、砂漠周辺の土地の干ばつが進んでいるというのが適切だろう。砂漠化の一因は気候変動にもある。なぜなら、気候変動によって気温が上昇し、土壌に含まれる水分量が減少しているからだ。だが、主犯格は人間である。それも大勢の人間だ。中国の砂漠の大部分が存在する内モンゴル自治区の人口はこの50年間で4倍に増えて2000万人を突破したが、その主な原因は漢民族の流入にある。これらの人々は、薪にするため木を切り倒し、地下水を汲み上げて農地の灌漑や重工業のための用水として使うようになった。家畜の数も6倍に増えて、大量の草を食べてしまう。地下の帯水層が減少するにつれて、土地は干上がっていく。土を固定するための植物の根も、土の重量を増す水分もなくなるので、表土が吹き飛ばされて小石と砂のみが残ることとなる。つまり、私たちは必要な種類の砂を使い果たそうとしているのと同時に、必要ではない砂を生み出しているということだ。

「私たちがこのままのやり方を続けられるのは、これから5年、もしかすると10年といったところでしょう。ですが、その後は、今の調子で土地を失うと完全に行き詰まりますよ」。国連砂漠化対処条約で渉外・政策提言部の部長を務めるルイーズ・ベイカーは、イギリスのある新聞記事でこう話している。「干ばつと砂漠化によって毎分、23ヘクタールの土地が失われています。世界の人口はすでに70億人に達し、2050年までには90億に達すると予測されていますす。より多くの食料生産が必要ですが、生産性のある土地の面積は年々減り続けているのです

［4］」

砂漠化を食い止める防御壁

ゴビ砂漠の南端に位置するドロンノール県は、これまでずっと乾燥した場所だった。しかし、20世紀に過剰農業と過放牧が何十年間も行われたために、広い範囲が完全に砂漠化してしまい、2000年までに面積の87％が砂地となったのだ。状況の深刻さを受けて、2000年に朱鎔《しゅよう》基《き》首相はこの地を訪れて「砂を食い止めるために緑の防壁をつくらねばならない」と宣言した。

そして、彼らはそれを実行に移した。21世紀の最初の15年間で、政府はドロンノール県全域に何百万本もの松の木を植えた。毎年春になると追加で植林している。朱首相の「緑の防壁」は砂を防ぐだけではなく、砂を後退させてもいる。中国政府が公表する統計情報によると、現在までに、ドロンノール県の地表の31％が樹木で覆われたという。「プロジェクト初期の失敗がなければ、もっと緑化は進んでいたはずです」と県の緑化担当者のズオは言う。成長の早いポプラがたくさん植えられたのだが、その大半が枯れてしまったのだ。「当時、私たちには十分な知識がありませんでした。ポプラが必要とする水の量は多すぎることが後からわかったのです」

ドロンノール県の植林プロジェクトは、中国全土で展開されている驚異的な規模のプロジェクトのほんの一部にすぎない。中国は新たな「万里の長城」をつくろうとしている。だが、今回の長城はモンゴル軍の侵攻を撃退するためではない。北部の乾燥地帯からそっと忍び寄る脅威に対抗するためのものだ。この防壁は石ではなく木でつくられつつある。サンフランシスコからボストンまでの距離をつなげられるほどの、何十億本もの木だ。その目的とは、中国の広大な砂漠を押し返すことなのだ。

通称の「緑の長城（Green Great Wall）」が公式に用いられているこのプロジェクトは、1978年に開始されており、2050年まで続けられる予定である。目的は、長さ4500キロメートル、幅1500キロメートルの細長い土地に、3500万ヘクタールの防護林を植えることだ。悪化する一方の中国の環境問題に対処するため、政府は近年、大規模な植林プロジェクトをいくつも開始している。これをすべて合わせれば、確実に人類史上最大規模の植林プロジェクトとなる。

これまでの成果は素晴らしいものだ――少なくとも中国政府の発表によれば。農地や村にとって脅威であった砂地の拡大は、広範囲にわたって抑えられるようになった。中国全土での砂嵐の頻度も2009年から2014年の間に20%減少した。一部地域では砂漠は広がり続けているが、国家林業局という、主だった植林計画を監督する政府機関は、全体として砂漠の拡大を止めただけでなく、砂漠は減少し始めていると主張している[5]。

とてつもないスピードで産業化を進め、記録的なレベルの環境汚染を引き起こしていることで有名な国が、自国を緑化するために桁外れの取り組みを行っているのだから、心強い話だ。

しかし、中国や海外の多くの科学者たちによると、実際の成果は、良くても「ほどほど」で、悪ければ破滅的なものだという。木の多くは、自然の状態では育たないような場所に植えられているので、数年もすればあっけなく枯れてしまう。生き延びたとしても、貴重な地下水を大量に吸い上げるので、自生していた草や低木が水不足で枯れて、土壌の劣化がさらに進む可能性がある。また、政府は、砂漠と闘うプロジェクトの用地を確保するため、何千という農家や畜産家を彼ら自身の土地から強制的に立ち退かせている。

要するに、中国は砂を砂漠へと後退させるための最も野心的な取り組みを開始して、一見それに勝利しているようではあるが、その勝利によって厄介な問題がいくつも生じているということだ。では、その勝利はどれほどの負担をもたらすものなのか。そして、その勝利は継続するのだろうか。

劣化した土地を人工林によって改善しようとしたのは、中国が最初ではない。1930年代、フランクリン・D・ルーズベルト大統領政権下のアメリカ政府はおよそ2億2000万本の木を植えた。これはアメリカ中部の多くの州を襲った砂塵嵐を防ぐための取り組みであり、かなりの成功を収めた。ヨシフ・スターリンも1940年代のソビエト連邦で同様の取り組みを開始し、3万平方キロメートル以上の草原地帯に木を植えたが、20年もしないうちにほぼすべてが枯れてしまった[6]。アルジェリアは1970年代に南部の乾燥地帯に1500キロメートルの「緑のダム」をつくろうとしたが、結果は惨めなものだった[7]。現在アフリカでは、サハラ砂漠の拡大を防ぐべく、大陸を横断する形で中国と同様の緑の防護壁を11カ国が断続的ながらもつくろうとしている。中国と同じく、アフリカで問題を加速させているのは主に人口動態である。サハラ砂漠に接するサヘルと呼ばれる半乾燥地帯の人口は、この60年間で5倍以上に増えているのだ。

しかしいずれも、中国の緑化活動に比肩しうるものではない。中国共産党は1949年に政権を樹立し、実質的にそのときから、正義に基づく信念として、さらには市民の義務として植林を推し進めてきた。本格化したのは「緑の長城」プロジェクトが開始された1978年であり、これは中国政府が経済的な開放政策（改革開放の一環）を始めたのと同じ年である。プロジェクト開始以降、中国では国民の手によって何百億本という木が植えられており、植林面積はカリフォルニア州を超えている。

中国の緑化活動を支えるもの

中国がこれほどの本数をこれほど短期間で植えることができた大きな理由の1つは、これほど多くの工場をこれほど短期間に立ち上げられた理由と同じである。人々が自由に金を稼げるようにしたのだ。政府は今では、革命的な理想主義に頼るのではなく、村人たちに賃金を払って植樹させている。植林のために政府が私有地を賃借している場所もある。起業家は栽培した苗木を政府に売り、成長した木を伐採して木材にしている。中国の公式統計によると、こういったすべての取り組みによって、多くの地域で貧困削減が進んでいるという。さらに、この取り組みから、少数の極端に裕福な人々が生まれた。

王文彪（ワン・ウェンビアオ）はそういった人物の1人だ。ワンが育ったのは、内モンゴル自治区の広大なクブチ砂漠の端にある村だ（クブチ砂漠はゴビ砂漠のすぐ近くだが、厳密にはその一部ではない）。実家は農家でとても貧しく、彼らきょうだいは1年に1度しか新しい服をもらえなかった。家族が暮らしていたのは、砂という敵に向かう最前線だった。風で吹き飛んできた砂粒が、いつも寝床や食べ物に入り込んだ。ワンは言う。「私の子ども時代を強く印象づける2つの言葉があります。それは、砂と貧困です」

砂は今でも彼の生活の重要な一部であるが、貧困はずいぶん前に姿を消した。現在彼が経営する会社は数十億ドルもの収益を上げている[8]。会社の目的は砂漠を食い止めることだけでなく、その活動から利益を得ることにもある。

私がワンに会ったのはある春の日の午前中のことで、億利資源集団（エリオン）という、彼が率いる環境に優しいとされる会社の見栄えのよい北京本社のなかだった。その場には謁見の雰囲気が漂っていた。ワンは陰気な印象のあるがっしりした中年の男性で、ふさふさとした頭髪を後ろに撫でつけて広い額を見せていた。白い革張りの椅子に座り、背後には滝や森が描かれた巨大な絵画が飾られている。周りに並べられた他の白い椅子に着席したのは、私と、私の通訳、すべてについてメモをとる会社の広報担当と、ワン氏が仰られたことを私の通訳がどう解釈したかをひっきりなしに中国語に再翻訳して彼に伝える補佐役だった。

ワンは29歳のとき、中国北東部のクブチ砂漠にある塩と鉱物の採取工場の工場長に任命されて、そのキャリアをスタートさせた。仕事の初日から、彼を悩ましたものが、砂だった。「ジープに乗って採掘場に向かいましたが、門の外で砂にはまりましてね」当時を思い出して言う。「就任にふさわしい歓迎を受けるどころか、作業員たちに来てもらって助けてもらわねばなりませんでした」。彼は、砂と輸送が最大の問題であると気がついた。工場から外の世界へすぐに出られる道がなかったのだ。塩の採取場から鉄道の駅まで直線距離でたった60キロメートルなのに、300キロメートルもの迂回路を使わねばならなかった。ワンは地域政府から資金援助を得て道路を新しく敷き、道沿いに木や低木を植えて砂が道にあふれてこないようにした。これまでに彼の会社はクブチ砂漠の30％――およそ6000平方キロメートル――に植林している。そして、その偉業は国連の目に留まることにもなった。

この防護壁によって道は通行可能な状態に保たれて、塩工場の事業は急成長した。ワンの会社は、化学製品や石炭発電所など他の産業にも事業を拡大し、社員数は7000人を超えている。現在は、環境に配慮した企業として自身のブランドを再構築することで、環境に関心のある現代的な投資家に気に入られるよう努めている。そして、太陽光発電所を運営し、漢方医薬で珍重される甘草《かんぞう》などの砂漠植物を栽培し、年間に何千人ものエコツーリストをクブチ砂漠に呼び寄せようとしている。また、エリオン社は、緑の長城プロジェクトの主要な請負業者でもあり、西部の砂漠から2022年冬季オリンピックの開催地となる北京の北部地域にいたるまで即席の森林をつくりあげつつある。

「緑の大地とグリーンエネルギー、これが私たちの将来への道筋です」とワンは言う。だが突っ込んで訊ねると、会社が上げている年間60億ドルの収益の約半分は、「従来型」の産業、たとえば化学製品の製造や石炭発電所から今も得ていることを彼は認めている。

エリオンの主力プロジェクトはクブチ砂漠での植樹活動である。「砂漠」という言葉は大雑把に使われることが多く、湿度の低い乾燥した土地ならばなんでも砂漠とひとくくりにされがちだ。クブチは、アメリカ南西部のパームスプリングズあたりの砂漠のように、あちこちにサボテンや低木やユッカの木が点在するような砂漠ではない。クブチはその大部分が砂であり、とにかく砂しかない場所なのだ。

エリオンが敷設した道路を通っての移動は、非現実的でなんだか夢を見ているかのようだった。道はアスファルト製の滑らかなリボンのよう、その両側に規則正しく並ぶどっしりした松と細いポプラが、緑色の槍のように砂から真上に突き出している。中国語と英語で書かれたエリオンの巨大看板が数キロメートルおきに現れて、エコな会社の共産主義的スローガンを高らかに謳《うた》いあげる。「エコ文明の促進を」、「緑の砂漠――美しい中国」、「エコロジーは利益を、緑化は繁栄をもたらす」。木々の多くは5年生の子どもの背にも満たない高さだ。大半は、植えられてほんの数年しか経っていない。その緑の帯の外側は、見渡す限り、不毛の砂丘の起伏が続くだけだった。

その道が行き着く先に待っていたのは、会社が所有する、ドーム屋根に覆われた宮殿のような「七つ星のクブチホテル」だった。注意深く水が引かれたポプラの列と緑の芝生に囲まれて、正面には噴水がある。ホテルの敷地には、ありえないことながら、ゴルフコースもあった。ある日、同行していた写真家のイアン・テーが外に出ていたところ、それを見とがめて飛んできたホテルのスタッフから写真を削除するよう求められた。

どうやって砂漠がそれほど多くの木を、しかもゴルフコースまで維持できているのか？　このすべての水はどこから来ているのだろうか。「皆さん、同じ質問をなさいますね」ワンは険のある笑みをちらりと浮かべて言った。木々はこの地域の地下水のほんのわずかな量しか使っていない、と彼は主張した。そして、最大の要因は、彼の会社が実際に雨を降らせていることにあるという。新たに植えられた植物からの蒸散によって、気候はより多湿になったのだと強調した。「28年前には雨量は大体70ミリメートルしかありませんでした。それが最近では、400ミリメートルに達しているのですよ」とワンは言う。「私たちは生態系を変えたのです」

私はこの主張について、この問題と利害関係のない、中国や海外の研究者数名に訊いてみた。全員が、内容について懐疑的だった。それほどの広範囲にわたる植林によって湿度や降雨量がある程度増加する可能性については、彼らも同意した。しかし、5倍以上に増やせるのか？「たわごととしか思えないね」。コロラド大学の研究者で、40年にわたり中国や世界各地の砂漠について研究しているミッキー・グランツの言葉だ。

また、細身で小柄だが威勢のいい、北京林業大学の研究者ツァオ・シーシオンは、シンプルにこう説明した。「利益が懸かると、人は嘘をつくものです。中国政府は植林事業のために年に何百億元も出資していますからね。当然、たくさんの企業が参入したがっています。彼らの関心事は、環境ではなく、利潤ですよ」

ツァオもかつては活動を信じており、国家林業局による陝西省《せんせい》での植林プロジェクトに20年間携わった。「砂漠化と闘うためのとてもよい方法だと思っていましたからね」。だが、彼の植えた木は長期にわたって生き延びることはできなかった。「その原因が政治にあることに気づきました。問題は、植林するために間違った場所を選んでいたことにあったんです」

ツァオや植林事業を批判する人の多くは、事業が、地元のために役立ったケースがあることを認めている。しかしそれはある限られた地域のみであり、これからも続くとは限らない。場合によっては、この事業のせいで事態が悪化している可能性もあるのだ。

たとえば、近年、北京周辺において砂嵐の発生回数が減っているのは事実であり、この喜ばしい変化が緑の長城のおかげだとする研究者もいる。だが、この変化の少なくとも一因は、この数年にわたり中国の北西部の雨量が多かったため砂塵が抑えられて、より多くの植物が自然に成長したことにあるとする専門家もいるのだ。

「どこまでが政府のおかげで、どこまでが自然現象のおかげかなんて、誰にもわかりません」

とシェン・シアオフイは言う。かつて国家林業局で技術者を務め、今は引退している人物だ。

「政府はすべてが自分たちのおかげだと言うでしょうけどね」

以前は草木が生えていなかった土地に何百億本もの木が植えられたこと、そして一部の地域ではそれらの人工林が繁茂して、土壌が安定した豊かなものとなり、より住みよい土地となったことも否定できない。しかし、膨大な数の木が枯れているのもまた事実なのだ[9]。乾燥した環境に耐えられなかった木もあれば、同じ種類の木ばかりが集まる人工林で急激に広がった病害虫にやられた木もある。2000年には中国の北・中部でカミキリムシが大量発生し、植林の20年分の成果である10億本ものポプラが枯れ果ててしまった[10]。

最も深刻な懸念は、これらの新たに植えられた大量の木によって、砂漠の貴重な地下水を吸い尽くされてしまうことだ。今のところは、植林された大量の木がこの地下水によって命をつないでいる。ズオ・ホンフェイは、ドロンノール県ではそれは問題とならないのだと請け合った。この地域では乾燥地に適した木を慎重に植えており、自然の状態でもそれらの木々を維持できるだけの雨量があるというのだ。

だが、国内でもより乾燥した他の地域では、この問題がすでに生じているという調査結果が出ている。この問題の行き着く先は、植樹された木だけではなく、自生していた、より小さな植物までもが水不足で枯れてしまって、これまで以上に状態の悪くなった土地だけが残されるということだ[11]。「過去1000年にわたって、低木と草しか生えていなかった地域なんですよ。大きくなる木を植えて成功すると思いますか？」こう問いかけるのはスン・クィンウェイ、中国科学院の砂漠研究所の元研究者で、現在はワシントンＤＣを拠点とするナショナルジオグラフィック協会の中国プログラムに参加している人物だ。「地下水を汲み上げることで短期間ならば成功できますが、持続可能ではありません。そこにあるべきではない木々に投資するのは、なんというか、どうかしてますよね」

植林プログラムは効果を上げているのか？

結局、どういうことなのだろう。緑の長城は、自然を損なっているのか、それとも役立っているのか？　結論を出すのは難しい。環境をこれほど大規模かつ複雑に変化させた場合、その効果がはっきりとした形で現れるためには、何年も、あるいは何十年もかかる可能性がある。一方で、これらのプログラムが対象とする領域の広さを考えると、まともなデータが不思議なほど少ないのだ。２０１４年にアメリカと中国の科学者グループが中国の主な植林プログラムを対象とした研究を行い[12]、こう結論している。「これらのプログラムによって地域の生態系や社会経済の状態がどの程度変化したのか、いまだに理解は進んでいない。地域の統計情報が（中略）利用できなかったり、信頼できなかったりする場合が多いためだ」。中国科学院と北京師範大学が行った別の研究では、さらにこう書かれている。「数多くの中国の研究者と政府関係者が、植林は砂漠化を効果的に防いでおり、砂塵嵐の抑制に役立っていると主張しているものの、それを裏づける確固たる証拠がほとんどないことに驚かされる[13]」

さらに、少なくとも中国人研究者にとっては、専制的な政権が大切にしているプロジェクトを批判することには大きなリスクが伴うということも、考慮しなければならない。ツァオは、自分がこの5年間、外部の研究資金をまったく得られていない理由はそこにあると言っている。「研究者になる前は、科学は単純に科学だと思っていました。しかし、政治に刃向かえば、科学は無となるのです」

一方で、国家林業局と関係のある官僚や研究者たちにとっては、緑の長城がとてつもない成功を収めていると主張するための十分な理由がある。「この取り組み全体にわたって、利害関係者のある人が大勢います」。スンはこう話す。「すべての省と県に国家林業局の職員がいて、植林によって多額の金を得ているのです」。国家林業局は、何百万本もの木を植えることと、それほどの木を植えるのが適切な考えであるかどうかを評価することの両方を担当している。そこを考えれば、国家林業局の調査結果に対して外部の人々が懐疑的になる理由がわかるだろう。

ドロンノール県で新しく植林されたすべての木々を見渡せる丘の上から数キロメートルの場所に、新倉村という集落がある。全体に暗い雰囲気が漂っていて、小さなレンガ造りの同じような家が縦横に延びる未舗装の土の道に沿って並んでおり、道の多くには草1本生えていない。

村というよりも、長期的な難民キャンプを思わせる場所であり、ある意味では実際にそうなのだ。この村は、国家林業局が新しく木を植えるために強制的に立ち退かせた1万人超の地元の農民を収容するために、今世紀に入ってからつくられた村なのだ。中国政府はこれまで何十万もの農民や牧畜民を草原から都市部へと強制移住させており、その大半はモンゴル人、カザフ人、チベット人である。そして、この村に住んでいるのもそういった人々だ。彼らは伝統的な暮らし方を捨てることになった。表向きは過放牧を避けるための政府の施策である。しかしこれを、漢民族の事業のために水をはじめとする資源を手放させるための土地の収奪だと見る人も多い。牧畜民が暴力を伴う抗議行動を起こした場所もある。

「私たちは移住したくなかったのに、無理にさせられたんだ。もし残ったら、家を破壊されていただろうね」。諦めきった様子でそう話すワン・ユエは、筋骨たくましい65歳の男性だ。彼が生まれ育ち、彼の一族が何世代も前から生活していた村は、ここから数キロメートルの場所にあったのだが今はもうない。新倉村にある彼の今の家は十分なものだ。寝台のある2部屋に、料理をするための石炭コンロもあり、窓の向こうには小さな中庭が見える。しかし、彼は移住するときに土地を失った。「昔の村の方がいい暮らしだったよ。ここでは家畜に食べさせる麦を買わないといけないんだ。昔はただ放牧して、そこの草を食べさせればよかったんだがね」。彼は他人のための雑用をしてどうにか生計を立てているが、年齢からそれがますます難しくなっている。妻は亡くなり、2人の娘たちは家を出た。彼が言うには、もらえる約束になっていた政府からの補助金を受け取ったためしがないという。新倉村の他の人たちも同じ不満をもらしていた。

「連中に騙されたのさ。植林によって一部の役人は儲けたが、我々は本当に多くのものを失ったんだ」

砂漠の砂と政府が一緒になって、ワンや近隣住人たちを、先祖代々の農村から都市風の集落へと強制的に移住させたのだ。これは内モンゴル自治区の話である。しかし、農村から都市のような場所に移住するという彼の経験は、何億もの人々と共通している。都市への移動によって私たちの世界は急激にその形を変えて、人類がさらに強くさらに大量の砂へと依存せざるをえない方向へと進んでいるのだ。

第10章 コンクリートの世界征服

上海の急成長を支える砂

ドロンノール県から南東へ1000キロメートルほどの場所に、輝きを放つ巨大都市、上海がある。中国最大の都市にして金融の主要な中心地だ。30年前には、上海では多くの人が石庫《シークー》門《メン》に住んでいた。2階建てや3階建ての装飾的な建物の連なりが小路をつくり、その小路の入り口に石の門が設置されるという独自の中洋折衷の建築様式で建てられている[1]。しかし石庫門はそのほとんどがなくなってしまった。1990年代以降、都市を変貌させ続けている開発の大渦に呑みこまれて、取り壊されてしまったのだ。

上海の成長は、ドバイが生ぬるく思えるほどのすさまじさだ。2000年以降、700万人が新たにこの都市に流れ込み、人口は2300万人を超えている[2]。この時期に上海で建造された高層ビルの数は、ニューヨーク市全体を合わせたよりも多い。それに加えて、途方もない長さの道路、巨大な国際空港など、さまざまなインフラが整えられている[3]。

この巨大都市が必要とするコンクリートを製造するために、前例のない規模で建設用の砂の軍隊が動員されてきた。上海急成長の初期には、新しい建物や道路のための砂の大部分は長江の川床から運ばれていた。採掘者が——その多くが違法操業であったが——大量の砂を川床から採取したため、橋の土台は削られ、船舶の交通は滞り、長さ600メートルの土手が崩壊したこともあった[4]。長江はおよそ4億人に水を供給する、国内で最も重要な川であり、この被害を問題視した中国政府は長江での砂の採掘を2000年に禁止した。その結果、採掘者たちは鄱陽湖《はようこ》へと押し寄せることとなった。鄱陽湖とは、上海から500キロメートル強の地点で長江に流れ込む、中国最大の淡水湖である。

現在では、いつ見に行っても、何百隻もの浚渫船がこの湖に浮かんでいるだろう。なかには集合住宅のビルを横倒しにしたよりも大きい船もある。最大規模の浚渫船になると1時間あたり1万トンもの砂を引き上げることができる。アメリカ人、オランダ人、中国人の研究者たちの計算によると、この湖から1年間に2億3600万立方メートルの砂が引き上げられているという。これが正しければ、鄱陽湖は地球上で最大の砂採掘場であり、アメリカの上位3カ所の砂採掘場を合わせたよりもはるかに多くの砂が採取されていることになる。

鄱陽湖の底から大量の砂粒を引き上げるのは収益の高い事業だが、湖そのものに深刻な被害をもたらす可能性がある。近年、この湖の水位は大変な勢いで下がっており、研究者たちは砂の採掘がその主な理由だと考えている。先ほどの2億3600万立方メートルという数字を導き出した論文の著者の1人、アラバマ大学の地理学者デビッド・シャンクマンによると、浚渫船が毎年引き上げている堆積物の量は、湖へと流れ込む複数の支流によってもたらされる量の30倍以上なのだという。「計算を終えたとき、その結果が信じられなかった」と彼は言う。シャンクマンと共同研究者たちの考えによると、あまりに多くの砂がかき出されたために鄱陽湖の流出路がその深さと幅を著しく増して、長江へと流れ出す水量が2倍近くになったのだという[5]。

その結果、湖の水位が低下したため、水質や周辺の湿地への水の流れが変化した。湖に生息する生き物にとって致命的になりかねない状況だ。鄱陽湖はアジア最大の渡り鳥の越冬地であり、ツルやカモ、コウノトリやその他の鳥類が——何種類もの絶滅危惧種や希少種を含めて——何百万羽も飛来して寒い時期をここで過ごす。また、この湖は、絶滅が懸念されている淡水イルカのわずかに残された生息地の1つでもある。専門家は、生息地が失われること以外にも、浚渫船によって堆積物がかき立てられたり騒音が発生したりすることで、イルカの視野やソナー能力に悪影響が及び、食料となる魚やエビを見つけられなくなると警告している。

さらに大きな問題とは、複数の地元漁師から聞いた話によると、そもそも見つけようにも魚が少なくなっていることだ。「浚渫船が、私たちの漁場を破壊しているのよ」。こう話すのは、名前を伏せてほしいという58歳の女性だ。彼女の説明によると、浚渫によって魚の繁殖場所が破壊され、水は濁り、網が引き裂かれるのだという。彼女の暮らす湖岸の村は、今にも壊れそうな家屋やぼろぼろになった木製の船着場のちょっとした集まりにすぎない。デッキから産業用クレーンが飛び出している浚渫船や荷船などの湖上の艦隊に比べると、ますますちっぽけに見える。

世界を征服した建材としてのコンクリート

21世紀に入り、砂の軍隊は全世界を征服するために散開している。100年前には裕福な西洋諸国にほぼ限られていた建築手法や建材は、この30年間でほとんどすべての国に広まった。砂をめぐる危機の背後にあるのは、この重大な変化なのだ。

私たちが砂を用いる目的は何千とあるが、この危機を真に駆り立てているのはコンクリートである。アスファルトやガラス、フラッキング、養浜に使われる砂をすべて合わせたよりも多くの砂の粒が、コンクリートをつくるために使われている。鄱陽湖、モロッコの砂浜、ケニアの川、パレラム・チャウハンの村の外に広がる土地——これらの場所はすべてコンクリート製造のために略奪されつつあるのだ。

コンクリートは、世界で最も広く使用される建材だ。私たちが毎年使っているコンクリートの量は、鉄鋼、アルミニウム、プラスチック、木材を合わせた倍量にのぼる。世界の人口の推定70%が、少なくとも一部にコンクリートが使用されている構造物で暮らしている[6]。世界最大級のダムや橋はすべて鉄筋コンクリート製だ。鉄骨構造の高層ビルでさえも、基礎や床に大量のコンクリートを必要とする。地球上の舗装面積は全部で57万8000平方キロメートル以上と見積もられている。これはテキサス州の面積にわずかに足りないくらいの広さだ。

ロバート・クーランドは著作『コンクリート・プラネット』にこう書いている。「コンクリートという素材は、地球上のすべての人に対して、1人あたり40トン存在していることになる。そして毎年、1人あたりのその量に、1トンずつ加算されているのだ[7]」

私たちがそれほど大量のコンクリートを使用している理由は、これまで見てきたように、人口動態の記録的変化によってほぼすべての国で人々の暮らしが変わりつつあることにある。そう、都市化だ。毎年何千万という人々が、特に発展途上国で顕著だが、農村での辛苦と貧困を後にして、よりよい暮らしを求めて都会へと移住している。

アフリカ、中東、ラテンアメリカ、そして特にアジアの全域にわたって、町は都市へと拡大し、都市は巨大都市へと膨張している。1990年には、1000万人以上の住人を抱えるのは世界に10都市しかなかった。2014年には、その数は28都市へと増加し、計4億5300万人が暮らす場所となった[8]。これらの人々もまた、自分たちのために働く砂の軍隊を必要とする。コンクリートとガラスでできた家やオフィス、店舗、道路といったものの恩恵を受けたいと望み、一様ではないにしろ実際に享受している。ドバイから内モンゴル自治区にいたるまで、かつては人っ子一人いなかったような場所でさえも、今ではコンクリートの高層ビルと舗装道路で埋まっているのだ。

私たちがあまりに急速に都市を建設しているので、「今後40年間に作られる住宅やオフィスビル、交通網などの建設物の総量は、これまでの歴史を通じて作られてきた建設物とほぼ同じになるとみられているほど」だと、米国国家情報会議による報告書に書かれている[9]。

コンクリートの形をとった砂がなくては、都市がこれほどの速さで成長することは不可能だ。コンクリートは超自然的なまでに安価かつ扱いが容易な建材であり、比較的頑丈で衛生的な住居を非常に多くの人のために迅速につくることを可能とする。コンクリートは強靭で、何万トンにも相当する人や家具、水などの重量に耐えられる。燃えることもなければシロアリがつくこともない。そして、驚くほど取り扱いが容易だ。1人だけでも、基本的なコンクリートの材料を混ぜて、ペタペタと塗り固めて、ちゃんと使えるシェルターをつくることができるくらいだ。資金が十分にある建設業者ならば、高層ビルの基礎をほんの数日で注ぎこむことができる。

あらゆる場所で都市空間が急増しているが、特に都市建設フィーバーに沸いている中国を前にすると、これまでに世界中で起きたどんな建設ラッシュも貧弱に見えるほどだ。100万都市はヨーロッパ大陸全体でも35しかないのだが、中国では220を超えている。現在、都市部で暮らす中国人は5億人を超え、60年前と比べると3倍に増加した[10]。これはアメリカ合衆国、カナダ、メキシコの人口を合わせたのとほぼ同じ数である。しかも、中国の都市部人口は毎年1000万人以上ずつ増えているのだ。

これらのすべての都心を結ぶために、中国は、道路網、空港、港湾地域の大幅な拡張も行っている。これらに電力を供給するためにダムを建造しており、悪名高い三峡ダムもその1つだ。このダムは史上最大規模の土木工学プロジェクトであり、2700万立方メートル以上のコンクリートでできた巨大な怪物である[11]。一方で、中国の企業は、中央アフリカや中欧など、世界各地で何千キロメートルもの道路を敷き、何百もの高層ビルを建設している。

中国はとにかく建設好きで、近年では、(少なくとも現時点では)必要とすらされていない場所で、ゼロから都市全体を建造するケースもある。誰も住んでいないアパートメントや使われていないオフィスだらけのこういった都市は、「鬼城(ゴーストタウン)」として知られるようになった。その多くは、中国でも比較的貧しく、開発の進んでいない西部の地域にある。政府は、国内の東海岸沿いの過密地域から人々を呼び込もうとしてそれらの都市に資金を注ぎ込み、開発業者はいずれ金のなる木となるだろうと考えてそれらの都市を建設している。しかし、実際に人が住んでいないところをみると、餌への食いつきは悪いようだ。

たとえば、ハイバグシュという「都市」が内モンゴル自治区の砂漠の端にある。2004年にゼロから建築された都市だ。建築に関して言えば、印象的な、あるいは少なくとも野心的な都市ではある。細心の注意を払って整えられた景観をもつ、長さ2キロメートルほどもある中央広場があり、近くには、本棚に並べた巨大な3冊の本のような形をした図書館や、ピーナッツとブロンズ製のお手玉を足して2で割ったような形の美術館、モンゴル人の伝統的な移動式テントを組み合わせたように見えなくもないアートギャラリーなどがある。広い通りの先にはショッピングモールやホテル、そして高層マンションが立ち並ぶ。この都市は100万人以上が住めるように建造されたのだ。

だが、私がその場所を訪れた2016年の春には、住人はその10分の1しかいなかった。その木曜日の午後に中央広場にいたのは、私と通訳の他には、風で飛ばされる雑多なゴミをだらだらと追いかける清掃作業員たちと、遠くに通行人がたった1人いるだけだった。ショッピングモールほどもある図書館は薄暗く、人の気配がなかった。図書館の正面玄関を通るとき、金属探知ゲートが私の携帯電話とカメラに反応して警報音が鳴り響いたのだが、誰も見向きもしなかった。

こういった狂乱の建設ラッシュによって、中国は世界で最もコンクリートを消費する国となり[12]、人類史上、最も貪欲な砂の消費国となった。2016年に中国で使われた建設用の砂は推定78億トンにのぼる。ニューヨーク州を厚さ1インチ（2・54センチメートル）で完全に覆いつくせる量である。今後数年のうちに、使用量は100億トンに達すると予想される。

世界のあらゆる場所で、砂の軍隊をコンクリートに変えることにより、人類は素晴らしい恩恵をさまざまな形で受けてきた。コンクリートによって数え切れないほどの命が救われ、それをさらに上回る数の人々の暮らしが豊かになった。コンクリートのダムにより電力が供給される。病院や学校を建てるのも修理するのも、日干しレンガや木材や鋼鉄よりもコンクリートのほうがはるかに短期間ですむ。コンクリートの道路によって、天候に左右されることなく、農家は市場に農産物を出荷し、子どもたちは学校に通い、病人は病院に行き、医薬品を村へと運ぶことができる。調査の結果、舗装道路によって、地価や農業賃金、就学率が上昇することが示されている。

　多くの人にとっては、コンクリートの床があるだけで生活環境は大きく改善されるのだ。世界中で何億もの人々が土の床の家屋で暮らしている。経済学者のチャールズ・ケニーは、『フォーリン・ポリシー』誌への寄稿文で[13]、土の床を裸足で歩くことで病気にかかりやすくなること、なかでも鉤虫《こうちゅう》症という寄生虫感染症は感染した子どもが重症化しやすいことを指摘した。床をただコンクリート打ちにするだけで、そのリスクを大幅に軽減できる。ケニーによると、貧困家庭にコンクリート床を提供するという、メキシコのあるプログラムによって、寄生虫感染症の発生率が80％近く減少し、下痢の状態の子どもの数がどの月をとっても半減したのだという。ここからわかるのは、砂によって住む場所が得られるだけでなく、公衆衛生にとっての恩恵も得られるということだ。

コンクリート支配の代償

しかし、こういった大量のコンクリートには大きな代償が伴う。それも何種類もの代償だ。サンゴ礁の上に砂を積み重ねることが魚の死につながるのと同様に、都市にコンクリートを積み重ねることは文化と美の破壊をもたらしうる。コンクリートの高層ビルと入れ替わりに姿を消した歴史的建造物は、上海の石庫門だけではない。今日、世界中の多くの場所がどこも区別がつかないほどそっくりなのは、コンクリートがその主な原因なのだ。コンクリートというのは、標準化された土台であり、その上に何百万ものそっくりなオフィスビルやアパートメント、スターバックス、マリオットホテル、8車線の高速道路などを載せたものが、世界中で普及している。あらゆるものを同じ色と質感に変えてしまうノーブランドの灰色の塗料、それがコンクリートだ。確かに、コンクリートは建築界の特定のグループにおいて名声を得てはいるが、一般の人にとっては悪い意味での近代性の象徴であり、楽園を塗り固めて駐車場につくりかえるための物質なのだ。

もっと急を要する問題もある。コンクリートによって人間や地球に物理的な害が及んでいるのだ。砂はビーチにあるときと同様に、コンクリートやアスファルトという形態でも太陽の熱を吸収する。何キロも続く温められた舗道によって都市全体の気温が上昇し、よく知られるヒートアイランド現象が生じるのだ。カリフォルニア環境保護局の2015年の調査[14]によると、自動車のエンジンが発する熱と舗装された地面とが合わさって、都市によっては11度も温度が上昇する。暑くて不快なだけではなく、子どもや高齢者や体の弱い人にとっては、気温の上昇が命取りになりかねない。また、熱によって、大気汚染物質——特に地表面近くのオゾンや光化学スモッグ——の形成が助長される。地表にあまりに大量の砂があると、空気中に毒が発生しうるということだ。

気候変動がさらに深刻なものとなれば、ヒートアイランド現象による都市部の温度上昇もより大きくなるだろう。そしてこの気候変動は、コンクリートによって悪化しているのだ。セメント産業は、世界でもトップレベルの温室効果ガス排出源である。石灰石をセメントに加工する際に二酸化炭素が発生するのだ。それに加えて、ほとんどのセメント焼成炉では化石燃料が燃やされるため、さらに多くの二酸化炭素が排出される。セメントは少なくとも150カ国で製造されており、全世界で排出される二酸化炭素の5％から10％は、セメントの製造工程でつくられたものだ。その結果、セメント製造が二酸化炭素排出量のトップスリーに名を連ねることとなった。さらに上位にあるのは、石炭火力発電所と、そこらじゅうにある自動車だけである[15]。

これまで見てきたように、コンクリートは自動車にとっての補佐役でもある。お互いへの依存を高め合っているのだ。道路をつくればつくるほど交通量は増加して、排気管からの炭素排出量も増える。チャールズ・ケニーのこの言葉どおりである。「言うまでもないが、自然のままの森に新しく道路を敷設することは、その森を完全な伐採へと導く成功間違いなしの方法なのだ」

コンクリートでの建設がすさまじい形で裏目に出てしまった場所もある。ヒューストンのあるテキサス州ハリス郡は、およそ30％が、道路や駐車場、その他の建造物で覆われている。そのせいで、2017年の大型ハリケーン「ハービー」による洪水被害が深刻化してしまった[16]。自然の状態ならば地球に吸い込まれるはずの雨水が、透水性のないコンクリートによって行く手を阻まれ、道路が人工の川と化したのだ。

ヒューストンの地面を封鎖しているコンクリートだが、インドネシアでは地面を粉砕している。首都ジャカルタとその周辺は2800万人が暮らす巨大都市であり、多くの人は近年つくられた林立する高層ビルに住んでいる。しかし、その都市を支える地盤には空隙が多くあり、住民の渇きを癒すために大量の地下水が汲み上げられていることで地盤が脆弱《ぜいじゃく》になっている。その結果、コンクリートの建造物すべての途方もない重量によって地盤がゆっくりと潰され、都市が沈みつつあるのだ。ジャカルタの地盤沈下はこの30年間で4メートルに及び、今も1年に約8センチメートルずつ沈んでいる。今では都市のほぼ半分が海面下に位置しており、老朽化した防波堤だけで守られている状態だ[17]。上海や他の都市も同様で、自分たちの足下の地盤を押し潰しつつある。

コンクリートを劣化させる様々な原因

私たちのコンクリート依存の最も恐ろしい面とは、おそらく、コンクリート製の構造が長持ちするものではないということだろう。その大多数は、交換が必要だ。それも、近い将来のうちに。

私たちはコンクリートが、その手本ともいうべき石と同じようにかなり長持ちするものだと思いがちだ。近代的なコンクリートが使われ始めた頃には、完全な耐火性と耐震性を備えた素材であって修理の必要は一切ないと宣伝されていた。「コンクリートは年を経るにつれて性能が向上するので、コンクリート製の構造それ自体が耐久性の動かぬ証拠となるのだ」。同年、1906年の『サイエンティフィック・アメリカン』誌ではこのように謳われている[18]。『サンフランシスコ・クロニクル』紙はサンワーキン川にかけられた新しいコンクリート製の橋に対して感嘆の声をあげている。「はるか何世代も後になっても、この場所に再び橋をかける必要は絶対にないのだ[19]」。鉄筋コンクリート考案者のアーネスト・ランサム自身がこのように記している。「適切に建設された鉄筋コンクリートの建物で、一般的な磨耗が問題になることはない。問題が生じるとすれば、その上の、床の仕上げ部分である[20]」

結局、これらの言葉はどれも正しくはなかった。コンクリートが劣化したり砕けたりする要因はいくらでもある。熱、寒さ、化学物質、塩、湿気などのすべてが、見たところ堅固なこの人工石に襲いかかり、内側からもろくさせて粉々にしてしまうのだ。

「コンクリートが駄目になる原因は、場所によって変わるんだ」。こう話すのはラリー・サッター、ミシガン工科大学の材料科学教授だ。ミシガン州の場合には、冬の寒さが原因となる。コンクリートには非常に細かい穴が多数あるため、少量の水が常に浸み込む。その水が凍って膨張すると、コンクリートにひびが入ることがあるのだ。また、道路の除氷に用いられる化学物質によって、コンクリートの表面がダメージを受ける。

フロリダ州の場合、コンクリートにとって最大の問題は、大気中の塩分によってコンクリートの中性化が進み、内部の鉄筋が腐食することだ。カリフォルニア州の場合は、水中の硫酸塩による攻撃が問題であり、サッターによると「数年のうちに、コンクリートがぐずぐずになることもありえる」という。他にも、湿度の高い地域ではバクテリアや藻類の繁殖、都市部では大気汚染による酸性雨などがある。地下のコンクリート構造物、たとえば水道管や貯蔵タンク、さらにはミサイル格納庫までもが、表土を通り抜けてやってくる、コンクリートを損傷させる化学物質と戦わねばならない[21]。

コンクリートに対する脅威のなかでもとりわけ広い範囲で発生しているのが、1940年に発見されたアルカリシリカ反応（ASR）と呼ばれる現象である。これは特定の種類の砂——シリカ——によって生じる化学反応である。シリカがセメント中のアルカリ金属および水と反応するとゲル状の物質が生成され、このゲルが膨張して、内部からコンクリートにひび割れを起こさせるのだ。これはかなり広範に見られる現象で、南極大陸を除くすべての大陸で見つかっている。２００９年には、ニューハンプシャー州の原子力発電所の壁に、このＡＳＲによって生じた亀裂が発見された。米国原子力規制委員会によると[22]、その後も少なくとも2カ所の原子力発電所でコンクリートに深刻な亀裂が入っているのが見つかっている。片方は損傷がかなり大きかったため、最終的に発電所の閉鎖を余儀なくされた。

これまで建設業者たちはＡＳＲの予防対策に取り組んできた。最も一般的な手法とは、フライアッシュ（石炭火力発電所で出る灰のうち、集塵機で捕集される非常に細かい灰）を混合したコンクリートを用いることだ。「しかし、ダメージを受けやすいコンクリートがすでに多くの場所で使われてしまっている」とサッターは言う。しかも、おそらく、今でもそういったコンクリートが多くの場所で導入されているのだ。骨材業界のコンサルタントはこう話す。「アメリカには良質な骨材をすべて採取しつくした場所がいくつもあります。そのため、20年前であれば使わなかったはずの骨材を使うようになりました」。つまり、アルカリシリカ反応を起こしやすい砂や砂利が使われているということだ。

鉄筋コンクリートも劣化するが、その原因となるのは、非常な強さの根源であるまさにその要素、内部の鉄筋である。「建造物の亀裂は修理が可能かもしれない。しかし、空気や湿気、その他さまざまな化学物質が浸み込んで鉄筋がさびてしまっては、修理もできない」クーランドはこう記している[23]。「鉄筋がさびるといろいろなことが起きる。〝問題のない〟鉄筋の量が減るだけではない。鉄筋の直径は元の直径の4倍にまで膨張し、さらに多くのひび割れを生じ、やがてコンクリートの塊が押し出されることとなる」。通常は、建造物に損傷がゆっくりと広がっている段階で発見されて、修理されたり、使用禁止となったりすることが多い。しかし最悪の場合、損傷が進みすぎて建造物が崩壊することがある。

コンクリートの健康を支える人々

こういった種類の破損がダムや20階建てのオフィスビルや立体駐車場で現れ始めると、オーナーはウィス・ジャニー・エルストナー・アソシエーツ（WJE）といった会社に連絡する。このシカゴ拠点のWJE社が専門としているのは、原子力発電所から高層ビルまで、あらゆる建造物のコンクリートの問題点を探り出すことだ。同社のエンジニアたちは地中探査レーダーをはじめ、さまざまな高性能のイメージング機器を使って問題のある場所を突きとめ、コンクリートのコア試料を抜き取る。男性も女性も、建造物の健康状態を教えてくれる試料を求めて、ときには高層ビルのてっぺんからぶら下がり、ときにはワシントン記念塔や、セントルイスにある巨大モニュメントのゲートウェイ・アーチを懸垂下降するのだ。

シカゴ北部にあるWJE社の広大な本社では、岩石学者のローラ・パワーズがこういったコンクリートの試料を高性能の顕微鏡で調べて、他のさまざまな特徴とともに、材料として使われた砂の品質を突き止めている。パワーズは熱烈なアレノフィル、すなわち砂愛好家だ。世界各地から砂の粒の試料を取り寄せては、そのさまざまな性質について話をするのが何より好きなのだ。法廷に呼ばれて証言をすることも多い。建設業者が基準を満たさない骨材を――間違った大きさや形をしていたりASRを起こす反応性物質を含んでいたりする砂や砂利を――使ったとして訴えられることがあるのだ。「私たちは経年変化した構造物の診断をたくさん行っています」とパワーズは言う。「心配なのは、私たちが診断していない構造物のほうです」

コンクリートに求められる用途は多様化し、それに応じるうちに、コンクリート製造は高度に洗練された科学へと発展した。コンクリートには何千という種類や配合があり、それぞれが特定の目的に応じて調整された特定の性質をもっている。たとえば、郊外の歩道に敷くコンクリート塊に必要とされる強度は、川をせき止めるダム用のコンクリート板の強度とはまったく異なる。化学薬品や繊維を加えることによって、より軽いコンクリートや、硬化時間の短いもの、柔軟性の高いもの、腐食に強いもの、見た目のよいものなどをつくることが可能だ。暑い環境では凝結遅延剤を用いて硬化を遅らせるし、寒い環境ならば急結剤で硬化を早める。流動性を増すために流動化剤を使用することもある。鋼繊維を加えればコンクリートの耐衝撃性が向上するし、ポリプロピレン繊維を加えればひび割れを抑制できる。

最も重要なのは、どんなコンクリートでもその大部分を占めている砂と砂利について適切なものを選ぶことだ。骨材の大きさ、形、性質、配合における比率を変化させることで、コンクリートの強度、耐久性、使い勝手、コストが変わる。目的に合わせて適切な骨材を用いることが重要だからこそ、米軍は２００３年にイラクへと侵攻して以降、カタールからイラクへと砂を輸入せざるをえなかった[24]。もちろん、イラクにも砂は十分にある。しかし地元の砂は品質があまりよくなかったので、米軍の基準からすると、政府省庁をはじめとする重要な建造物の周囲に巡らせる、爆風を防ぐための防壁用のコンクリートの材料にはできなかったのだ。

ＷＪＥ社は、建築業者が特別な目的に合わせたコンクリートの配合を開発するのを手伝ってもいる。敷地内にはたくさんの研究室があり、世界中のさまざまな砂でつくったコンクリートの平板や円柱、コンクリート塊を対象として、現実世界の環境を模した耐久性試験が行われる。最も過酷な試験を担当するのは、ジョン・ピアソンという、細身で角刈り頭の、ＷＪＥの洞穴のような構造体試験ラボの責任者だ。このラボにはトレーラートラックほどの大きさの鋼鉄製フレームがあり、加圧能力９００重量トンの液圧プレスが装着されている。ＷＪＥの研究員たちはこの装置を用いて円柱型の構造体に対する試験を行っている。ピアソンから最近の試験のビデオを見せてもらった。６メートルのコンクリート柱に想像もつかないほどの大きさの力がじりじりと加えられると、こぶし大の塊が飛び出し始める。そして突然にコンクリート柱が爆発して破片と砂ぼこりが飛び散り、カメラを倒してしまった。「こういった種類の突然の破裂というのは現実世界ではまず起きないでしょうね。地震は別かもしれませんが」とピアソンが説明する。「しかし、ゆっくりとした段階的な劣化に気づかなければ、あるいは気づいても対処しなければ、コンクリートが崩れることもありえますよ」

エドウィン・マーが毎日のように探しているのは、そのようなゆっくりとした段階的な劣化である。67歳のマーは、カリフォルニア州交通局（カルトランズ）に所属する幹線道路の橋梁《きょうりょう》検査官で、何百万台もの車を支える橋の保全状況調査を担当している。やせた顔に満面の笑みを浮かべ、その話し方には1960年に後にしてきた故郷中国のアクセントが残っている。先日、彼に同行して、一般的な橋の点検を見せてもらった。それはロサンゼルス中心部にある、国道101号線がメルローズ・アベニューをまたぐ高架橋で、1950年に建設されたものだ。

そこは汚くてほこりっぽくて騒がしい、ロサンゼルスの一角だった。朝の8時半には夏の熱気が立ち昇り始め、交通量の多い4車線の大通りのメルローズ・アベニューと幹線道路の101号線とをつなぐ上りと下りのスロープでは、車の流れが途絶えることはない。素っ気ない機能的な橋桁が2つの重々しいコンクリート柱で支えられており、高架下にはホームレスが居を構えていたらしく、放置されたショッピングカートや散乱した衣類、マットレスがあり、何かを燃やした灰が残っていた。ホームレスがいるとコンクリートの高架にとってリスクが高まるのだとマーは言う。高架に使われている鋼鉄のナットを盗んで金属スクラップとして売ったり、調理のためにおこした火で、木製の補強部分を誤って燃やしてしまったりすることがあるのだ。マーの説明によると、カルトランズの検査官は常にペアで行動し、ホームレスがいる場所に行くときは特に気をつけるのだそうだ。「彼らの多くはとても不作法なんですよ」とマーは言う。仕事をするために、カリフォルニア・ハイウェイ・パトロールの警察官を呼んでホームレスを移動してもらわねばならないこともある。

マーはメルローズ・アベニューからスロープを上って、橋上の狭い路肩に踏み出した。体からたった30センチの距離を車やトラックが轟音を立てながら容赦なく走っているのに、彼は気にも留めないようだった。歩きながら、マーが示す先を見ると、コンクリートの道路表面にひび割れがあり、黒いタールのような補修剤で埋められていた。また、コンクリートが砕けてできたくぼみもあった。内部の膨張によりコンクリートの塊が飛び出して、鉄筋がむき出しになっている。

「そこの亀裂が見えますか？　かなり深刻なものです」マーはそう言いながら、しゃがみこんで、4車線すべてにわたってくねくねと伸びている長い亀裂を指差した。「これを補修しなければ大変な問題が5年以内に起きるでしょうね。かけらがいくつも剝がれて、最後には橋の全体が崩落します」。さらに先では、亀裂が広がってジグソーパズルのようになっていた。「これはかなりひどいですね。本当にひどい」彼はつぶやいた。

マーは後でこのすべてをまとめた報告書をつくることになっている。それによって、カルトランズの作業員が亀裂を補修するためにこの現場に向かうはずだと信じたい。（「運輸省のほぼすべての部門で人員が不足しているんだ。彼らは、問題を突き止める能力よりも、見つけた問題を解決する能力がずっと落ちるんだよ」とサッターは言っていた。）マーはこう言った。「適切なメンテナンスによって橋はこれから30年か40年はもつでしょうが、それ以上は無理です。遅かれ早かれ、取り替えが必要になります。形あるものはいつか壊れますからね」

粗悪な状態にあるコンクリートの危険性

マーのその言葉が真理であることを、アメリカは苦労しながら学びつつある。米国土木学会によるアメリカのインフラに関する最新の報告書では、国内の道路に対して下されたのはD判定（5段階評価の上から4番目）であった。アメリカの高速道路の5分の1と都市部の道路の3分の1は「粗悪」な状態にあり、アメリカの運転者に課される追加修繕費と運用費は1210億ドル相当にのぼるという[25]。連邦高速道路局によると、アメリカの橋の4分の1近くは、構造面で欠陥があるか、機能面で旧式に過ぎるという。

粗悪といっても、道路の状態はどこまで悪くなりうるのだろうか。アフガニスタンの事例が、極端ではあるがわかりやすいだろう。『ワシントン・ポスト』紙によると、アメリカと西側諸国の政府は2001年以降、40億ドル以上をつぎ込んで、総計1万キロメートル以上の新しい道路をこの窮乏した国で敷設した。それらの道路は今ではそこかしこに巨大な穴が開き、舗装の部分もばらばらになるなど、悲惨な状態になっている。もちろん、こういった損傷には爆風によるものもある。しかし大部分は、単純に、敷設後にメンテナンスを一度もしなかったせいなのだ[26]。

ダムは砂を材料とするコンクリートでつくられた最大の建造物で、アメリカ国内に9万基以上存在しているが、このダムの状態には道路以上に不安をかき立てられる。その平均築年数は56年で、それ以前に建造されたダムも数多い。現在施行されているよりもはるかに緩い基準に基づいてつくられているものが多く、洪水や地震などの重圧により決壊する恐れがある。米国土木学会の評価によると、2016年の段階でおよそ1万5500基のダムが「高い危険性をはらんでいる」、つまり破損により死亡事故を起こす可能性があるとみなすべきだとされた。こういったダムを現在の基準まで引き上げるには数百億ドルの費用が必要だ。このような状況にもかかわらず、これらのダムは、各州の手薄な検査官から十分な注意が払われていない。アメリカ全体で、安全検査官1人あたり205基ものダムを担当している状態なのだ。土木学会によると、2013年の時点で、サウスカロライナ州にある2380基のダムを監視するための人員はたった2名で、その1人は非常勤だった[27]。このような状況であれば、2015年の大雨で同州のダム36基が決壊したのは、悲惨ではあるが意外なことではなかった。『ニューヨーク・タイムズ』紙によると[28]、この決壊で生じた洪水により、19人もの死者が出ている。2010年以降、アメリカ全国の数多くのダムで問題が生じている。こうしてアメリカでは、砂からつくられた道路や橋、ダムの不具合によって、毎年何百人もの死傷者が出ているのだ。

多くの開発途上国では建築基準が低いうえに、規制があっても無視されることが多々あるため、状況ははるかに深刻だ。数年前、トルコのある大手開発者が新聞の取材で語ったところによると、１９７０年代のビル建設ブームのあいだ、彼は日常的に未処理の海砂を使ってイスタンブールや各地のビル建設用のコンクリートをつくっていたという。未処理の海砂は他の砂に比べて安価だが、恐ろしいことに鉄筋を腐食させる塩で覆われている。２０１０年のハイチ地震の際には、海砂のコンクリートでつくられたビルが何十棟もぺちゃんこになった。また、中国では２０１３年に深圳《しんせん》市で建設中の高層ビルに未処理の海砂が使われていることが発覚し、当局が少なくとも12棟の工事を中止させている。

さらに、１９９９年のトルコ大地震で複数のビルが倒壊したことの主な原因も、粗悪なコンクリートにあった可能性が高い。２０１３年にバングラデシュで8階建てのビルが崩壊して１０００人以上の死者が出たが、これも同じである。『フィナンシャル・タイムズ』紙によると[29]、中国のセメントの最大30％が低品質で、「豆腐ビルディング」と呼ばれる、恐ろしいほど壊れやすい構造のビルがつくられているという。安上がりにつくられたコンクリートが一因となって、２００８年の四川《しせん》大地震ではたくさんの学校校舎が倒壊して数千人の死者が出ている。

バーツラフ・シュミルの推定によると、これから数十年のうちに、全世界で粗雑な製造のコンクリート１０００億トン——ビルや道路、橋、ダム、ありとあらゆるもの——を交換する必要が生じるという。そのためのコストは何兆ドルにものぼり、何百億トンという砂が新たに必要となるだろう[30]。

「現在使われているコンクリート構造のほぼすべては、どうしても寿命が限られる」ロバート・クーランドはこう書いている。「現在あるコンクリート構造物で2世紀以上はもちこたえられるものはほぼ存在せず、多くは50年もすれば崩れ始める。要するに私たちは、寿命の短い素材を——その製造により何百万トンもの温室効果ガスを生み出す素材を——用いて、使い捨ての世界を築いてきたのだ。20世紀初頭に建てられたコンクリート構造物のほとんどは崩れ始めており、大部分はすでに取り壊されているか、あるいはこれから取り壊されるだろう[31]」

私たちはコンクリートの形をした砂を使って、この世界を築いてきた。今それが、崩れ始めている。

第11章 砂を越えて

砂の引き起こす問題

砂の軍隊によって、都市はつくられ、道路が舗装され、遠く離れた星や原子・分子の世界を見ることができるようになり、インターネットが生まれ、私たちの今の生活様式が可能となった。しかし、21世紀には、とてつもない規模で砂を取り出して配置することによって、破壊と死が生じることにもなった。

2014年以降、砂の採掘に関わる事故によって、世界中で何十人もが亡くなり、さらに多くの人々が怪我を負っている[1]。砂を積んだトラックにひかれる、採掘者が放置した穴で溺れる、砂山が崩れて生き埋めになるといった事故が起きているのだ。犠牲者の多くは子どもたちだ。何百人、もしかすると何千何万という人々が、砂の採掘が原因の洪水や堤防の決壊により自宅を離れるしかなくなり、あるいは違法採掘をやめさせようとする活動中に脅迫され、暴行を受け、負傷している。

この同じ期間に、少なくとも70人が砂の違法採掘に関わる暴力事件で殺害された。犠牲者のなかには、すべてインドでの事例であるが、めった切りにされて殺された81歳の教師と22歳の活動家（別々の事件）、焼き殺されたジャーナリスト、砂を積んだトラックでひかれた少なくとも3名の警察官、喉を掻き切られ指を切り落とされた1名の警察官などがいる。ケニアでは、1人の警察官が鉈《なた》で叩き斬られて死亡、トラック運転手2名が生きたまま焼かれて亡くなり、他に少なくとも6名が砂をめぐる争いで殺された。

その間にも、氾濫原や川床、砂浜、海底からは1000億トン以上の砂と砂利[2]が剝ぎ取られ、かき集められ、吸い上げられて、河川やデルタ地帯がダメージを受け、サンゴや魚が死に絶え、海産資源で生計を立てていた人々が破産へと追いやられた。これ以外にも、砂を利用するさまざまな産業――コンクリート製造業、土地建設業、水圧破砕業など――によって被害が生じていることは言うまでもない。

これらはいずれも私が知りえた範囲のことでしかない。自分で取材をしたり、地元メディアの報道を後追いで確認したりした内容である。砂採掘による被害をまとめた公的な統計情報はないのだ。報道されないままの事件、あるいはメディアには意図的に出されていない事件が他にどれだけ多くあるのか、まったくわからない。

では、この問題にどう対処すべきなのだろうか？

政府が規制を強化することで、砂採掘による被害の大部分を防止するか、少なくとも軽減することは可能であり、先進諸国の多くで実際に行われている。だが、砂の採掘に対する規制の多くは比較的最近になってから導入されたものだ。ヨーロッパで規制が本格化したのはようやく1950年代に入ってからで、イタリア北部の川が高速道路網を建造するための骨材採掘によって深刻な被害を受けてからのことだった。フランス、オランダ、イギリス、ドイツ、スイスでは、河川内での砂採取が全面的に禁止されている[3]。ニューヨーク州で砂の採掘を規制する最初の法案が可決されたのは、ようやく1975年になってからのことだった。「それ以前は、市当局の判断に委ねられるか、そもそも誰も判断などしていないかでした」。ニューヨーク州環境保護局の広報担当ビル・フォンダはこう話した。

もちろん、今ある規制によって、砂採掘――特にフラックサンド（破砕砂）――の問題に適切に対処できるかといえば、かなり疑わしい。さらに、こういった規則があっさりと無視されることもある。サンフランシスコ湾から何百万トンもの砂を盗んだとする訴訟の和解金として、ハンソン社が4200万ドルを支払った件を思い出してほしい。

それでも、砂を守るさまざまな手段が制度のなかにはある。合衆国の大部分では、誰がどこの砂をどのような条件で採掘してよいかを決定するに当たって、12以上の郡や州、国の政府機関が発言権をもっている。また一般に、採掘会社には、作業終了後に土地をある程度まで元の状態に戻すことが求められる。（建築用骨材を扱うアメリカの大手企業、マーティン・マリエッタ社CEOのC・ハワード・ナイは、こういった規制はすべて「過剰」であると、2017年の議会証言において糾弾しているのだが[4]）。

砂の重要性の高まりについて認識し始めた関係機関もある。2011年、ワシントン州当局は100年ほど前につくられたダムを爆破した。このダムのせいで下流の砂浜に砂が運ばれず、二枚貝の生息に必要な環境が失われようとしていたためだ。この貝は一時期ほとんど見られなくなっていたが、最近この場所に戻りつつある[5]。

市民活動によっても大きな変化は生まれうる。既存の採掘場やその候補地の近くで暮らし、不満を抱えている住民たちは、より小規模で静かで環境を汚染しない安全な採掘を行うことを、あるいは採掘そのものを近所で行わないことを求めるロビー活動ができるし、実際に取り組んでいる。ロサンゼルスにある私の家から車で1時間もかからない場所に、砂採掘場の候補地が少なくとも2カ所あるが、地元の人たちが景観や地所の資産価値についての不安と環境に及ぼす影響への懸念を訴え続け、何年にもわたって操業の開始が阻止されている。

しかし、私たちは皆、地元の環境や地域住民のための美観を守ることには代償が伴うことを知っておかねばならない。あなたが近所での砂の採掘を許さなければ――アメリカの多くのコミュニティが同様なのだが――あなたが使う幹線道路やショッピングモールをつくるための砂を他所からもってこなくてはならなくなる。どこかには、採掘場が必要なのだ。「ゴミ捨て場や刑務所のようなものですよ」とアメリカ石・砂・砂利協会の元会長、ロン・サマーズは言う。「誰もが必要としているのに、家の近くにあるのはみんな嫌がるんです」

場合によっては、地域の環境を守ろうとする善意に基づく活動の結果が、法規制が緩い場所と恵まれない人々に被害が押しつけられるだけとなることもある。カリフォルニア州サンディエゴ郡では、1990年代の初めに砂の採取によってサン・ルイス・レイ川が荒廃していることがわかると、国と州と郡の政府当局者によって川砂の採取業者への取り締まりが始まり、ほどなくして大方の採取場が閉鎖された。地元の砂を使えなくなったサンディエゴのコンクリート製造業者は、近場である、メキシコのバハ・カリフォルニア州から砂の輸入を始めた。これが引き金となって、バハ・カリフォルニア州で採掘場が——合法のものも違法のものも——急増した。川床は荒廃し、地元で用いる建設用砂が不足した。そして、採掘場が原因で子どもたちが呼吸器疾患を発症したと訴える村人たちの街頭抗議が頻発した。2003年、メキシコ当局はカリフォルニアへの砂の輸出を一時的に禁止する措置をとった。それ以降、騒動はかなり落ち着いたが、地元の報道機関によると違法な砂採掘は今も続いているという[6]。

同様に、北米やヨーロッパでも、環境への懸念から、砂の採掘現場が人口密集地からますます離れた場所へと移されている。だが、皮肉なことに、そのために新たな環境問題が引き起こされることとなった。

サンフランシスコの湾岸地帯では、かつては、ヘンリー・J・カイザーが採掘を始めたリバモア谷から建築用の骨材の大部分を得ていた。しかしこの地域は、砂が次第に少なくなるとともに、採掘の妨げとなる建物であふれるようになった。骨材採掘業者は新しい採掘地を市の北側で見つけた。近くのソノマ郡にある、素晴らしい景観のロシアン・リバー・バレーである。だが、開発から取り残された田舎だったこの地域が、ワイナリーや有機農場、アウトドアツーリズムの中心地へと発展するにつれて、地元の人たちは、景色のあちこちに砂利採取場があることや、騒々しいトラックで道路が混雑するのが嫌になってしまった。そこで郡の行政官たちはここの川岸での採掘を禁止し、その結果、サンフランシスコは必要となる砂をさらに遠くから輸送するしかなくなったのだ。

同じような経過を、カリフォルニア州全体が、また他の多くの地域がたどることとなった。大都市近郊にある採取場の砂が採りつくされ、あるいは閉鎖を余儀なくされるに従い、砂の輸送距離は増加している。骨材の約80％がトラックで、残りは鉄道や荷船で運ばれる。カリフォルニア州当局の見積もりによると、砂や砂利の平均輸送距離が40キロメートルから80キロメートルに延びるとすると、運搬トラックによって燃やされるディーゼル燃料はカリフォルニア州だけで年間1億8000万リットル近く増加し、その結果、大気中に50万トンの二酸化炭素が余分に排出されることになる[7]。言うまでもないが、その分だけ交通量も増えて道路の傷みも激しくなる。

砂の採掘場が遠方になることで、経済面でのコストも増える。砂はとにかく重いので、輸送費用がかさむのだ。輸送距離が長くなるほど、砂の価格は跳ね上がる。アメリカにおける建設用の砂の価格は、インフレを考慮しても1978年の5倍以上となっているが、その理由の1つがここにある[8]。サンフランシスコやロサンゼルスといった大都市ではトラックで輸送される骨材の価格が高騰したために、経済的合理性に基づく開発業者の判断により、1600キロメートル近くも離れた場所にあるカナダの採取場から毎年300万トンの砂と砂利が船で輸送されている。

骨材そのものの価格も世界的に上昇している。「違法採掘を抑えるための取り組みの大部分は成功しておらず、多くの国において砂と砂利の資源量は速いペースで減少し、2019年までに枯渇するだろうと予想される。その結果、価格の急上昇が、特に都心部で生じるだろう」。オハイオ州に拠点を置くビジネスリサーチ企業のフリードニア・グループが、2016年の調査資料にそう記している。インドのテランガーナ州の開発業者たちは、2015年に複数の建設プロジェクトを中断せざるをえなくなった。砂不足のために現地での砂の価格が3倍に跳ねあがったためだ。ベトナムでは2017年初めに砂の違法採掘への取り締まりが行われ、やはり価格が急上昇した。フリードニア・グループの調査[9]によると、建設用の砂1トンあたりの全世界での平均価格はこの10年間で1・5倍近くに上昇している。その結果コンクリートも値上がりし、これが一因となって、多くの都市での住宅価格がこの20年間で大幅に上昇したと考えられる。

砂が減ることで起こる問題

砂の供給量の減少が世界経済に及ぼす影響は、これだけではすまないかもしれない。あらゆるものがコンクリートでつくられている大きな理由は、コンクリートが比較的安価だからである。建物や道路を新たにつくるための費用が急騰すれば、オイルショックのように、地域経済、ひいては国家経済に打撃を与える可能性がある。すでに深刻な住宅不足を抱えるインドなどでは、水漏れのないしっかりした構造の建物で暮らす経済力のある人々と、スラムでどうにか命をつないでいる何億もの人々との間に頑として存在する格差が、コンクリート価格の上昇によってさらに深刻化するだろう。

また、供給が厳しくなることで、砂は国際的な商品という性格がさらに強くなる。毎年およそ100億ドル相当[10]の建設用骨材が国境を越えて売られている。骨材は北朝鮮のわずかしかない輸出品の1つでもある[11]。カナダの砂はカリフォルニアをはるかに越えて、はるばるハワイまで運ばれている。ハワイには海岸や内陸部の砂丘を保護する規制があり、地元の砂を使うことができないためだ。ドイツのいくつかの地域では、深刻な砂不足のために、建設業者はデンマークやノルウェーから砂を輸入している。インドでは砂の採掘が制限されているため、インドネシアやフィリピン、さらには最大のライバル国であるパキスタンからも、砂を輸入せざるをえなくなっている。

特に異様な事態が生じたのは、カリブ海の島国であるセントビンセント及びグレナディーン諸島で、1990年代のことである。地元の建設事業によって自国の砂浜が徹底的に略奪されつつあることに危機感を募らせたこの小国は、1994年12月に砂浜の砂の採取を禁止し、翌年の初頭からは建設用の砂をすべて近隣国のガイアナから輸入することを定めた。価格の急騰を予想した建設業者や住宅建築業者、トラック運送業者たちはパニックに陥った。その結果、人々は躍起になって砂を溜めこみ始めたのだ。クリスマスから元旦まで24時間ぶっ通しで重機が島の砂浜を掘りまわった。積み上げられた砂はあまりに大量で、誰も使いきれないことは明らかだった。砂の山は風に吹かれて徐々に崩れ、波のように押し寄せる砂粒によって道路や配水管が塞がれた[12]。結局、禁止令は取り消されて採掘が再開された。それ以降、列島の砂丘や砂浜の多くが姿を消している。

多くの発展途上国で大きな問題となっているのは、たとえ法律をつくっても執行する者がいないために状況が少しも改善されないということだ。「とてもいい法律が制定されていますが、機能していません」。世界自然保護基金で水問題を調査しているマルク・ゴワショはこう語る。「需要が大きすぎるのに、法律を執行する政府の能力が低すぎるんです」

これは汚職の問題にも関わっている。政府当局者に差し出される賄賂や裏金こそが、違法な砂の採掘がこれほど大きな規模で続いていることの主な理由だろう。そして、本書執筆時点で、パレラム・チャウハンの殺害者がまだ裁判にかけられていないことの理由でもある。

これは世界的な問題である。骨材産業における汚職は――天然資源の採取に関するほとんどの産業と同じく――産業のすみずみにまで及んでおり、地元の判事の手に数枚の紙幣を握らせて違法な採取場を見逃してもらう村人から、超弩級の悪事に手を染める巨大多国籍企業の社員に至るまで存在している。2010年、アルジェリアで働いていた、セメントと骨材の世界大手であるラファージュ社の社員でフランス国籍をもつ2名が、マネーロンダリングと汚職の疑いで彼らを追っていた警察の手を逃れて本国へと逃げ帰った[13]。また、やはりラファージュ社が、自社工場の1つを見逃してもらうために、ISISを含む可能性のある武装集団にシリアの系列会社が支払いをしていたことを、2016年に認めている。このスキャンダルを受けて同社のCEOは辞任した[14]。

違法な採掘業者が、業界に関わる有力者から庇護を受けている場合もある。イギリスの調査活動団体グローバル・ウィットネスによると、カンボジアでは、非常に裕福な議員2名が国内の砂採掘場の多くを経営しているのだという[15]。また、インドとスリランカでも、国家政府や州政府の議員が砂取引に関与していると報じられている。

だが、往々にして、最悪の犯罪者はコミュニティの利益を守るはずの地元の役人たちである。2015年に、インドネシアの東ジャワ州で、52歳のサリム（別名カンシル）と51歳のトサン

（インドネシア人の多くは名前を1つしか用いない）という2人の農民が、砂浜の違法な採掘に対する抗議運動を先頭に立って繰り返し行った。だが、妨害を続けるようなら殺すと採掘者たちから脅されたため、これを警察に訴えて保護を求めた。ほどなくして、少なくとも12人の男たちがトサンを襲い、バイクで彼をひき、死んだものと判断して道の真ん中に置き去りにした。次に彼らが向かったのはサリムの家だった。サリムは殴られ、村役場まで連れていかれてこん棒や石で繰り返し打たれ、最後には刺し殺された。その死体は後ろ手に縛られた状態で路上に放置されていた。

この事件での逮捕者は35名にのぼった。襲撃の首謀者として2名が懲役20年の判決を受けた。両者とも地元の役人であり、片方は村長だった。

（砂産業はインドネシア全土から極悪人を引き寄せているようにしか見えない。インドネシア人の実業家のチェップ・ハナワンは、不動産業やプラスチックのリサイクル、そして砂の採掘にも携わっている。インドネシアにおけるイスラム法遵守の徹底を目指す団体の創設者であり、ジハード主義的テロリストを支援する人物だ。2002年に起きたバリ島のナイトクラブ爆破テロでは実行犯3名が処刑されたが、彼はその埋葬のために土地の寄贈を申し出ている。また、2015年にはCNNの取材に答えて、自分が費用を負担して、ISISに加わる戦闘員として156名のインドネシア人をイラクとシリアに渡航させたと話した[16]。）

バリ島とインドの違法な砂採掘

東ジャワ州での殺人事件の数カ月前、私は隣のバリ島の砂採掘場を訪れた。観光客用のビーチを離れてはるか内陸に入った場所で広がっていたのは、地上の楽園《シャングリラ》に隕石が落ちた跡のような景色だった。草木に覆われた山々が折り重なるあいだの、深い森と稲田に囲まれた美しい谷間のど真ん中に、砂と岩がむき出しになった5・7ヘクタールの汚らしい黒い穴が広がっている。穴の底ではサンダルばきでショートパンツ姿の男たちが大きなハンマーで岩を砕き、シャベルで砂をすくっては、砂と砂利をガタガタと音を立てて煙を吐く選別装置へと放り込んでいた。

私は責任者を見つけようとその場所を2時間ばかりも歩き回った。だが、誰も知らないようだった——少なくとも、外国人ジャーナリストに進んで名前を教えようとする者はいなかった。この採掘場の操業が違法である確率はどのくらいだろうか?「砂採掘場の操業の70%は無許可」だと、後ほど話を聞いた地方議会の元議員ニョマン・サドラーは言っていた。また、『ニューヨーク・タイムズ・マガジン』誌の最近の記事にはこう書かれている。「砂取引を(中略)支えているのは、そこに悪魔的な形で組み込まれている、もっともらしい責任逃れの連鎖である。(中略)砂の採掘を実際に行うのは小規模な個人経営の会社や個人であり、作業者が臨時雇いの場合も多い。多くの場合、作業は夜間のうちに密かに行われる。しかも、生産ラインの各段階は他の部分から分断されている。つまり、採掘業者から輸送業者、販売業者、建設業者へと砂は移動するのだが、この鎖をつなぐ人々は、自分が購入した砂がどこから来たのか、採掘したのは誰かといったことについては、可能な限り知らない状態でいるのだ。理由は明白、知りたくないからだ[17]」

砂の採掘場を地元の警察に見逃してもらうためには、少しばかりの現金を戦略的に配るだけでいい。採掘許可のある企業でさえも、金をばらまいて、許可されたよりも大きくて深い穴を掘っている。インドネシア環境フォーラムの活動家、スリアディ・ダルモコはこう話す。「連中はとにかく政府の役人に賄賂を贈るんだ。公然の秘密だよ」。たとえば、サリムの殺害で有罪判決を受けた村長は、採掘場を維持するために警察官に金をつかませたと認めている。

こういったことが実際にどのように行われているのか、私はインドにいる間につぶさに見ることができた。インドで私は、違法な砂採掘に反対する活動を最前線で行っているスマイラ・アブドゥラリと数日間行動をともにした。アブドゥラリはムンバイのブルジョア階級に属する上品で裕福な女性であり、物柔らかな話し方と洗練された作法を身につけている。長年にわたり、お抱え運転手が走らせる革張りのセダンで辺鄙《へんぴ》な地域を訪れては、操業中の砂マフィアの写真を撮り続けている。活動を続けるなかで、侮辱され、脅され、岩を投げつけられ、猛スピードで追い回され、車の窓を割られ、顔面を強く殴られて歯を1本折られている。

アブドゥラリがこの問題に関わるようになったのは、彼女の家族が何代も前から休暇で訪れていたムンバイ近くのビーチを、採掘者たちがめちゃくちゃに荒らすようになってからだ。2004年、彼女はインドで初めて、市民主導の訴訟を砂採掘に対して起こした。これが新聞で取りあげられて、地元の砂マフィアの活動を止めさせるのを手助けしてほしいという声がインド各地から彼女のもとへ殺到するようになった。以来ずっと、そういった人々が訴訟を起こすのを何十件も助けてきた。また、彼女自身が周到に準備した訴状の数々を、地方当局と新聞社に絶え間なく届けるようにもしている。「私たちは、建設を止めることはできません。開発を中止させたいわけではないのです」と、インド系イギリス人風の訛りのある英語で彼女は言った。「私たちは説明責任というものを根づかせたいのです」

アブドゥラリに連れられて、インドの西海岸にある田舎町マハードを訪れた。かつて砂の採掘者たちによって彼女の車が大破させられた場所だ。沿岸の保護地域が近くにあるため、砂の採掘はこの地域では全面的に禁止されている。にもかかわらず、町からそう離れていない樹木が生い茂る丘陵地帯で、灰緑色の川に浮かぶ船がディーゼル駆動のポンプで川底から砂を吸い上げている現場に行きあたった。その様子は周囲から丸見えだった。川岸には巨大な砂山がいくつもあり、男たちはショベルカーを操作してその砂をトラックに積み込んでいた。

そのすぐ後で、本道に戻った私たちは、砂を積んだトラック3台の小隊がすぐ前を走っていることに気づいた。3台は轟音を立てながら、道路脇に停車していた警察のバンの横を、呼び止められることもなく通り過ぎた。バンのそばに警察官が2人いたが、ぼんやりと車の流れを眺めているだけだった。車内にいたもう1人は、座席を完全に倒して昼寝をしている。

アブドゥラリには我慢ならない状況だった。私たちはバンの横に停車した。責任者らしいのは車内でくつろいでいる警察官だった。カーキ色の制服の肩口には星のマークがついており、足元は黒い靴下だけだ。靴を脱いでいたのだ。

「たった今、砂を積んだトラックが横を通ったのを見なかったんですか？」アブドゥラリが訊ねた。

「午前中に何台かつかまえましたよ」その警察官が愛想よく答えた。「今は昼休みでしてね」

再び車を走らせたが、同じ通りをほんの数百メートルもいかないうちに、非合法の砂を積んだ、また別のトラックが停車しているそばを通り過ぎた。

少し後で、私はこの出来事について地元の政府職員に話してみたが、彼はまったく驚かなかった。「警察は採掘業者とぐるですからね」と、名前を伏せてほしいというこの職員は言った。「踏み込み捜査の応援を警察に頼むと、私たちが向かうことを採掘業者に知らせてしまうんです」。彼が裁判に持ち込んだ事件でさえ、誰も有罪にならなかった。「彼らは法の専門的な解釈の問題に必ず持ちこみますからね」

明らかに、砂の採掘を規制する法律を政府が執行することに頼るだけでは不十分なのだ。この問題に取り組む方法の1つとして、フェアトレード運動のモデルに沿った集団での消費者活動を用いることが考えられる。たとえば、あなたのコーヒーや、ダイヤモンドの指輪、木製のテーブルなどの場合、環境に対して過度のダメージを与えたり、労働者を搾取したり、戦闘的な独裁者に資金提供したりすることなくつくられたものであることを認証する、国際的なプログラムがたくさんある。もちろん、どれをとっても、完璧な、あるいは完全に信頼できる解決策ではないが、何もないよりはずっといい。砂産業に対しても、利害関係のない消費者主体の同様の監視団体を立ち上げてはどうだろうか。

コンクリートの寿命を延ばす技術

技術もいくらか助けになるかもしれない。世界中で、たくさんの研究者や科学者がコンクリートの寿命を長くする方法の開発に取り組んでおり、成功すれば毎年必要となる砂の量を削減できるだろう。

コンクリートの主な欠点の1つは、亀裂に対する脆弱性である。亀裂があると水分が浸透して内部の鉄筋を腐食させるのだ。では亀裂をコンクリートが自分で埋められるとしたら？　実際にこの自己治癒コンクリートが実現可能であることがわかっている。ヨーロッパの研究者たちが注目するバクテリアは、炭酸カルシウムを排出し、しかもコンクリートのなかで休眠状態となって何十年も生存できる。亀裂ができるとそこから浸みこんだ水分によってバクテリアが目覚め、炭酸カルシウムを排出して、亀裂を塞ぐというわけだ。この方法は実験室でうまくいっており、実用に向けた開発が進んでいる[18]。

もう1つは、水分を吸収すると膨張してハイドロゲルとなる高分子化合物（ポリマー）を埋め込む方法だ（赤ちゃん用のおむつなどさまざまな製品に応用されている）。水が亀裂に浸みこむと、膨張してハイドロゲルとなり、その亀裂を埋めるのだ。また、韓国の科学者たちはマイクロカプセルを含有する保護コーティングの実験を行っている。このマイクロカプセルに詰められた溶液は日光にさらされると硬化する。理論上は、コンクリートにひびができるとカプセルが壊れて溶液が放出され、日光を浴びて固まるという寸法だ。他にも、何かが自動的に亀裂へと滲みだすための何通りかの手法が、さまざまな国の実験室で研究されている。

さらには、ジオポリマーコンクリートと呼ばれるものもある。これはセメントを使わず、別の結合材を用いるコンクリートだ。この結合材は自然素材とフライアッシュのような工業的な副産物からつくられる（フライアッシュとは発電所で石炭を燃焼させたときに生じる灰の、粉末状となった残りかすである）。セメントはコンクリートの材料だが、その製造には他の材料よりもはるかに多くのエネルギーを要し、廃棄物としてより多くの温室効果ガスを発生させるので、セメントを材料から取り除くことは大気環境にとってプラスの効果がある。このジオポリマーコンクリートにはさまざまな種類があり、世界中のいくつかの場所ですでに使用されているが、多くは道路の舗装用だ。他にも、セメント製造における温室効果ガスの排出量を減らすために、研究者たちは多岐にわたる方法を検討している。

鉄筋コンクリートにおいて破損する可能性が最も高い構成要素とは鉄筋なのだから、これをもっと頼りになるものに替えることも考えられる。ノルウェーのある企業は、鉄筋の代替物で高い腐食耐性をもつ素材とうたってバサルトファイバー（玄武岩繊維）製の補強材を販売している。なかには、鉄筋の代わりに、炭化させた竹の細片を編んだものを使おうと試みる研究者もいる。ガラス繊維で補強したコンクリートも開発されており、強度がより強く、寿命も長くなるのだが、普及はしていない。一方、デンマークのある企業は砂漠の砂を使ったコンクリート製造技術を開発したと主張しているが、まだ市場に出してはいない。

こういったアイデアはどれも理論的には素晴らしいもののように思われる。だが、実社会において手ごろな価格で売り出せるようになるかというと、まだ答えは出ていない。

砂のリサイクルと代替物

では、別の素材につくりかえられた砂のリサイクルについてはどうだろう。実は、リサイクルは可能なのだが、その割合はかなり小さい。ガラスは効果的にリサイクルできるが、砂の全使用量のうち、ガラス産業で使われるのはほんのわずかである。砂の大部分はコンクリートの製造に使われているのだ。コンクリートを砕いてもう一度コンクリートに使うことはできるが、安価ではない。たとえば鉄筋の除去などが必要となるためだ。さらに、再生コンクリートの品質はあまりよくないため、道路基盤や歩道など、低品質でも問題のない用途にしか使うことができないとされる。再生コンクリートの市場は成長しているものの、全体からすればまだごくわずかだ。アスファルトのリサイクルはもっと簡単で、アメリカでは毎年およそ7300万トンが再利用されている[19]。だがこれもまた、全体からすればごくわずかな量である。

いずれにしろ、建物や道路はガラス瓶とは違う。一度使ってポイと捨てるものとしてつくられているわけではないのだ。何十年にもわたる継続的な使用が想定されている。置かれた場所から動かないのだ。こういった建造物に使われた砂はその場所にずっと固定されて、おそらくは永遠にリサイクルという循環からは外されることとなる。

砂をもっとつくることは可能だが、簡単でも安価でもない。岩石を砕いたり、コンクリートを粉々にしたりして小さな粒にすることは有効ではある。しかし、人工の砂をつくるのは自然の砂を採取するよりもコストがかかるうえ、人工砂が不向きな用途は多い。粉砕したばかりの砂粒には色々と欠点があるのだが、何よりもほとんどが角張りすぎているという問題がある。ダムの内側に溜まっている砂の一部を浚うこともできるが、それもコストがかかる。

使用目的によっては、別の物質での代用も可能だ。たとえば、ある種のコンクリートでは、フライアッシュ、銅スラグ、採石場の粉塵などを砂の代わりにしている。インドでは、砂の代用品として細かく砕いた廃プラスチックを使ってコンクリートを製造するプロジェクトが進行中だ。これにより、川底から採取される砂の量と、ごみ投棄場に向かうごみの量の両方の削減が期待できる。オーストラリアには、コーヒーの出し殻と鉄鋼生産で生じた廃棄物を組み合わせて舗道をつくる方法を開発中の工学者もいる。

こういったさまざまな取り組みが助けとなる可能性はあるし、そうなってほしいものだ。しかし、私たちが都市を建設するためには莫大な量の骨材が必要であり、これを何かで置き換えるのは事実上不可能なのだ。毎年500億トンも確保できる物質など、他に何があるだろうか。

砂問題の根本的解決法とは？

結局のところ、長期的な解決策は1つしかない。人間が砂の使用量を減らすことに取り組まねばならないということだ。もっと言うと、人間はあらゆるものの使用量を減らすことに取り組まねばならない。

こんな言葉を聞いたことがあるだろう。「人類は地球を食い尽くそうとしている」。私たちは環境資源をはるかに超えた生活をしている。あまりに多くの石油を燃やし、あまりに多くの魚を獲り、あまりに多くの木を切り倒し、あまりに多くの淡水を汲み上げている。そして、とんでもないことに、あまりに多くのリンを消費しているのだ。リンは農作物の肥料にとって必須成分であるが、特定の種類の岩石からしか得られず、その岩石の供給量は減り続けている[20]。

私たちは、聞き慣れない名前だけれども実は誰もが毎日頼っている産物さえも使い果たそうとしている。スマートフォンから太陽光パネルまで、今日のハイテク機器には、タンタルやジスプロシウムといった知名度の低い珍しい金属がたくさん使われている。これらの物質の多くは産地が非常に少なく、注意を要するほどの供給不足に陥っている。現状については、デビッド・S・エイブラハムの著書『力の元素（The Elements of Power）』に詳しい。「私たちは今、人類史上で最も多くの元素を、最も多くの組み合わせで使っている」とエイブラハムは説明する。「ハイテク製品の将来は、人間の頭脳によって決まるのではなく、その製品をつくるための材料を確保できるかどうかという人間の能力によって決まるのかもしれない。（中略）人間の発明の才は、まもなく材料の供給を追い越してしまうだろう[21]」

人類が使う原料の量――いろいろなモノのとてつもない総量――は、およそ100年で8倍に膨れ上がった。建設資材の量に至っては34倍である[22]。世界自然保護基金によると、人間はこの40年間、自然が補充するよりも早く天然資源を使い潰している。つまり、若木が成長するよりも早く木を切り倒し、魚が繁殖する前に魚を獲るなどしているわけだ。もちろん、これと同じことが砂にも当てはまる。自然の力により山々が侵食されることで新しい砂は絶えずつくられているものの、それをはるかに超える量を私たちは使っているのだ。人類が毎年使っているすべての原料を持続可能な形で確保するためには、だいたい地球1個半が必要となる[23]。もしも世界のすべての人がアメリカの生活水準で暮らすとすれば、地球4個半が必要である[24]。

島国のカーボベルデでは、皮肉にも、他の資源を消費しすぎたために砂の採掘をせざるをえなくなった。2013年のドキュメンタリー『砂粒（Sandgrains）』で語られるのは、ある村の物語である。かつて村の人々は漁業により生計を立てていたのだが、産業的規模での乱獲により周辺の海洋生物が激減したため、海底から砂をバケツで掘り出して売るようになった[25]。村人たちは生き延びるために海に頼っていることには変わりはないが、今では魚ではなく砂をとるようになっている。

小麦から紙や銅にいたるまで、ほとんどあらゆる重要な資源の消費量は、一様に増加している[26]。アメリカ国勢調査局によると、国内の新築家屋の平均面積は、1973年と比べて100平方メートル近く広い249平方メートルとなっている。同時期の比較で、その家に住む人数は平均で3人だったのが2・5人に減っている。これらの数字から、この40年間で、アメリカ人の1人あたりの居住面積が2倍近くに増えていることがわかる[27]。この増えた分のすべての部屋をつくるために、どれほどの木材が、ケーブルが、エネルギーが、そして砂が使われてきたのか、考えてみてほしい。

郊外での車依存の暮らし、大きすぎる家、SUV、各部屋に1台のテレビといった現代の生活スタイルは西欧諸国で発明されたものだが、これを世界中で実現するのは物理的に不可能である。オーストリアのクラーゲンフルト大学による最近の調査によると、産業化が完全に進んだ西欧諸国が世界の資源全体の3分の1を、そして化石燃料と工業鉱物（砂を含む）の半分以上を使い果たしているという。この状況で、中国やインド、他の多くの国々の資源消費量が急速に拡大しているのだ。

これは当然のことだろう。経済成長によって発展途上国全体にわたって生活水準が上昇しつつある。1990年以降で10億人近くが極度の貧困から抜け出し、12億人が世界の消費者層（生活必需品以外のものを購入する余裕のある人々）に加わったのだ。これからの数十年で、30億人が世界的な中流階級へと上昇すると予想されている[28]。

一方、国連の推定によると、その分布の反対側で16億人もの人々が十分ではない住まいで暮らしている[29]。1億人以上には家すらない。これらの人々のために適正な住まいを用意するには、膨大な資源が必要となる。この需要を満たすためには、1時間に4000戸の手ごろな価格の住宅を世界中で2030年までつくり続けなくてはならない。インドだけをとっても、2050年までに4億人以上の人々のための住宅をつくり、都市インフラを整備する必要がある。米国の全人口よりも多い数の人々のためにである。

必ず訪れる砂不足に備えて

このような状況からして、遅かれ早かれ砂不足になることは避けられない。実際、すでに起こりつつある。カリフォルニア州の環境保護局は2012年の報告書において、砂と砂利については今後50年間で必要量の3分の1程度しか州は入手できないだろうと警鐘を鳴らした。英国では、陸地での砂採掘に圧力がかかっているため、徐々に海砂の採掘へと転じており、今では必要量のおよそ5分の1が海底の砂でまかなわれている。だが、これらの砂の供給はあと50年しか続かないと予測されている[30]。ベトナムの建設省は2017年に、このままでは15年未満で国内の砂を完全に使い果たすことになると警告している。

実は、私たちが砂で築いてきた建造物そのものが、今では砂を手に入れるための妨げとなっている。「質のよい骨材は、ショッピングセンターなんかでべったりと覆われた地面の下に残っているけど、抜き取れないからね」こう話すのはミシガン工科大学でコンクリートを専門としているラリー・サッターだ。

もちろん、地球には砂はまだたくさんある。私たちが本当にそれを使い果たそうとしているわけではない。近い将来に異様な風体の暴走族同士が最後の砂を載せたトラックをめぐって戦闘を繰り広げるということにはならないだろう。だが、砂をめぐる状況は多くの点で他の重要な天然資源の状況と共通している。地球にたくさんあっても、それを必要とする人間が住む場所からは遠く離れた場所にあったり、深刻な環境破壊というリスクを伴わずには採取できなかったりするのだ。

たとえば化石燃料がどういった状況にあるのかを考えてみよう。地中には石油や天然ガスがまだたくさん残っている。だが、地表近くの採取しやすい炭化水素の大部分はなくなってしまった。その結果、エネルギー産業はフラッキングや海底油田やガス田の開発に向かわざるをえなくなった。このような海底油田の1つで、BP社の石油リグ、ディープウォーター・ホライズンが掘削中に爆発して、2010年にメキシコ湾に甚大な被害をもたらしたのだ。つまり、私たちは必要とする化石燃料のすべてを手に入れられるけれども、それによる環境や社会への負担は増え続けているということだ。

次に、真水はどんな状況にあるだろうか。中東からアメリカ南西部まで、恐ろしくなるほど不足している資源である。世界全体として見れば十分にある。しかし、たとえばカナダのように水がたくさんある場所から、ヨルダンのようにほとんどない場所へと輸送するためにはとてつもない費用がかかる――カナダがそうする意思があるとしての話だが。そして、フロリダ州南部での砂浜の砂をめぐる争いが示すように、こと自分の砂を分け与えるとなると、近隣国でさえも自分のことしか考えなくなる可能性がある。

どれほど見苦しい状況になるだろうか。砂が余っている国は、近隣国が砂不足で苦しんでいても自国の砂をがっちり抱えこむのだろうか？　もちろんそうするだろう。2007年に中国はそのとおりのことをして、建設用砂の台湾への輸出を一時的に取りやめた。2009年にはサウジアラビアも同じ行動に出て、国内での砂不足を理由に他の湾岸諸国への建設用砂の販売を一時的に禁止している。

読み間違いではない。サウジアラビアが、砂を使い果たすことを恐れているのだ[31]。

一方で、私たちが利用し続けている砂の軍隊は、ある問題に加担している。まもなくすべての人の最大の懸念となるかもしれない気候変動の問題だ。砂をコンクリートやガラスへと変えるにはエネルギーが必要であり、石炭や天然ガスを燃やす発電所から途方もない量のエネルギーを得ている。それよりもっと重要なのが、砂は化石燃料にとって共生的なパートナーであるということだ。指摘されることはないが、砂は石油産業やガス産業にとって不可欠なパートナーである。砂でできた道路によって利便性が高くなる自動車は、ガソリンやディーゼル燃料を燃焼させている。砂でできた郊外やショッピングモール、オフィスパークでは、自動車は不可欠のものとなる。また、砂によって、かつては手の届かなかった何千億バレルもの石油や天然ガスを手に入れる方法が確立されることにもなった。

企業による自然破壊について独善的に責め立てるのは簡単だ。だが一部の天然資源については——代表例として石油と砂が挙げられるが——誰もがそれらの企業の製品を必要としているのだ。骨材産業の専門家たちが、LICA（情報に乏しい地域社会活動家）やCAVE（ほとんどなんにでも反対する市民）に対する不満をもらすことがよくある。そして、その不満にはもっともだと思える部分もある。現代社会の快適さと便利さのなかで育った人で、それらを手放したいと本心から思う者などいない。石油とガスがなければ、自動車もトラックもなく、使えるエネルギーは大幅に少なくなる（少なくとも風力や太陽光による発電量が増加するまでは）。砂がなければ、近代的な都市も暮らしは成り立たない。だが、自然界になんの被害も及ぼさず、なんの変更も加えることがないままで、出し渋る地球からこれらの資源を抜き出すことは絶対に不可能なのだ。もしも誰かが、70億人とはいわずごくわずかな人数であっても、その人々が地球にいかなる害も与えることなくそこそこの生活水準を保つことが可能だと言い張るならば、その人物は不正直であるか、考えが甘すぎるのだ。つまり、真に問うべきこととは、人類はどこまで突き進もうとしているのかということだ。どの程度の被害を、どこで、何に対してなら与えてもいいと思うのかということなのだ。

いつの時代でも、人口増加によってなにか重要な天然資源が枯渇する危険に世界がさらされると主張する者が現れるたびに、楽観主義者（そして利己的な実業家）たちはたいていこう反論してきた。「1798年のトマス・マルサスの時代からそれとまったく同じシナリオについて警告する人々はいたが、実際に起きたためしはないではないか」。技術の飛躍的進歩や政策による対応、そして新しい発見によって、予測されていた危機を――オゾンホールからピークオイル論まで――人類は常にもちこたえてきたというのだ。

確かに、それは事実である。しかし、これからもずっともちこたえられるとは限らない。警告された災害の多くは回避された。なぜならば、警告を受けて、それを防ぐための行動をとったからだ。オゾン層は、魔法のように自分で回復し始めたのではない。オゾンホールが深刻な問題であることを世界中の国々が認識して、オゾン層破壊の原因であるフロンをはじめとするガスの使用停止に同意したから、オゾン層は回復しつつあるのだ。

過剰消費社会の問題

　また、次のことを心に留めておくのも重要だ。今日の世界における変化のスピードと規模は、まったく前例のないものだということだ。４００万年にわたる人類の歴史におけるどんな時代も比べ物にならない。「イギリスが人口１人当たりの生産量を2倍にするのには１５４年かかったのだが、それは人口９００万人（開始当時）の規模だった時代のことである」。マッキンゼー・グローバル・インスティテュートによる世界経済動向に関する最近の報告書『マッキンゼーが予測する未来』の著者はこう記している。「アメリカが同じ偉業を達成するには53年がかかり、人口１０００万人（開始当時）の時代であった。ところが、それと同じことを中国とインドは、それぞれ12年と16年で達成し、しかもそれぞれの国がおよそ１００倍の人口を抱えて達成したのである。言い換えれば、両国の経済規模の拡大は、イギリスの産業革命がきっかけとなった経済発展のスピードよりも10倍に加速され、しかもその規模は３００倍で、経済発展の力は実に３０００倍ということになる[32]」。報告書によると、発展途上国全体における経済成長によって、２０２５年までに全世界の消費者層（必需品以外の物を購入できるだけの収入を得ている人々）は42億人にまで成長するだろうとのことだ。50年前の地球全体の人口を超える数である。それほどの数のスマートフォンが購入されることになるわけだ。

　私たちの生活様式が20世紀にうまく機能していたのは、そうやって生活している人数が――

西欧諸国にほぼ限られていたために――比較的少なかったからだ。世界中の大部分の人は貧しかった。だが、歴史上初めて、その状況が変わりつつある。西欧の工業国はこれまでと変わらず消費し続けており、その他の人々も経済的な階層を上昇するにつれて消費量が増え始めている。

これらの新たな消費者は、欧米で享受されているのと同じように、自動車や電子機器を利用できる生活を求めており、手に入れつつもある。1995年には中国の都市部に住む人で冷蔵庫をもっているのはたったの7％だったのが、12年後には95％となった。米国国家情報会議による2012年の報告書では、この急成長は「原材料および製造品の争奪戦を意味する」と警告されている[33]。化石燃料に食糧、鉱物、木材、何もかもについて、「消費する資源の範囲と量、そしてそれと関連する環境への影響が、国やマーケット、テクノロジーの適応能力では対応しきれないものとなる危険性がある」と、英国の歴史あるシンクタンクの王立国際問題研究所（チャタムハウス）が2012年の報告書[34]で明言している。

砂は、この過剰消費というはるかに大きな問題のほんの一面であり、要素の1つにすぎない。石英砂がおそらくは地球表面上で最も豊富な物質であることを思い出してほしい。その豊富な砂さえも使い果たしつつあるというのならば、自分たちがすべてのものをどのように消費しつつあるのかを真剣に考えるべきなのだ。

誤解しないでほしい。私も他の人たちと同じように、自分の一戸建て住宅と、そこに置いてある大容量の冷蔵庫や大画面テレビ、セントラル空調システム、いくつものノートパソコンやタブレットや携帯電話を気に入っている。すべての持ち物を捨てて森のなかで暮らすようにと提案しているわけではない。しかし、もっと質素な環境でかなりの期間を過ごした経験から、21世紀アメリカの標準よりも、もっと小さな家で、電化製品や自動車を減らして、持ち物も少なくした状態でも、素晴らしく快適で完全に現代的な生活を送ることが可能だとわかっている。

この方向性での有望な進展に、「シェアリングエコノミー（共有型経済）」の登場がある。この用語は、余剰資源を簡単に賃借りできるようにしたUber（ウーバー）やAirbnb（エアビーアンドビー）など、数多くの新たな企業のどれかのマーケティング担当者が発明したものに違いない。（それらの企業から請求されなくなったら、晴れて私も「シェアリング」という言葉を使うとしょう。）用語への揚げ足取りはさておいて、これらのサービスは、産業革命後の経済の膨大な無駄を減らすためにようやく登場した新しい手法なのだ。とりわけ砂の消費の削減に役立つ可能性がある。

アメリカでは大人のほとんどが自動車を所有している。そして、その車のほとんどは、大部分の時間を身じろぎもせずに、駐車されたまま過ごしている。Uberなどの配車サービスにより、少なくとも都市に住む人々にとっては、自家用車をもたずに必要なときだけ乗車して代金を払えばすむということが、これまでにないほど簡単にできるようになった。

車の所有が減ることが、砂の節約につながる理由を説明しよう。今日の典型的なアメリカの住宅は、車庫とそこに続く専用道路が一緒につくられる。コンクリートで、つまりは砂でつくられた車ありきの構造なのだ。だが、車を所有しなければその構造は不要となる。1軒の家を建てるのに必要な砂の量を何トンも減らすことができるだろう。

同様に、Airbnbなどによって旅行中にホテルではなく他の人の家の余っている部屋に宿泊することが増えれば、建てる必要のあるホテルの数が減るだろう。それらのホテルや、それと抱き合わせでつくられる駐車場や専用道路のために集めてこられるはずだった砂が、地表にそのまま残ることになる。(もちろん、他にもさまざまな資源の節約にもなる。)

新しい建物の必要性が少なくなれば、都市が拡大するペースが落ちるかもしれない。そうすれば、土地を人工的に造成するためにこれほど大量の海砂を浚渫する必要もなくなる。さらに、水の使用も十分に抑えられるようになれば、乾燥地から水を吸い上げるのをやめることができて、砂漠化の脅威が軽減されるかもしれない。

また、自動車の製造や建物の建設を減らすことは、エネルギーの消費量が減って、化石燃料の必要性が小さくなるということでもある。そうなれば、フラッキングの必要性も減り、フラックサンドを入手するためのウィスコンシン州の農地破壊を止められるかもしれない。

砂よりも頑丈な土台を

「時間の砂も残りわずかだ」、「私たちの家は砂のうえに建っている」。砂を使った比喩はさまざまだ。だが、理解してほしいのは、後者は単なる比喩ではないということだ。砂は実際に私たちの足下の床であり、頭上の天井である。砂は現代性の土台なのだ。この土台のうえに、アーネスト・ランサム、マイケル・オーウェンズ、そしてドワイト・D・アイゼンハワーさえもが夢想したよりもはるかに多くの目的をかなえるために、砂に依存する経済と社会を人類はつくりあげてきた。

にもかかわらず、人は砂を世界で最もあたりまえにある天然資源だとみなしている。砂について、どこから来たのか、手に入れるために何がなされているかといったことを考える者などほとんどいない。だが、そのような贅沢な態度はもはや許されないのだ。70億人が暮らすこの世界では、ますます多くの人たちが、生活するためのアパートを、働くためのオフィスを、買い物するための店を、連絡をとるための携帯電話を必要としているのだから。

石油や水、木々、土地などの供給が無尽蔵にあると思われていた頃には、それらの資源について気をもむ必要はなかった。しかしもちろん、私たちはそのすべての資源には限りがあるのだと身をもって学びつつある。しかも、これまでにそれらの資源を使ってきたつけは大きくなるばかりなのだ。私たちは、天然資源を保全し、再利用し、その代替物を探し、全体として賢く用いることができるように学ばねばならなくなっている。同様に、砂についても考え始める必要があるのだ。

だが、さらに大きな問題として、個々の資源を注意深く賢明に使いさえすればいいわけではないということを理解しなくてはならない。問題はすべての資源をどう使うかである。砂よりも頑丈な土台のうえに70億人の暮らしを築く方法を考え出さねばならないのだ。

謝辞

本書を執筆できたのは、貴重な時間と専門知識を惜しげもなく分け与えてくれて、私を励ましてもくれた、世界中のさまざまな場所で暮らす本当にたくさんの人たちのおかげだ。アカシュ・チャウハンには特に感謝している。身の安全を危険にさらして父親パレラム・チャウハンの殺害について語ってくれたことで『WIRED（ワイアード）』誌の記事が完成し、それが元となって本書が誕生した。その後もインドの砂マフィアへの反対の声を果敢に上げ続けているチャウハンは、さらなる称賛に値する。不撓《ふとう》不屈のスマイラ・アブドゥラリ、インドの違法な砂採掘やその他の見落とされがちな環境破壊に反対する、おそらくはインドで最も重要な活動家であるこの女性もまた、この最初の記事の執筆にあたってとても強力な味方となってくれた。「森林および環境のための社会活動（Social Action for Forest and Environment）」を創設したヴィクラント・トンガ、そしてジャーナリストのクマール・サンバブもまた同様だ。他にも、砂の採掘者が自国に向けている暴力と破壊を報じ続け、彼ら自身がその暴力のターゲットとなることも珍しくないインドの多くのジャーナリストに、この上ない敬意を捧げる。そして、ジェイコブ・ヴィリオスに心から感謝する。直接に会ったことはないが、彼がEjolt.orgに寄せた世界の砂産業に関する報告を読むまでは、世界的な砂産業があるということすら認識していなかったのだ。

ノースカロライナ州ではアレックス・グラバーとデビッド・ビディックスが素晴らしいガイドとなり、スプルースパイン各地を案内してくれて、その類のない歴史と地質学的特徴について多くのことを教えてくれた。トム・ガロ博士もとても親切で、彼の身に起きた出来事だけでなく、石英産業についての専門的な内容についても説明してくれた。また、ロスキル・インフォメーションサービスのジェシカ・ロバーツも、技術面での細かい点まで確認させてもらえる、値がつけられないほど貴重な情報源となった。

ウィスコンシン州でそれぞれの郡のあちこちを案内してくれたケン・シュミットとドナ・ブローガンに、また学生を連れての研究旅行に私を参加させてくれたクリスピン・ピアースに感謝する。フラッキングの現場についてのデータベースを利用させてもらった「調査報道のためのウィスコンシン・センター（Wisconsin Center or Investigative Journalism）」にも感謝したい。

フロリダ州では、活動家のダン・クラークとエド・ティチェナー、そしてパームビーチの町で海岸調整官を務めるロバート・ウェーバーがふんだんに時間を割き、養浜についてのさまざまな側面を見せてくれた。

ドバイでは、ジャーナリストのジム・クレーンが地元の重要人物を何人も紹介してくれて、本当にお世話になった（素晴らしい彼の著作にも助けられた）。ヨルダン川西岸地区からペルシャ湾まで、見事な仲介の手腕を発揮してくれたルブナ・シャリーフ・タクルリにも感謝する。

中国では、コン・リンユーにお世話になった。スマートフォンを駆使して、仲介役として、また通訳として素晴らしい活躍をしてくれた。また、鄱陽湖《はようこ》の人里離れた場所に連れていってくれたドキュメンタリー作家のチョン・ワンとシャオ・チーピン、アメリカ非公式の南昌市駐在大使ともいえるデビッド・シャンクマンにも感謝したい。ウィルソン・センターのジェニファー・ターナーにはたくさんの人の連絡先を教えてもらった。そのうちの1人のルワン・ドンが手配してくれて、北京でビール・つきトークイベントを開催できた。楽しそうに聞こえると思うが、本当に楽しいイベントとなった。

インドネシアでは、私が行くべきすべての場所にアントン・ムハジールが連れて行ってくれた。同様にカンボジアで案内してくれたオウドム・タットにもお世話になった。マザー・ネイチャー・カンボジアのアレックス・ゴンザレス＝デビッドソンと仲間たちには、彼らの勇気ある活動に対して、またココンで力添えしてもらったことについて感謝する。そして、ジェイコブ・クシュナーにはケニアからの報道で助けてもらったことを、ピーター・クラインにはさまざまな国の通訳や仲介者たちを推薦してもらったことを感謝したい。

アメリカ地質調査所に属する、名が知られることのない統計学者たち、1世紀以上にわたる砂の使用量の統計情報を作成してくれた彼らも、特別の称賛に値する。労働統計局のスターリング・ケリーも同じで、このケリーが教えてくれたホルヘ・ルイス・ボルヘスの素晴らしい引用を第1部の冒頭で使わせてもらった。砂をめぐる危機的状況について最初の権威ある報告書を著した国連環境計画のパスカル・ペドゥッチからは、いくつかの重要な初期資料を頂いた。アメリカ石・砂・砂利協会のベイリー・ウッドにも感謝する。幾度にもわたって回答をもらい、多くの人を紹介してもらった。初期の調査において、地質学者のマイケル・ウェランドには、電話で、そして素晴らしい著作を通して本当に助けられた。本書の完成前に彼が亡くなられたことを知り、残念でならない。

そしてもちろん、執筆業での最高のエージェントのリサ・バンコフと、リバーヘッド・ブックスの素晴らしい編集者ジェイク・モリシーに深く感謝する。この本をまとめるにあたって、2人からは手厳しいアドバイスをもらった。そのときはすんなりとは受け入れられなかったこともあったが、それらの批評のほとんどはまさしく的を射たものであった。また、この本の一部となる記事を掲載してくれた『WIRED』誌、『ニューヨーク・タイムズ』紙、『ガーディアン』紙、『パシフィック・スタンダード』誌、『マザー・ジョーンズ』誌の編集者たちにも感謝する。特に、この主題についての、私の最初の特集記事を担当してくれた『WIRED』誌のアダム・ロジャースに感謝したい。トム・ハンドレイをはじめとするピューリッツァー危機報道センターのスタッフたちにも深く感謝している。出してもらった助成金のおかげで、これらすべての取材旅行が可能となった。さらに、ミシェル・デルガドにも感謝したい。物書きが望み得る最高に元気なアシスタントであり、調査や資料調達で活躍してくれた。他にも、ヴィニー・ハリウッド、ウラジーミル・レプティリオ、そしてブレシッド・レプタイル・プロダクションズのクルー全員に、彼らがしてくれたすべてのことについて感謝したい。

また、たくさんの仕事仲間、友人、親戚たちにもお世話になった。タラス・グレスコー、トム・ゾエルナー、デイビッド・デイビス、ジャスティン・プリチャード、リンダ・マルサ、スコット・カーニー、ヘクター・トバール、ケアリー・リンは、各章の草稿を読んで心優しくも見識豊かな意見をくれたり、出版業界についての知見を伝えてくれたりした。誰をとっても一流の作家なので、彼らの本をぜひとも購入してほしい。そして、我がバイザー・シリング家の子どもたち、アダラとアイザイヤ、本当にありがとう。この2年間というもの父親が旅行で何度も家を空けるのをよく我慢してくれたね（そして1度はついてきてくれた）。最後に、私と結婚したことでこれまでも嫌になるほど砂の話を聞かされているというのに、丸々2冊分にもなる草稿を丁寧に読み込んで建設的な批評をしてくれた妻のケイル・シリングに、心からの感謝を捧げる。

訳者あとがき

田畑が広がるのどかな風景のなか、白い岩肌が顔をのぞかせる緑豊かな山のふもとに、軒を連ねる白い工場の数々。それが私の原風景です。私の実家の家業は石灰工場で、子どもの頃から石灰にまみれて走り回り、危ないと言われながらもこっそり山の石切り場で遊んでいました。石灰は砂ではありませんが、砂から見える世界に近い風景を、私は石灰を通して見てきました。石灰とは、石灰石を焼成・加工してつくられる細かい粉状の物質で、本書にも登場するとおりセメントの原料です。そのため、近所に生コンクリートの会社もあって、細い道路をミキサー車やトラックが行き交っていました。

石灰の利用法もまた、多岐にわたります。小学生の頃からお馴染みのチョークや白線引き、しっくいや肥料に乾燥剤など、他にも用途はさまざまです。映画好きの父のお気に入りの作品が、チャップリンの『ライムライト』。無口な父が、ライムは英語で石灰という意味で、石灰を使った照明をライムライトというのだと嬉しそうに教えてくれました。また、こんにゃくを手作りしていた料理好きの母からは、石灰が食品用の凝固剤としても使われることを聞いて驚いたものです。採石場のある山にはビワがたくさん生えているのですが、ビワは石灰質土壌を好むそうで、曾祖母は石灰が虫除けにもなるとも言っていました。そんな話が身近に溢れ、石灰は私の子ども時代の日常のなかにありました。

しかし、多くの方にとっては、砂や石灰のような微細なものが形を変えて自分の生活を支えていることを意識する機会は、あまりないのではないでしょうか。特に砂は、あって当たり前のもので、「浜の真砂」という表現が示すように無限であるかに思われています。資源として認識さえされないこの砂を私たちが使い果たそうとしているなど、考えもしなかったはずです。

本書の原題『The World in a Grain』は、ウィリアム・ブレイクの詩『無垢の予兆』の冒頭、「ひと粒の砂に世界を見る」からとられています。本書を読むと、その姿をコンクリートやガラス、シリコンチップ、新たな土地へと次々に変え、人類に多大な影響を及ぼし、文明の土台となっている砂に、この世界のあり様が凝縮していることがわかります。本当に、「砂に世界を見る」体験が待っているのです。その先に見えてくるのは、私たちの生活がいかに砂に依存しているか、いかにして砂の利用がさらなる砂の利用を生み、砂の消費が相乗的に拡大しているかです。無尽蔵ではない、限られた資源である砂を、私たちが食いつぶし奪い合っています。そして、そのしわ寄せを受けているのは低所得者層や発展途上国だという、格差の構図が浮かびあがります。この本は、砂を通して見た、人間の欲望と消費の文化史に他ならないのです。

著者は、テクノロジーや社会問題に造詣が深い、ジャーナリストのヴィンス・バイザー。大学時代に中東研究を専攻した彼が、砂に関心をもったのは自然な流れかもしれません。執筆記事は教科書やアンソロジーなどに収められることも多く、数々の受賞歴があります。書籍としては第1作となる本書は、ピューリッツァー危機報道センターの助成金を受け、取材を重ねて完成されたものです。ほとばしる熱意が土台となり、見事な構成力によって骨格を与えられ、卓越した取材力によって肉付けされた、まさに血の通った一冊となっています。

本書でまず示されるのは、何千年にもわたる砂と人類の関わりです。古代においてどのようにしてコンクリートやアスファルト、ガラスが発明され、その技術が現代に至るまでにいかに洗練されてきたのか。現在のデジタル技術を支え、グローバル化の基盤となっているシリコンチップはどうやって開発されたのか。今も盛んな道路敷設や養浜、土地造成は、どんな歴史を辿ってきたのか。コンクリート建設と都市の発展はどのような関係にあるのか。こういったさまざまな事柄が、発明家や政治家、実業家たちの人間臭いドラマを差し挟みつつ、丁寧に描かれています。

さらに、科学・工学面での描写も秀逸です。目的の砂を選別するための浮遊選鉱法に、石英砂から多結晶シリコン、単結晶シリコンを経てウエハーがつくられるまでの各工程。頁岩層から石油やガスを採掘するためのフラッキングの方法や、何もない海に島をつくる方法など、実際に砂が加工・操作される過程を、専門用語を使わず、どこまでも具体的に解説しています。

そして著者のジャーナリストとしての本領が発揮されるのが、容赦ない現実への体当たりの取材です。アメリカ国内の浜辺や採掘地、工場だけでなく、ドバイの人工島、中国のゴーストタウン、内モンゴル自治区、砂マフィアが暗躍するインドにまで足を運び、現場を見つめ、当事者への取材を試みます。生産者であろうと消費者であろうと、砂に関わる人々を決して単純に責めたりはせず、取材対象に寄り添います。砂を掘る人、砂で商売する人、砂に人生を懸ける人、砂と闘う人、砂を盗む人、砂のために家族を殺された人。砂と関わる世界中の人々の話の中に、今この瞬間の世界が切り取られているのです。

このような多方面からの視点と、大量の資料と統計データから得られるエビデンスが有機的に結びつけられて浮き彫りとなるのは、先進国が今のライフスタイルを維持し、新興国や発展途上国が人々の暮らしをそれと同レベルまで引き上げようとしても、今ある砂ではもはや足りないという現実です。その現実から目を背けることなく、考え続けることを、経済や技術の力で対処すべく努力することを、取り組みの実例を挙げつつ著者は訴えます。考える方法と、そのための素材をふんだんに提供しているのが本書なのです。読み終えたときには、周りの世界に対する見え方・考え方が一変することでしょう。たくさんの人に助けられながらようやく訳し終えたこの本を、できるだけ多くの人に読んで頂ければと願っています。

このあとがきを書いているのは2020年初頭ですが、年末には「はやぶさ2」が地球に帰還し、小惑星「リュウグウ」で採取した砂を届けてくれる予定です。きっとその砂が、太陽系や生命の起源の謎を解明するための手がかりとなることでしょう。「ひと粒の砂に世界を見る」どころか、「宇宙を見る」時代がきているのですから。

- Shixiong Cao et al. "Damage Caused to the Environment by Reforestation Policies in Arid and Semi-Arid Areas of China," *AMBIO: A Journal of the Human Environment* 39, no. 4 (June 2010).
- Shurkin, Joel N. *Broken Genius: The Rise and Fall of William Shockley, Creator of the Electronic Age*. New York: Palgrave Macmillan, 2006.
- 『砂の科学』レイモンド・シーバー著、立石雅昭訳、東京化学同人、1995年。
- Skrabec Jr., Quentin. *Michael Owens and the Glass Industry*. Gretna, LA: Pelican, 2006.
- Slaton, Amy E. *Reinforced Concrete and the Modernization of American Building, 1900–1930*. Baltimore, MD: Johns Hopkins University Press, 2001.
- Smil, Vaclav. *Making the Modern World: Materials and Dematerialization*. Hoboken, NJ: Wiley, 2013.
- 『フェルメールと天才科学者：17世紀オランダの「光と視覚」の革命』ローラ・J・スナイダー著、黒木章人訳、原書房、2019年。
- Supreme Court of India. *Deepak Kumar and Others v. State of Haryana and Others*, 2012.
- Swift, Earl. *The Big Roads: The Untold Story of the Engineers, Visionaries, and Trailblazers Who Created the American Superhighways*. Boston: Houghton Mifflin Harcourt, 2011.
- United Nations Department of Economic and Social Affairs. *World Urbanization Prospects*. 2014.
- Weimin Xi, et al. "Challenges to Sustainable Development in China: A Review of Six Large-Scale Forest Restoration and Land Conservation Programs," *Journal of Sustainable Forestry* 33 (2014).
- 『砂』マイケル・ウェランド著、林裕美子訳、築地書館、2011年。
- Wermiel, Sara. "California Concrete, 1876–1906: Jackson, Percy, and the Beginnings of Reinforced Concrete Construction in the United States," *Proceedings of the Third International Congress on Construction History*. May 2009.
- Willett, Jason Christopher. "Sand and Gravel (Construction)," *US Geological Survey Mineral Commodity Summaries*, January 2017.
- Wisconsin Department of Natural Resources. *Silica Sand Mining in Wisconsin*. January 2012.
- 『パロマーの巨人望遠鏡』D.O.ウッドベリー著、関正雄、湯澤博、成相恭二訳、岩波書店、2002年。
- Xijun Lai, David Shankman, et al. "Sand mining and increasing Poyang Lake's discharge ability: A reassessment of causes for lake decline in China," *Journal of Hydrology* 519 (2014).

- Lewis, Tom. *Divided Highways: Building the Interstate Highways, Transforming American Life*. Ithaca, NY: Cornell University Press, 2013.
- Macfarlane, Alan and Gerry Martin. *The Glass Bathyscaphe: How Glass Changed the World*. Profile Books, 2011.
- Maugeri, Leonardo. *Oil: The Next Revolution*. Harvard Kennedy School/Belfer Center for Science and International Affairs, June 2012.
- McNeill, Ryan, Deborah J. Nelson, and Duff Wilson. "Water's edge: the crisis of rising sea levels." Reuters, September 4, 2014.
- 『人類を変えた素晴らしき10の材料：その内なる宇宙を探険する』マーク・ミーオドヴニク著、松井信彦訳、インターシフト、2015年。
- Morgan, Mike. *Sting of the Scorpion: The Inside Story of the Long Range Desert Group*. Stroud, Glouchestershire: The History Press, 2011.
- National Intelligence Council. *Global Trends 2030: Alternative Worlds*. December 2012.（訳註：次の要約版がある。『2030年 世界はこう変わる』、米国国家情報会議編、谷町真珠訳、講談社、2013年）
- Padmalal, D. and K. Maya. *Sand Mining: Environmental Impacts and Selected Case Studies*. New York: Springer, 2014.
- Pearson, Thomas W. *When the Hills Are Gone: Frac Sand Mining and the Struggle for Community*. Minneapolis: University of Minnesota Press, 2017.
- Peduzzi, Pascal. *Sand, rarer than one thinks*. United Nations Environment Programme Report, March 2014.
- Petroski, Henry. *The Road Taken: The History and Future of America's Infrastructure*. New York: Bloomsbury, 2016.
- Pilkey Jr., Orrin H. and J. Andrew G. Cooper. *The Last Beach*. Durham, NC: Duke University Press, 2014.
- Ransome, Ernest and Alexis Saurbrey. *Reinforced Concrete Buildings*. New York: McGraw-Hill, 1912.
- Ressetar, Tatyana. "The Seaside Resort Towns of Cape May and Atlantic City, New Jersey Development, Class Consciousness, and the Culture of Leisure in the Mid to Late Victorian Era," thesis, University of Central Florida, 2011.
- Rundquist, Soren and Bill Walker. Danger in the Air. Environmental Working Group, September 25, 2014.
- Schlanz, John W. "High Pure and Ultra High Pure Quartz," *Industrial Minerals and Rocks*, 7th ed. Society for Mining, Metallurgy, and Exploration, March 5, 2006.

- Foster, Mark S. *Henry J. Kaiser: Builder in the Modern American West*. Austin: University of Texas Press, 2012.
- Freedonia Group. *World Construction Aggregates*. 2016.
- ———. *World Flat Glass Market Report*. 2016.
- Garel, Erwan, Wendy Bonne, and M. B. Collins. "Offshore Sand and Gravel Mining," *Encyclopedia of Ocean Sciences*, 2nd ed., John Steele, Steve Thorpe, and Karl Turekian, eds. New York: Academic Press, 2009.
- Gelabert, Pedro A. "Environmental Effects of Sand Extraction Practices in Puerto Rico," papers presented at a UNESCO–University of Puerto Rico workshop entitled "Integrated Framework for the Management of Beach Resources within the Smaller Caribbean Islands," October 21–25, 1996.
- 『沿岸と20万年の人類史：「境界」に生きる人類、文明は海岸で生まれた』ジョン・R・ギリス著、近江美佐訳、一灯舎、2016年。
- ———. *The Shores Around Us*. Self-published, 2015.
- Global Witness. "Shifting Sand: How Singapore's demand for Cambodian sand threatens ecosystems and undermines good governance," May 2010.
- Greenberg, Gary. *A Grain of Sand: Nature's Secret Wonder*. Minneapolis: Voyageur Press, 2008.
- Greenberg, Gary, Carol Kiely, Kate Clover. *The Secrets of Sand*. Minneapolis: Voyageur Press, 2015.
- Haus, Reiner, Sebastian Prinz, and Christoph Priess. "Assessment of High Purity Quartz Resources," *Quartz: Deposits, Mineralogy and Analytics*. Springer Geology, 2012.
- Heiner, Albert P. *Henry J. Kaiser: Western Colossus*. Halo Books, 1991.
- International Association of Dredging Companies. *Beyond Sand and Sea*. 2015.
- 『ヒトラーの戦争』デイヴィッド・アービング著、赤羽龍夫訳、早川書房、1983年。
- Kolman, René. "New Land by the Sea: Economically and Socially, Land Reclamation Pays," International Association of Dredging Companies, May 2012.
- Kondolf, G. Mathias, et al. "Freshwater Gravel Mining and Dredging Issues," *White Paper Prepared for Washington Department of Fish and Wildlife*. April 4, 2002.
- Krane, Jim. *City of Gold: Dubai and the Dream of Capitalism*. New York: St. Martin's Press, 2009.
- Krausmann, Fridolin, et al. "Growth in global materials use, GDP and population during the 20th century," *Ecological Economics* 68 (June 10, 2009).
- Lee, Bernice, et al. *Resources Futures*. Chatham House, 2012.

参考文献

以下に、私が調査で使用した最も重要な資料のうち、出版・公開されている書籍や冊子を主に挙げる。情報と見識に富んだ他の多くの新聞や雑誌、ウェブサイトなどの記事は、原註のセクションに掲載した。

- Abraham, David S. *The Elements of Power: Gadgets, Guns, and the Struggle for a Sustainable Future in the Rare Metal Age*. New Haven: Yale University Press, 2015.
- Allman, T. D. *Finding Florida: The True History of the Sunshine State*. New York: Grove Press, 2014.
- 『宇宙の発見:望遠鏡による天文学入門』アイザック・アシモフ著、斉田博訳、地人書館、1977年。
- Banham, Reyner. *A Concrete Atlantis: U.S. Industrial Building and European Modern Architecture*. Boston: MIT Press, 1989.
- Biddix, David and Chris Hollifield. *Images of America: Spruce Pine*. Mt. Pleasant, SC: Arcadia Publishing, 2009.
- 『海辺:生命のふるさと』レイチェル・カーソン著、上遠恵子訳、平河出版社、1987年。
- Chapman, Emily, et al. "Communities at Risk: Frac Sand Mining in the Upper Midwest," Boston Action Research, September 25, 2014.
- Constable, Trevor. "Bagnold's Bluff: The Little-Known Figure Behind Britain's Daring Long Range Desert Patrols," *The Journal of Historical Review* 18, no. 2 (March/April 1999).
- Courland, Robert. *Concrete Planet: The Strange and Fascinating Story of the World's Most Common Man-Made Material*. Amherst, NY: Prometheus Books, 2011.
- Davenport, Bill, Gerald Voigt, and Peter Deem. "Concrete Legacy: The Past, Present, and Future of the American Concrete Pavement Association," American Concrete Pavement Association, 2014.
- Davis, Diana K. *The Arid Lands: History, Power, Knowledge*. Cambridge, MA: MIT Press, 2016.
- 『マッキンゼーが予測する未来:近未来のビジネスは、4つの力に支配されている』リチャード・ドッブス、ジェームズ・マニーカ、ジョナサン・ウーツェル著、吉良直人訳、ダイヤモンド社、2017年。
- Dolley, Thomas. "Sand and Gravel: Industrial," *US Geological Survey Mineral Commodity Summaries*, January 2016.
- Dunn, Richard. *The Telescope*. National Maritime Museum, 2009.
- Eisenhower, Dwight D. *At Ease: Stories I Tell to Friends*. Doubleday, 1967.
- Floyd, Barbara L. *The Glass City: Toledo and the Industry That Built It*. Ann Arbor: University of Michigan Press, 2014.

lpr_living_planet_report_2016.pdf
（日本語版の要約版はこちら：https://www.wwf.or.jp/activities/data/201610LPR2016_jpn_sum.pdf）

[24] Jim Krane, *City of Gold: Dubai and the Dream of Capitalism* (New York: St. Martin's Press, 2009). 223–24.

[25] *Sandgrains: A Crowdfunded Documentary*. https://www.facebook.com/SandgrainsDocumentary/.

[26] たとえば以下の資料を参照のこと。Bernice Lee, et al., "Resources Futures," *Chatham House*, December 2012, 2–3, 12, 15.

[27] Mark J. Perry, "Today's new homes are 1,000 square feet larger than in 1973, and the living space per person has doubled over last 40 years," American Enterprise Institute, February 26, 2014. http://www.aei.org/publication/todays-new-homes-are-1000-square-feet-larger-than-in-1973-and-the-living-space-per-person-has-doubled-over-last-40-years/.

[28]『マッキンゼーが予測する未来：近未来のビジネスは、4つの力に支配されている』リチャード・ドッブス、ジェームズ・マニーカ、ジョナサン・ウーツェル著、吉良直人訳、ダイヤモンド社、2017年、18、173〜175ページ。

[29] "Affordable housing key for development and social equality, UN says on World Habitat Day," United Nations press release, October 2, 2017; http://www.un.org/apps/news/story.asp?NewsID=57786#.We_M-ROPLdQ; and Flavia Krause-Jackson, "Affordable Global Housing Will Cost $11 Trillion," *Bloomberg News*, September 30, 2014.

[30] "The Mineral Products Industry at a Glance, 2016 Edition," Mineral Products Association, 2016, 20; and Erwan Garel, Wendy Bonne, and M. B. Collins, "Offshore Sand and Gravel Mining," in *Encyclopedia of Ocean Sciences, 2nd ed.*, John Steele, Steve Thorpe, and Karl Turekian, eds. (New York: Academic Press, 2009), 4162–170.

[31] "Dunes and don'ts: the nitty-gritty about sand," *The National*, January 7, 2010.

[32]『マッキンゼーが予測する未来』リチャード・ドッブス他著、36ページ。

[33] "Global Trends 2030: Alternative Worlds," US National Intelligence Council, 47.
［訳註：要約版の『2030年 世界はこう変わる』（米国国家情報会議編、谷町真珠訳、講談社、2013年）には記載なし］（こちらからダウンロード可能：https://www.andrewleunginternationalconsultants.com/files/national-intelligence-council---global-trends---alternative-world---november-2012.pdf）

[34] Lee et al., "Resources Futures," *Chatham House*, xi.

[5] Orrin H. Pilkey Jr. and J. Andrew G. Cooper, *The Last Beach* (Durham, NC: Duke University Press, 2014), 15.
[6] "Investigate illegal sand mining in BC," *La Jornada*, December 5, 2015.
[7] John G. Parrish, "Aggregate Sustainability in California," *California Geological Survey*, 2012.
[8] "Producer Price Index Industry Data: Construction sand and gravel, 1965–2016," US Bureau of Labor Statistics.
[9] "World Sand Demand by Region," World Construction Aggregates 2016, Freedonia Group.
[10] "Stone, sand, and gravel," *United Nations Comtrade*, https://comtrade.un.org/.
[11] Seol Song Ah, "NK exports 100 tons of sand, gravel, and coal daily from Sinuiju Harbor," *DailyNK.com*, November 15, 2016.
[12] Maxwell Porter, "Beach Sand Mining in St. Vincent and the Grenadines," papers presented at a UNESCO–University of Puerto Rico workshop entitled "Integrated Framework for the Management of Beach Resources within the Smaller Caribbean Islands," October 21–25, 1996, 142.
[13] "Corruption and laundering warrant against two Lafarge officials," *ElKhabar.com*, July 7, 2010.
[14] "Lafarge Syria alleged to have paid armed groups up to US$100,000/month to keep cement plant running," *Global Cement*, June 29, 2016, and Alice Baghdijan, "LafargeHolcim CEO's Resignation on Syria Creates Power Vacuum," *Bloomberg.com*, April 23 2017.
[15] Global Witness, "Shifting Sand," 2, 7.
[16] Sandy Indra Pratama and Denny Armandhanu, "Chep Hernawan: I am also Candidate to Depart to ISIS," *cnnindonesia.com*, March 19, 2015.
[17] Rollo Romig, "How to Steal a River," *New York Times Magazine*, March 1, 2017.
[18]『人類を変えた素晴らしき10の材料:その内なる宇宙を探険する』マーク・ミーオドヴニク著、松井信彦訳、インターシフト、2015年、85〜89ページ。
[19] "Questions and Answers," *BeyondRoads.com*, The Asphalt Education Partnership; http://www.beyondroads.com/index.cfm?fuseaction=page&filename=asphaltQandA.html.
[20] "The Phosphorus Challenge," *Phosphorus Futures*. http://phosphorusfutures.net/the-phosphorus-challenge/.
[21] David S. Abraham, *The Elements of Power: Gadgets, Guns, and the Struggle for a Sustainable Future in the Rare Metal Age* (New Haven: Yale University Press, 2015), 12.
[22] Fridolin Krausmann, et al., "Growth in global materials use, GDP and population during the 20th century," *Ecological Economics* 68 (June 10, 2009): 2696–2705.
[23] "Living Planet Report 2016," World Wildlife Fund. http://awsassets.panda.org/downloads/

〔19〕 "The Age of Concrete," *San Francisco Chronicle*, January 14, 1906.

〔20〕 Ernest Ransome and Alexis Saurbrey, *Reinforced Concrete Buildings* (New York: McGraw-Hill, 1912), 208.

〔21〕 Vaclav Smil, *Making the Modern World: Materials and Dematerialization* (Hoboken, NJ: Wiley, 2013), 56.

〔22〕 "Special NRC Oversight at Seabrook Nuclear Power Plant: Concrete Degradation," US Nuclear Regulatory Commission, August 4, 2016. http://www.nrc.gov/reactors/operating/ops-experience/concrete-degradation.html.

〔23〕 Courland, *Concrete Planet*, 4623–4624.

〔24〕 Stephen Farrell, "Iraq: The Wrong Type of Sand," *atwar.blogs.nytimes*, March 31, 2010.

〔25〕 "2017 Infrastructure Report Card," American Society of Civil Engineers, 2017, 78.

〔26〕 Kevin Sieff, "After billions in U.S. investment, Afghan roads are falling apart," *Washington Post*, January 30, 2014.

〔27〕 "2013 Infrastructure Report Card," 17; "2017 Infrastructure Report Card," 32-35.

〔28〕 Ron Nixon, "Human Cost Rises as Old Bridges, Dams and Roads Go Unrepaired," *New York Times*, November 5, 2015.

〔29〕 Paul Murphy, "Contextualising China's cement splurge," *FT Alphaville*, October 22, 2014; http://ftalphaville.tumblr.com/post/100653486301/contextua-lising-chinas-cement-splurge.

〔30〕 Smil, *Making the Modern World*, 56.

〔31〕 Courland, *Concrete Planet*, 23.

第11章　砂を越えて

〔1〕 本書で紹介した砂の採掘を原因とする負傷、立ち退き、死亡事故の数と事例の詳細は、60カ国以上の地元メディアの英語での記事をもとに著者がまとめたものである。事例数がはるかに多いことは間違いない。

〔2〕 Joseph Green, "World demand for construction aggregates to reach 51.7 billion t," *World Cement*, March 18, 2106.
（こちらで確認可能：https://www.worldcement.com/europe-cis/18032016/world-demand-construction-aggregates-billion-717/）

〔3〕 G. Mathias Kondolf, "Hungry Water: Effects of Dams and Gravel Mining on River Channels," *Environmental Management* 21, no. 4 (July 1997): 533–551.

〔4〕 C. Howard Nye, "Statement on Behalf of the National Stone, Sand, and Gravel Association before the House Committee on Natural Resources Subcommittee on Energy and Mineral Resources," March 21, 2017.

of Industrial Ecology 11, no. 2 (April 2007): 99–115.

[4] Chen Xiqing, et al., "In-channel sand extraction from the mid-lower Yangtze channels and its management: Problems and challenges," *Journal of Environmental Planning and Management* 49, no. 2 (2006): 309–20.

[5] Xijun Lai, David Shankman, et al., "Sand mining and increasing Poyang Lake's discharge ability: A reassessment of causes for lake decline in China," *Journal of Hydrology* 519 (2014): 1698–706.

[6] Concrete Sustainability Council, https://www.concretesustainabilitycouncil.com/upload/files/CSC%20Website/20190603%20CSC%20Infographic.pdf

[7] Robert Courland, *Concrete Planet: The Strange and Fascinating Story of the World's Most Common Man-Made Material* (Amherst, NY: Prometheus Books, 2011), Kindle Locations 183–86.

[8] "Sustainable Cities and Communities," United Nations Development Programme, http://www.undp.org/content/undp/en/home/sustainable-development-goals/goal-11-sustainable-cities-and-communities.html

[9] "Global Trends 2030: Alternative Worlds," US National Intelligence Council, December 2012, 9.
［訳註：要約版の『2030年 世界はこう変わる』（米国国家情報会議編、谷町真珠訳、講談社、2013年）54ページから抜粋］（こちらからダウンロード可能：https://www.andrewleunginternationalconsultants.com/files/national-intelligence-council---global-trends---alternative-world---november-2012.pdf）

[10] Fernandez, "Resource Consumption of New Urban Construction in China," 2.

[11] Courland, *Concrete Planet*, 3914–916.

[12] Fernandez, "Resource Consumption of New Urban Construction in China," 5–7.

[13] Charles Kenny, "Paving Paradise," *Foreign Policy*, January 3, 2012.

[14] Alex Barnum, "First-of-Its-Kind Index Quantifies Urban Heat Islands," California Environmental Protection Agency press release, September 16, 2015.

[15] Courland, *Concrete Planet*, 4758–4763.

[16] Ian Boost, "Houston's Flood Is a Design Problem," *TheAtlantic.com*, August 28, 2017. https://www.theatlantic.com/technology/archive/2017/08/why-cities-flood/538251/.

[17] Ryan McNeill, Deborah J. Nelson, and Duff Wilson, "Water's Edge," Reuters, September 4, 2014.

[18] "Typical Systems of Reinforced Concrete Construction," *Scientific American*, May 12, 1906, 386.

sandification," State Council Information Office press release, December 31, 2015.
[2] W. Chad Futrell, "A Vast Chinese Grassland, a Way of Life Turns to Dust," *Circle of Blue*, January 21, 2008.
[3] "An Introduction to the United Nations Convention to Combat Desertification," http://catalogue.unccd.int/935_factsheets-eng.pdf
[4] Fred Attewill, "Stopping the Sands of Time," *Metro* (UK), January 18, 2012; https://metro.co.uk/2012/01/18/stopping-the-sands-of-time-plans-to-stem-the-tide-of-advancing-deserts-289361/.
[5] "SCIO news briefing."
[6] Hong Jiang, "Taking Down the Great Green Wall: The Science and Policy Discourse of Desertification and Its Control in China," in *The End of Desertification? Disputing Environmental Change in the Drylands*, Roy Behnke and Michael Mortimore, eds. (Springer, 2016), 513–36.
[7] Diana K. Davis, *The Arid Lands: History, Power, Knowledge* (Cambridge, MA: MIT Press, 2016), 7
[8] Elion Resources Group, "Elion's Ecosystem," 2013.
[9] X.M. Wang, et al., "Has the Three Norths Forest Shelterbelt Program solved the desertification and dust storm problems in arid and semiarid China?" *Journal of Arid Environments* 74, no. 1 (January 2010): 13–22.
[10] Jiang, "Taking Down the Great Green Wall."
[11] Shixiong Cao, et al., "Damage Caused to the Environment by Reforestation Policies in Arid and Semi-Arid Areas of China," *AMBIO: A Journal of the Human Environment* 39, no. 4 (June 2010): 279–83.
[12] Weimin Xi, et al., "Challenges to Sustainable Development in China: A Review of Six Large-Scale Forest Restoration and Land Conservation Programs," *Journal of Sustainable Forestry* 33 (2014): 435–53.
[13] Wang, et al., "Has the Three Norths…"

第10章 コンクリートの世界征服

[1] Taras Grescoe, "Shanghai Dwellings Vanish, and With Them, a Way of Life," *New York Times*, January 23, 2017.
[2] "Basic Statistics on National Population Census," Shanghai Municipal Bureau of Statistics, http://www.stats-sh.gov.cn/tjnj/nje11.htm?d1=2011tjnje/E0226.htm
[3] John E. Fernández, "Resource Consumption of New Urban Construction in China," *Journal*

[27] Krane, *City of Gold*, 224.

[28] "Asia-Pacific Maritime Security Strategy," US Department of Defense, August 2015, 9.

[29] Ibid., 19.

[30] Tian Jun-feng, et al., "Review of the ten-year development of Chinese Dredging Industry," *Port and Waterway Engineering*, January 2013.

[31] Andrew S. Erickson and Kevin Boyd, "Dredging Under the Radar: China Expands South Sea Foothold," *The National Interest*, August 26, 2015, and Carrie Gracie, "What is China's 'magic island-making' ship?," BBC, November 6, 2017. bbc.com/news/world-asia-china-41882081.

[32] "In the Matter of the South China Sea Arbitration," Permanent Court of Arbitration, July 12, 2016, 352.

[33] "Asia-Pacific Maritime Security Strategy," 19–21.

[34] "In the Matter of the South China Sea Arbitration," 416.

[35] Greg Torode, " 'Paving paradise': Scientists alarmed over China island building in disputed sea," Reuters, June 25, 2015.

[36] Agence France-Presse, "China's plans to expand in the South China Sea with a floating nuclear power plant continue," *Mercury*, December 25, 2017. http://www.themercury.com.au/technology/chinas-plans-to-expand-in-the-south-china-sea-with-a-floating-nuclear-power-plant-continue/news-story/bdc1bf6f6b556daf097b3199b5690182.

[37] David E. Sanger, "Piling Sand in a Disputed Sea, China Literally Gains Ground," *New York Times*, April 9, 2015.

[38] Hrvoje Hranjski and Jim Gomez, "China rejects freeze on island building; ASEAN divided," Associated Press, August 16, 2015.

[39] David Brunnstrom and Matt Spetalnick, "Tillerson says China should be barred from South China Sea islands," Reuters, January 12, 2017.

[40] Benjamin Haas, "Steve Bannon: 'We're going to war in the South China Sea… no doubt,' " *Guardian*, February 1, 2017.

[41] Mike Morgan, *Sting of the Scorpion: The Inside Story of the Long Range Desert Group* (Stroud, Glouchestershire: The History Press, 2011), Kindle Locations 401, 500.

[42] Trevor Constable, "Bagnold's Bluff: The Little-Known Figure Behind Britain's Daring Long Range Desert Patrols," *The Journal of Historical Review* 18, no. 2 (March/April 1999).

第9章 砂漠との闘い

[1] "SCIO news briefing on the 5th national monitoring survey of desertification and

[5] Brent Ryan et al., "Developing the Littoral Gradient," MIT Center for Advanced Urbanism, Fall 2015.

[6] René Kolman, "New Land by the Sea: Economically and Socially, Land Reclamation Pays," International Association of Dredging Companies, May 2012.

[7] Kolman, "New Land by the Sea."

[8] *Beyond Sand and Sea*, International Association of Dredging Companies, 2015.

[9] Ryan, "Developing the Littoral Gradient."

[10] "Shifting Sand: How Singapore's demand for Cambodian sand threatens ecosystems and undermines good governance," *Global Witness*, May 2010.

[11] Samanth Subramanian, "How Singapore Is Creating More Land for Itself," *New York Times*, April 20, 2017.

[12] Alister Doyle, "Coastal land expands as construction outpaces sea level rise," Reuters, August 25, 2016.

[13] *Beyond Sand and Sea*, 50.

[14] ドバイの簡単な歴史を記述するに際して私が最も頼りにしたのは次の書籍である。Jim Krane's *City of Gold: Dubai and the Dream of Capitalism* (New York: St. Martin's Press, 2009).

[15] Ibid., 4.

[16] Ibid., 28–29.

[17] Ibid., 70.

[18] Gargi Kapadia, "Palm Island Construction with Management 5 Ms," Welingkar Institute of Management Development and Research, August 12, 2013.

[19] "Palm Islands, Dubai—Compression of the Soil," *CDM Smith*, date unknown.

[20] Krane, *City of Gold*, 154.

[21] "Palm Islands, Dubai—Compression of the Soil."

[22] Adam Luck, "How Dubai's $14 billion dream to build The World is falling apart," *Daily Mail*, April 11, 2010.

[23] Tida Choomchaiyo, "The Impact of the Palm Islands," https://sites.google.com/site/palmislandsimpact/environmental-impacts/long-term, December 5, 2009.

[24] Krane, *City of Gold*, 230.

[25] David Medio, "Persian Gulf: The Cost of Coastal Development to Reefs," World Resources Institute, http://www.wri.org/persian-gulf-cost-coastal-development-reefs.

[26] John A. Burt, "The environmental costs of coastal urbanization in the Arabian Gulf," *City: analysis of urban trends, culture, theory, policy, action* 18, no. 6 (November 28, 2014): 760–770.

[33] McNeill, et al., “Water’s edge: the crisis of rising sea levels.”

[34] Justin Gillis, “Flooding of Coast, Caused by Global Warming, Has Already Begun,” *New York Times*, September 3, 2016.

[35]『沿岸と20万年の人類史』ジョン・R・ギリス著、20、280ページ。

[36] Dylan E. McNamara, Sathya Gopalakrishnan, Martin D. Smith, and A. Brad Murray, “Climate Adaptation and Policy-Induced Inflation of Coastal Property Value,” *PLoS One* 10, no. 3 (March 25, 2015).

[37] McNeill, et al., “Water’s edge: the crisis of rising sea levels.”

[38] JoAnne Castagna, “Messages in the sand from Hurricane Sandy,” US Army Corps of Engineers, September 7, 2016; https://www.dvidshub.net/news/208990/messages-sand-hurricane-sandy.

[39] Pilkey and Cooper, *The Last Beach*, 70.

[40] Ousley, et al., “Southeast Florida Sediment Assessment and Needs Determination (SAND) Study,” 93.

[41] “Beach Nourishment Viewer,” Program for the Study of the Developed Shoreline, Western Carolina University; http://beachnourishment.wcu.edu/.

[42]『砂』マイケル・ウェランド著、149ページ。

[43] Pilkey and Cooper, *The Last Beach*, 16–18, 21, 83–85.

[44] Andres David Lopez, “Study: Sand nourishment linked to fewer marine life,” *Palm Beach Daily News*, April 4, 2016.

[45] Sammy Fretwell, “Marine life dwindles after beach renourishment at Folly, report says,” *The State*, August 19, 2016.

[46] Steve Lopez, “A dangerous confluence on the California coast: beach erosion and sea level rise,” *Los Angeles Times*, August 24, 2016.

第8章 人がつくりし土地

[1] 国際浚渫業協会(IADC)事務局長のルネ・コールマンとの電子メールでの私信より(2017年3月21日)。

[2] A.G.M.Groothuizen, “World Development and the Importance of Dredging,” *PIANC Magazine*, January 2008.

[3] “Chicago Shoreline History,” City of Chicago, http://www.cityofchicago.org/dam/city/depts/cdot/ShorelineHistory.pdf, date unknown.

[4] “Making Up Ground,” 99% Invisible, September 15, 2016. http://99percentinvisible.org/episode/ making-up-ground.

（こちらからダウンロード可能：https://www.saj.usace.army.mil/portals/44/docs/shorelinemgmt/sand_volumereport_final_stakeholder_review.pdf）

[14] Lisa Broad, "Treasure Coast fighting Miami-Dade efforts to ship its sand south," *Stuart News/Port St. Lucie News*, September 20, 2015.

[15] John Branch, "Copacabana's Natural Sand Is Just Right for Olympic Beach Volleyball," *New York Times*, August 9, 2016.

[16] Pilkey and Cooper, *The Last Beach*, xi.

[17]『沿岸と20万年の人類史：「境界」に生きる人類、文明は海岸で生まれた』ジョン・R・ギリス著、近江美佐訳、一灯舎、2016年、222ページ。

[18] Tatyana Ressetar, "The Seaside Resort Towns of Cape May and Atlantic City, New Jersey Development, Class Consciousness, and the Culture of Leisure in the Mid to Late Victorian Era," thesis, University of Central Florida, 2011; http://stars.library.ucf.edu/etd/1704/.

[19] Ibid., 16.

[20] D. J. Waldie, "How Angelenos invented the L.A. summer—in the beginning was the barbecue," *Los Angeles Times*, July 9, 2017.

[21]『沿岸と20万年の人類史』ジョン・R・ギリス著、230ページ。

[22] T. D. Allman, *Finding Florida: The True History of the Sunshine State* (New York: Grove Press, 2014), 319–20, 333.

[23] "History of Broward County," http://www.broward.org/History/Pages/BCHistory.aspx.

[24] Allman, *Finding Florida*, 337.

[25] David Fleshler, "Wade-ins ended beach segregation," *Sun Sentinel*, April 13, 2015.

[26] "Important Broward County Milestones," http://www.broward.org/History/Pages/Milestones.aspx.

[27] Allman, *Finding Florida*, 347.

[28] Robert L. Wiegel, "Waikiki Beach, Oahu, Hawaii: History of its transformation from a natural to an urban shore," *Shore & Beach*, Spring 2008.

[29] Pilkey and Cooper, *The Last Beach*, 168.

[30] James McAuley, "Fake Seine beaches are part of a Paris summer. This year, they're making officials nervous," *Washington Post*, July 28, 2016.

[31] René Kolman, "New Land by the Sea: Economically and Socially, Land Reclamation Pays," International Association of Dredging Companies, May 2012; https://www.iadc-dredging.com/ul/cms/fck-uploaded/documents/PDF%20Articles/article-new-land-by-the-sea.pdf.

[32] "Fijian Economy," Fiji High Commission to the United Kingdom, http://www.fijihighcommission.org.uk/about_3.html.

research," *Journalist's Resource*; http://journalistsresource.org/studies/environment/energy/environmental-costs-benefits-fracking.

[29] "Global Trends 2030: Alternative Worlds," National Intelligence Council, December 2012, 57.［訳註：要約版の『2030年 世界はこう変わる』（米国国家情報会議編、谷町真珠訳、講談社、2013年）71ページで触れられているが、詳細については原著を参照のこと］

第7章 消えるマイアミビーチ

[1] Ryan McNeill, Deborah J. Nelson, and Duff Wilson, "Water's edge: the crisis of rising sea levels," Reuters, September 4, 2014; https://www.reuters.com/investigates/special-report/waters-edge-the-crisis-of-rising-sea-levels/.

[2] "Disappearing Beaches: Modeling Shoreline Change in Southern California," US Geological Survey, March 27, 2017.

[3] Orrin H. Pilkey Jr. and J. Andrew G. Cooper, *The Last Beach* (Durham, NC: Duke University Press, 2014), 14.

[4] 『砂』マイケル・ウェランド著、林裕美子訳、築地書館、2011年、28ページ。

[5] Patrick Reilly, "Without more sand, SoCal stands to lose big chunk of its beaches," *Christian Science Monitor*, March 28, 2017.

[6] Bob Marshall, "Losing Ground: Southeast Louisiana Is Disappearing, Quickly," *Scientific American*, August 28, 2014.

[7] Edward J. Anthony, et al., "Linking rapid erosion of the Mekong River delta to human activities," *Nature.com Scientific Reports* 5, article no. 14745, October 8, 2015.

[8] Pilkey and Cooper, *The Last Beach*, 25–28, 30, 32–33.

[9] Pedro A. Gelabert, "Environmental Effects of Sand Extraction Practices in Puerto Rico," papers presented at a UNESCO–University of Puerto Rico workshop entitled "Integrated Framework for the Management of Beach Resources within the Smaller Caribbean Islands," October 21–25, 1996.

[10] Pilkey and Cooper, *The Last Beach*, 37–38.

[11] Desmond Brown, "Facing Tough Times, Barbuda Continues Sand Mining Despite Warnings," Inter Press Service News Agency, June 22, 2013.

[12] アームストロング州立大学歴史学科の助教であるエイミー・E・ポッター博士との電子メールでの私信より。

[13] Jase D. Ousley, Elizabeth Kromhout, and Matthew H. Schrader, "Southeast Florida Sediment Assessment and Needs Determination (SAND) Study," US Army Corps of Engineers, August 2013, 93.

com, September 9, 2014; http://host.madison.com/news/local/environment/frac-sand-miners-fined-for-stormwater-spill-in-creek/article_49ceb1e1-87eb-5177-887d-4d03b75b4c88.html.

〔13〕 Emily Chapman, et al., "Communities at Risk: Frac Sand Mining in the Upper Midwest," *Boston Action Research*, September 25, 2014.
（こちらからダウンロード可能：https://www.civilsocietyinstitute.org/NEWCSI/2014CommunitiesatRiskFracSandMiningintheUpperMidwest.pdf）

〔14〕 Ali Mokdad, et al., "Actual Causes of Death in the United States, 2000," *JAMA* 291, no. 10 (March 10, 2004): 1238–45.

〔15〕 E. J. Esswein, et al., "Occupational exposures to respirable crystalline silica during hydraulic fracturing," *Journal of Occupational and Environmental Hygiene* 10, no. 7 (2013): 347–56; https://www.ncbi.nlm.nih.gov/pubmed/23679563.

〔16〕 Soren Rundquist and Bill Walker, "Danger in the Air," Environmental Working Group, September 25, 2014;

〔17〕 http://www.ewg.org/research/danger-in-the-air#.WekhBBOPLdQ.

〔18〕 Soren Rundquist, "Danger in the Air," Part 2, Environmental Working Group, September 25, 2014; http://www.ewg.org/research/sandstorm/health-concerns-silica-outdoor-air#.WekhMhOPLdQ.

〔19〕 John Richards and Todd Brozell, "Assessment of Community Exposure to Ambient Respirable Crystalline Silica near Frac Sand Processing Facilities," *Atmosphere* 6 (July 24, 2015): 960–82.

〔20〕 Chapman, "Communities at Risk," 10–11.

〔21〕 Porter, "Breaking the Rules," 4.

〔22〕 Ibid., 15.

〔23〕 Ibid., 6.

〔24〕 Steven Verburg, "Scott Walker, Legislature altering Wisconsin's way of protecting natural resources," Madison.com, October 4, 2015.

〔25〕 "Silica Sand Mines in Minnesota," Minnesota Department of Natural Resources, 2016.

〔26〕 Karen Zamora and Josephine Marcotty, "Winona County passes frac sand ban, first in the state to take such a stand," *Star Tribune*, November 22, 2016; http://www.startribune.com/winona-county-passes-frac-sand-ban-first-in-the-state-to-take-such-a-stand/402569295/.

〔27〕 Thomas W. Pearson, *When the Hills Are Gone: Frac Sand Mining and the Struggle for Community* (Minneapolis: University of Minnesota Press, 2017), 4.

〔28〕 Leighton Walter Kille, "The environmental costs and benefits of fracking: The state of

〔25〕"Quick Facts: Mitchell County, North Carolina," US Census Bureau, http://www.census.gov/quickfacts/table/PST045215/37121.

〔26〕Rich Miller, "The Billion Dollar Data Centers," Data Center Knowledge, April 29, 2013; http://www.datacenterknowledge.com/archives/2013/04/29/the-billion-dollar-data-centers/.

第6章 フラッキングを推し進めるもの

〔1〕Leonardo Maugeri, "Oil: The Next Revolution," Harvard Kennedy School/Belfer Center for Science and International Affairs, June 2012, 53.
（こちらからダウンロード可能：https://www.belfercenter.org/sites/default/files/files/publication/Oil-%20The%20Next%20Revolution.pdf）

〔2〕"How much shale gas is produced in the United States?" US Energy Information Administration; https://www.eia.gov/tools/faqs/faq.php?id=907&t=8.

〔3〕Maugeri, "Oil," 57–58.

〔4〕Don Bleiwas, "Estimates of Hydraulic Fracturing (Frac) Sand Production, Consumption, and Reserves in the United States," *Rock Products* 118, no. 5 (May 2015).
（こちらで確認可能：https://www.thefreelibrary.com/Estimates+of+hydraulic+fracturing+(Frac)+sand+production%2C+...-a0418603320）

〔5〕"Silica Sand Mining in Wisconsin," Wisconsin Department of Natural Resources, January 2012, 4–5.

〔6〕Stephanie Porter, "Breaking the Rules for Profit," Land Stewardship Project, November 26, 2014, 4.
（こちらからダウンロード可能：http://wcwrpc.org/Breaking%20the%20Rules%20for%20Profit.pdf）

〔7〕Bleiwas, "Estimates of Hydraulic…"

〔8〕"Sand and Gravel (Industrial)," *US Geological Survey Mineral Commodity Summaries*, January 2017, 144.
（こちらからダウンロード可能:https://minerals.usgs.gov/minerals/pubs/commodity/silica/mcs-2017-sandi.pdf）

〔9〕Thomas P. Dolley, "Silica," *US Geological Survey 2014 Minerals Yearbook*, 66.1.

〔10〕"Silica Sand Mining in Wisconsin," Wisconsin Department of Natural Resources, January 2012, 8.

〔11〕"High Capacity Wells," Wisconsin Department of Natural Resources; http://dnr.wi.gov/topic/Wells/HighCap/.

〔12〕Steven Verburg, "Frac sand miners fined $60,000 for stormwater spill in creek," Madison.

書である。もう1つが、クォーツ・コープ(Quartz Corp)の「Polysilicon Production(多結晶シリコン製造)」というページを始めとするウェブサイトである。
http://www.thequartzcorp.com/en/blog/2014/04/28/polysilicon-production/61.

[9] "Silicon," *Mineral Industry Surveys*, December 2016, US Geological Survey, March 2017.(こちらからダウンロード可能:https://minerals.usgs.gov/minerals/pubs/commodity/silicon/mis-201612-simet.pdf)

[10] "Polysilicon pricing and the Chinese market," Quartz Corp, June 14, 1016; http://www.thequartzcorp.com/en/blog/2016/06/14/polysilicon-pricing-and-the-chinese-solar-market/186.

[11] "Crucibles," Quartz Corp, http://www.thequartzcorp.com/en/applications/crucibles.html.

[12] Jessica Roberts, "High purity quartz: under the spotlight," *Industrial Minerals*, December 1, 2011.

[13] Schlanz, "High Pure and Ultra High Pure Quartz," 1–2.

[14] Reiner Haus, Sebastian Prinz, and Christoph Priess, "Assessment of High Purity Quartz Resources," *Quartz: Deposits, Mineralogy and Analytics* (Springer Geology, 2012), chapter 2.

[15] Prevost, "Spruce Pine Sand and the Nation's Best Bunkers."

[16] Affidavit of Thomas Gallo, PhD, *Unimin Corporation v. Thomas Gallo and I-Minerals USA*, Mitchell County Superior Court, North Carolina, July 12, 2014.

[17] "High purity quartz: a cut above," *Industrial Minerals*, December 2013, 22.
[訳註:この資料では純度99.9992%の石英の不純物の量について"80 parts per billion (ppb)"と誤った記述がなされているが、正しくは"8 parts per million (ppm)"]

[18] "High Purity Quartz Crucibles: Part I," Quartz Corp, November 28, 2016;

[19] "How Microchips Are Made," Science Channel, https://www.youtube.com/watch?v=F2KcZGwntgg.

[20] Smil, *Making the Modern World*, 74.

[21] "From Sand to Circuits: How Intel Makes Chips," *Intel*, date unknown.

[22] "Semiconductor Manufacturing Process," Quartz Corp, January 13, 2014; http://www.thequartzcorp.com/en/blog/2014/01/13/semiconductor-manufacturing-process/42.

[23] Konstantinos I. Vatalis, George Charalambides, and Nikolas Ploutarch Benetis, "Market of High Purity Quartz Innovative Applications," *Procedia Economics and Finance* 24 (2015): 734–42. Part of special issue: International Conference on Applied Economics, July 2–4, 2015, Kazan, Russia.

[24] Affidavit of Richard Zielke, *Unimin Corporation v. Thomas Gallo and I-Minerals USA*, Mitchell County Superior Court, North Carolina, July 25, 2014.

〔31〕 "Vanishing Lake Michigan Sand Dunes: Threats from Mining," Lake Michigan Federation, date unknown.

〔32〕 Schoon, "Sand Mining."

〔33〕 "The Largest Glass Sand Plant in the Country," *Rock Products and Building Materials*, April 7, 1914, 36.

〔34〕 Skrabec, *Michael Owens*, 80.

〔35〕 "History of Bottling," Coca-Cola Company, http://www.coca-colacompany.com/our-company/history-of-bottling.

〔36〕 Floyd, *The Glass City*, 105.

〔37〕 Vaclav Smil, *Making the Modern World: Materials and Dematerialization* (Hoboken, NJ: Wiley, 2013), 92.

〔38〕 "World Flat Glass Market Report," Freedonia Group, August 2016.

〔39〕 "About O-I," Owens-Illinois, http://www.o-i.com/about-o-i/company-facts/.

〔40〕 "World Flat Glass Market Report," Freedonia Group, August 2016.

第5章 高度技術と高純度

〔1〕 David Biddix and Chris Hollifield, *Images of America: Spruce Pine* (Mt. Pleasant, SC: Arcadia Publishing, 2009), 9.

〔2〕 Ibid., 10.

〔3〕 John W. Schlanz, "High Pure and Ultra High Pure Quartz," *Industrial Minerals and Rocks*, 7th ed. (Society for Mining, Metallurgy, and Exploration, March 5, 2006), 833–37.

〔4〕 Harris Prevost, "Spruce Pine Sand and the Nation's Best Bunkers," *North Carolina's High Country Magazine*, July 2012.

〔5〕 『パロマーの巨人望遠鏡〈上〉』D.O.ウッドベリー著、関正雄、湯澤博、成相恭二訳、岩波書店、2002年、323ページ。

〔6〕 Joel Shurkin, *Broken Genius: The Rise and Fall of William Shockley, Creator of the Electronic Age* (New York: Macmillan Science, 2006), 171.

〔7〕 Vaclav Smil, *Making the Modern World: Materials and Dematerialization* (Hoboken, NJ: Wiley, 2013), 40.

〔8〕 シリコンを精製する極度に複雑なプロセスをまとめるにあたり、2つの素晴らしい資料を参照した。1つは、エリック・ウィリアムズの『Global Production Chains and Sustainability: The case of high-purity silicon and its applications in IT and renewable energy（世界的生産チェーンと持続可能性：高純度シリコンと、ITおよび再生可能エネルギーにおける高純度シリコンの応用についての事例）』という国連大学高等研究所から2000年に出版された報告

松井信彦訳、インターシフト、2015年、168〜169ページ。
〔7〕 Macfarlane and Martin, *The Glass Bathyscaphe*, Kindle Locations 148-156.
〔8〕 Skrabec, *Owens*, 21.
〔9〕『人類を変えた素晴らしき10の材料:その内なる宇宙を探険する』マーク・ミーオドヴニク著、172〜174ページ。
〔10〕『砂』マイケル・ウェランド著、林裕美子訳、築地書館、2011年、303ページ。
〔11〕 Vincent Ilardi, *Renaissance Vision from Spectacles to Telescopes*. Memoirs of the American Philosophical Society, V. 259 (Philadelphia: American Philosophical Society, 2007), 182.
〔12〕 Macfarlane and Martin, *The Glass Bathyscaphe*, 1747–752.
〔13〕 Richard Dunn, *The Telescope: A Short History*, reprint ed. (New York: Conway, 2011), 22.
〔14〕 Ilardi, *Renaissance Vision*, 182.
〔15〕『フェルメールと天才科学者:17世紀オランダの「光と視覚」の革命』ローラ・J・スナイダー著、黒木章人訳、原書房、2019年、95ページ。
〔16〕『フェルメールと天才科学者』ローラ・J・スナイダー著、151ページ。
〔17〕『砂』マイケル・ウェランド著、26〜27ページ。
〔18〕『フェルメールと天才科学者』ローラ・J・スナイダー著、24ページ。
〔19〕 Skrabec, *Michael Owens*, 49.
〔20〕『砂』マイケル・ウェランド著、305ページ。
〔21〕 Floyd, *The Glass City*, 18–19.
〔22〕 Ibid., 1.
〔23〕 Skrabec, *Michael Owens*, 124.
〔24〕 Floyd, *The Glass City*, 28–29.
〔25〕 Skrabec, *Michael Owens*, 14–15.
〔26〕 Ibid., 14–15 and 88–89.
〔27〕 "The American Society of Mechanical Engineers Designates the Owens 'AR' Bottle Machine as an International Historic Engineering Landmark," *American Society of Mechanical Engineers*, May 17, 1983;
（こちらからダウンロード可能：https://www.utoledo.edu/library/canaday/exhibits/oi/OIExhibit/5612.pdf）
〔28〕 Floyd, *The Glass City*, 48.
〔29〕 "Sand and Gravel (Industrial) Statistics," US Geological Survey, 2016.
〔30〕 Kenneth Schoon, "Sand Mining in and around Indiana Dunes National Lake Shore," National Parks Service, May 2015. https://www.nps.gov/rlc/greatlakes/sand-mining-in-indiana-dunes.htm.

[57] Lewis, *Divided Highways*, 115–120.

[58] "Our Nation's Highways 2011," Federal Highway Administration, 25.
（こちらからダウンロード可能：https://www.fhwa.dot.gov/policyinformation/pubs/hf/pl11028/onh2011.pdf）

[59] "Roads," Encyclopedia.com, http://www.encyclopedia.com/topic/Roads.aspx.

[60] "Our Nation's Highways," 36.

[61] Ibid., 44.

[62] Mark S. Kuhar and Josephine Smith, "Rock Through the Ages: 1896–2016," *Rock Products*, July 13, 2016; http://www.rockproducts.com/features/15590-rock-through-the-ages-1896-2016.html#.WAL4kJMrLdQ.

[63] "U.S. Swimming Pool and Hot Tub Market 2015," Association of Pool and Spa Professionals.

[64] "Sand and Gravel (Construction) Statistics," US Geological Survey, April 1, 2014.

[65] "Rock Products 120th Anniversary," *Rock Products*, December 22, 2015; https://www.rockproducts.com/blog/120th-anniversary/14999-rock-products-120th-anniversary-part-6.html.

[66] "Our Nation's Highways," 4.

[67] "Traffic Gridlock Sets New Records for Traveler Misery," Texas A&M University press release, August 26, 2015.

[68] "Global Land Transport Infrastructure Requirements," International Energy Agency, 2013, 12.
（こちらからダウンロード可能：http://www.slocat.net/sites/default/files/transportinfrastructureinsights.pdf）

[69] Ibid., 6.

第4章 なんでも見えるようにしてくれるもの

[1] John Douglas, "Glass Sand Mining," *e-WV: The West Virginia Encyclopedia*, August 7, 2012.
（記事はこちら：https://www.wvencyclopedia.org/articles/2117）

[2] Quentin Skrabec Jr., *Michael Owens and the Glass Industry* (Gretna, LA: Pelican, 2006), 66.

[3] Ibid., 76–78.

[4] Barbara L. Floyd, *The Glass City: Toledo and the Industry That Built It* (Ann Arbor: University of Michigan Press, 2014), 49–50.

[5] さまざまな種類のガラスの製造について詳しい説明は以下を参照のこと。Alan Macfarlane and Gerry Martin, *The Glass Bathyscaphe: How Glass Changed the World* (Profile Books, 2011), Appendix 1

[6] 『人類を変えた素晴らしき10の材料：その内なる宇宙を探険する』マーク・ミーオドヴニク著、

[36] Kurt Snibbe, "Back in the Day: Road Camp Prisoners Built Roads," *The Press-Enterprise*, January 18, 2013, and "History of the North Carolina Correction System," North Carolina Department of Public Safety, http://www.doc.state.nc.us/admin/page1.htm.

[37] Mark S. Foster, *Henry J. Kaiser: Builder in the Modern American West* (Austin: University of Texas Press, 2012), 5, 7.

[38] Wes Starratt, "Sand Castles," *San Francisco Bay Crossings*, June 2002; http://www.baycrossings.com/dispnews.php?id=1083.

[39] Foster, *Henry J. Kaiser*, 10.

[40] Albert P. Heiner, *Henry J. Kaiser: Western Colossus* (Halo Books, 1991), 6–7.

[41] "Six Million Dollar Arroyo Parkway Opened," *Los Angeles Times*, December 31, 1940; and "A Look at the History of the Federal Highway Administration," Federal Highway Administration, https://www.fhwa.dot.gov/byday/fhbd1230.htm.

[42]『ヒトラーの戦争 下巻』デイヴィッド・アービング著、赤羽龍夫訳、早川書房、1983年、341ページ。

[43] Eisenhower, *At Ease*, 166–7.

[44] ルイス（Lewis）もスウィフト（Swift）も全国的な幹線道路網をめぐる運動の歴史についてかなり掘り下げた議論をしている。

[45] Richard F. Weingroff, "The Year of the Interstate," *Public Roads*, January–February 2006.

[46] "The Size of the Job," *Highway History*, Federal Highway Administration, https://www.fhwa.dot.gov/infrastructure/50size.cfm.

[47] Wallace W. Key, Annie Laurie Mattila, "Sand and Gravel," *Minerals Yearbook 1958*, US Bureau of Mines.

[48] 著者による取材と次の記事を参照した。"Rogers Group at 100," *Aggregates Manager*, November 1, 2008.

[49] Swift, *The Big Roads*, 3002.

[50] Lewis, *Divided Highways*, 2532.

[51] Swift, *The Big Roads*, 3663.

[52] "The Interstate Highway System—Facts & Summary," *History.com*, http://www.history.com/topics/interstate-highway-system.

[53] Weingroff, "The Year of the Interstate."

[54] "Interstate Frequently Asked Questions," Federal Highway Administration, http://www.fhwa.dot.gov/interstate/faq.cfm.

[55] Ibid., and Swift, *The Big Roads*, 3848.

[56] "The United Nations and Road Safety," United Nations, http://www.un.org/en/roadsafety/.

[13] Rickie Longfellow, "Back in Time: Building Roads," *Highway History*, Federal Highway Administration, https://www.fhwa.dot.gov/infrastructure/back0506.cfm.

[14] Petroski, *The Road Taken*, 3–4.

[15] "Learn About Asphalt," BeyondRoads.com, Asphalt Education Partnership, http://www.beyondroads.com/index.cfm?fuseaction=page&filename=history.html.

[16] Peter Mikhailenko, "Valorization of By-products and Products from Agro-Industry for the Development of Release and Rejuvenating Agents for Bituminous Materials," unpublished doctoral thesis, Université de Toulouse, 2015, 13.

[17] Carole Simm, "The History of the Pitch Lake in Trinidad," *USA Today*, http://traveltips.usatoday.com/history-pitch-lake-trinidad-58120.html.

[18] Maxwell Gordon Lay, "Roads and Highways," *Encyclopedia Britannica*, https://www.britannica.com/technology/road.

[19] Bill Davenport, Gerald Voigt, and Peter Deem, "Concrete Legacy: The Past, Present, and Future of the American Concrete Pavement Association," American Concrete Pavement Association, 2014, 11.

[20] "How flat can a highway be?" Portland Cement Association, 1959.

[21] "The United States has about 2.2 million miles of paved roads…" Asphalt Pavement Alliance, http://www.asphaltroads.org/why-asphalt/economics/.

[22] "World Asphalt (Bitumen)," Freedonia Group, November 2015.

[23] Swift, *The Big Roads*, 457.

[24] Lewis, *Divided Highways*, 719–21.

[25] "Highways," Portland Cement Association, http://www.cement.org/concrete-basics/paving/concrete-paving-types/highways.

[26] Swift, *The Big Roads*, 197–203.

[27] Ibid., 247–53.

[28] Lewis, *Divided Highways*, 1042–44.

[29] Davenport, et al., "Concrete Legacy," 13.

[30] Lewis, *Divided Highways*, 339–49, 532.

[31] "Land Reclamation and Highway Development Must Go Together," *Water & Sewage Works*, Vol. 55 (Scranton Publishing Company, 1918).

[32] J. D. Pierce, "Sand and Gravel in Illinois," *The National Sand and Gravel Bulletin*, 1921, 29.

[33] Davenport, et al., "Concrete Legacy," 17.

[34] "Roads," Encyclopedia.com, http://www.encyclopedia.com/topic/Roads.aspx

[35] Lewis, *Divided Highways*, 971–73.

Construction History, 2014. https://www.jstor.org/stable/43856074?seq=1#page_scan_tab_contents.
〔53〕 L. W.-C. Lai, K. W. Chau, and F. T. Lorne, "The Rise and Fall of the Sand Monopoly in Colonial Hong Kong," *Ecological Economics* 128 (2016): 106–116.
〔54〕 "Hoover Dam Aggregate Classification Plant," *Historic American Engineering Record*, July 2009, 13.
〔55〕 "Hoover Dam Aggregate Classification Plant," 8.
〔56〕 Courland, *Concrete Planet*, 3511–512.
〔57〕 Megan Chusid, "How One Simple Material Shaped Frank Lloyd Wright's Guggenheim," https://www.guggenheim.org/blogs/checklist/how-one-simple-material-shaped-frank-lloyd-wrights-guggenheim.

第3章 善意で舗装された道はどこに続くのか

〔1〕 Dwight D. Eisenhower, *At Ease: Stories I Tell to Friends* (Doubleday, 1967), 155.
〔2〕 Christopher Klein, "The Epic Road Trip That Inspired the Interstate Highway System," *History*, https://www.history.com/news/the-epic-road-trip-that-inspired-the-interstate-highway-system.
〔3〕 Eisenhower, *At Ease*, 157.
〔4〕 "Highways History, Part 1," *Greatest Engineering Achievements of the 20th Century*, National Academy of Engineering, http://www.greatachievements.org/?id=3790.
〔5〕 Henry Petroski, *The Road Taken: The History and Future of America's Infrastructure* (New York: Bloomsbury, 2016), 43.
〔6〕 Eisenhower, *At Ease*, 158.
〔7〕 Dwight D. Eisenhower, "Eisenhower's Army Convoy Notes 11-3-1919"; https://www.fhwa.dot.gov/infrastructure/convoy.cfm.
〔8〕 Earl Swift, *The Big Roads: The Untold Story of the Engineers, Visionaries, and Trailblazers Who Created the American Superhighway* (Boston: Houghton Mifflin Harcourt, 2011), Kindle Location 1006.
〔9〕 Eisenhower, *At Ease*, 167.
〔10〕 Vaclav Smil, *Making the Modern World: Materials and Dematerialization* (Hoboken, NJ: Wiley, 2013), 54.
〔11〕 "Materials in Use in U.S. Interstate Highways," US Geological Survey, October 2006.
〔12〕 Tom Lewis, *Divided Highways: Building the Interstate Highways, Transforming American Life* (Ithaca, NY: Cornell University Press, 2013), 2.

[28] Reyner Banham, *A Concrete Atlantis: U.S. Industrial Building and European Modern Architecture* (Boston: MIT Press, 1989), 2.

[29] Ransome and Saurbrey, *Reinforced Concrete Buildings*, 163–64.

[30] Wermiel, "California Concrete," 7.

[31] "Would Prohibit Concrete Buildings," *Los Angeles Times*, October 23, 1905.

[32] *The Brickbuilder* 15, no. 5 (May 1906).

[33] Bekins Company History, http://www.fundinguniverse.com/company-histories/bekins-company-history/.

[34] Courland, *Concrete Planet*, 4522–524.

[35] Ibid., 4433–440.

[36] Ibid., 4432–433, 4475, 4504–518, 4547, 4556.

[37] Wm. Hom Hall, "Some Lessons of the Earthquake and Fire," *San Francisco Chronicle*, June 1, 1906.

[38] "Blow Aimed at Concrete," *Los Angeles Times*, June 13, 1906.

[39] "Building May Be Retarded," *San Francisco Chronicle*, March 3, 1907.

[40] "The Cement Age," *Healdsburg Tribune*, February 28, 1907.

[41] Wermiel, "California Concrete," 7

[42] C. C. Carlton, "Edison Tells How a House Can Be 'Cast,' " *San Francisco Call*, December 23, 1906.

[43] Courland, *Concrete Planet*, 3447–449.

[44] "The Advantages and Limitations of Reinforced Concrete," *Scientific American*, May 12, 1906, 383.

[45] Amy E. Slaton, *Reinforced Concrete and the Modernization of American Building, 1900–1930* (Baltimore, MD: Johns Hopkins University Press, 2001), 19.

[46] "Conquest of Mixture Soon to Be Complete," *Los Angeles Herald*, November 15, 1908.

[47] Tom Lewis, *Divided Highways: Building the Interstate Highways, Transforming American Life* (Ithaca, NY: Cornell University Press, 2013), Kindle Location 1064.

[48] "Sand and Gravel (Construction) Statistics," US Geological Survey, http://minerals.usgs.gov/minerals/pubs/historical-statistics/ds140-sandc.pdf.

[49] "Nassau County Growth," *New York Times*, June 23, 1912.

[50] Sidney Redner, "Distribution of Populations," http://physics.bu.edu/~redner/projects/population/cities/chicago.html.

[51] Joan Cook, "Henry Crown, Industrialist, Dies," *New York Times*, August 16, 1990.

[52] Edwin A. R. Trout, "The German Committee for Reinforced Concrete, 1907–1945,"

〔7〕 Earl Swift, *The Big Roads: The Untold Story of the Engineers, Visionaries, and Trailblazers Who Created the American Superhighways* (Boston: Houghton Mifflin Harcourt, 2011), Kindle Edition, 85.

〔8〕 Courland, *Concrete Planet*, Kindle Locations 1248–1252, 1383, 1421.

〔9〕『人類を変えた素晴らしき10の材料：その内なる宇宙を探険する』マーク・ミーオドヴニク著、76ページ。

〔10〕同上、77ページ

〔11〕"Cement Manufacturing Basics," Lehigh Hanson, http://www.lehighhanson.com/learn/articles.

〔12〕Courland, *Concrete Planet*, 2033–2089, 2157, 2325.

〔13〕"The Thames Tunnel," Brunel Museum, http://www.brunel-museum.org.uk/history/the-thames-tunnel/.

〔14〕Vaclav Smil, *Making the Modern World: Materials and Dematerialization* (Hoboken, NJ: Wiley, 2013), 28.

〔15〕Courland, *Concrete Planet*, 2755.

〔16〕"Cement Statistical Compendium," US Geological Survey, https://minerals.usgs.gov/minerals/pubs/commodity/cement/stat/.

〔17〕Courland, *Concrete Planet*, 3005–3008.

〔18〕『人類を変えた素晴らしき10の材料：その内なる宇宙を探険する』マーク・ミーオドヴニク著、79〜80ページ。

〔19〕Courland, *Concrete Planet*, 3112と、『人類を変えた素晴らしき10の材料：その内なる宇宙を探険する』マーク・ミーオドヴニク著、79ページ。

〔20〕『人類を変えた素晴らしき10の材料：その内なる宇宙を探険する』マーク・ミーオドヴニク著、79〜80ページ。

〔21〕Sara Wermiel, "California Concrete, 1876–1906: Jackson, Percy, and the Beginnings of Reinforced Concrete Construction in the United States," *Proceedings of the Third International Congress on Construction History*, May 2009.

〔22〕Ernest Ransome and Alexis Saurbrey, *Reinforced Concrete Buildings* (New York: McGraw-Hill, 1912), 1.

〔23〕Bay Area Census, http://www.bayareacensus.ca.gov/counties/SanFranciscoCounty40.htm.

〔24〕Courland, *Concrete Planet*, 3190.

〔25〕"A Boom in the Artificial Stone Trade," *San Francisco Chronicle*, December 24, 1885.

〔26〕Wermiel, "California Concrete," 2–4.

〔27〕Ransome and Saurbrey, *Reinforced Concrete Buildings*, 3.

[36] Ibid., 60, 80.

[37] D. Padmalal and K. Maya, *Sand Mining: Environmental Impacts and Selected Case Studies* (New York: Springer, 2014), 40, 60, and Kondolf, et al., "Freshwater Gravel Mining and Dredging Issues." 62, 65.

[38] "Heavy Machinery Miyun Pirates…," *The Beijing News*, December 21, 2015; http://epaper.bjnews.com.cn/html/2015-12/21/content_614577.htm?div=-1

[39] "Sand mining a trigger for crocodile attacks," *The Times of India*, March 15, 2017; http://timesofindia.indiatimes.com/city/kolhapur/sand-mining-a-trigger-for-croc-attacks/articleshow/57638419.cms.

[40] "Attorney General Lockyer Files $200 Million Taxpayer Lawsuit Against Bay Area 'Sand Pirates,' " official press release, October 24, 2003; https://oag.ca.gov/news/press-releases/attorney-general-lockyer-files-200-million-taxpayer-lawsuit-against-bay-area.

[41] ニューヨーク州環境保護局ビル・フォンダへの2017年3月2日のインタビューより。

[42] Peduzzi, "Sand, rarer than one thinks," 7, and Orrin H. Pilkey and J. Andrew G. Cooper, *The Last Beach* (Durham, NC: Duke University Press, 2014), 32.

[43] 下記記事における引用より。"A shore thing: An improbable global shortage: sand," *The Economist*, March 30, 2017; https://www.economist.com/ news/finance-and-economics/21719797-thanks-booming-construction-activity-asia-sand-high-demand.

[44] パレラム・チャウハンの事件についての詳細の大部分は、彼の家族への取材と彼らが提供してくれた裁判資料に基づいている。

[45] "Site visit to ascertain the factual position of illegal sand mining in Gautam Budh Nagar, Uttar Pradesh," official report, August 8, 2013.

第2章 都市の骨格

[1] "The San Francisco Earthquake, 1906," *EyeWitness to History*, www.eyewitnesstohistory.com (1997).

[2] Robert Courland, *Concrete Planet: The Strange and Fascinating Story of the World's Most Common Man-Made Material* (Amherst, NY: Prometheus Books, 2011), Kindle Location 1881.

[3] 『砂』マイケル・ウェランド著、林裕美子訳、築地書館、2011年、286ページ。

[4] 『人類を変えた素晴らしき10の材料：その内なる宇宙を探険する』マーク・ミーオドヴニク著、松井信彦訳、インターシフト、2015年、75ページ。

[5] Courland, *Concrete Planet*, Kindle Location 1009.

[6] Courland, *Concrete Planet*, Kindle Locations 992–994.

[15]『砂』マイケル・ウェランド著、6〜33ページ。
[16]『砂の科学』レイモンド・シーバー著、56ページ。
[17] Thomas Dolley, "Sand and Gravel: Industrial," *US Geological Survey Mineral Commodity Summaries*, January 2016, 144–45.
[18] "What Is Industrial Sand?" National Industrial Sand Association, http://www.sand.org/page/industrial_sand.
[19]『砂』マイケル・ウェランド著、22ページ。
[20] Jason Christopher Willett, "Sand and Gravel (Construction)," *US Geological Survey Mineral Commodity Summaries*, January 2017, 142.d/mining/usgs sand construct 2016.
[21] "Annual Review 2015–2016," European Aggregates Association, 4.
[22] "Specialty Sands," Cemex, http://www.cemexusa.com/ProductsServices/LapisSpecialtySands.aspx.
[23] Denis Cuff, "State sued over sand mining in San Francisco Bay," *East Bay Times*, January 31, 2017.
[24] Erwan Garel, Wendy Bonne, and M. B. Collins. "Offshore Sand and Gravel Mining," *Encyclopedia of Ocean Sciences, 2nd ed.*, John Steele, Steve Thorpe, and Karl Turekian, eds. (New York: Academic Press, *2009*), 4162–170.
[25] "The Mineral Products Industry at a Glance," Mineral Products Association, 2016, 10.
[26] Garel, et al., "Offshore Sand and Gravel Mining," 3.
[27] G. Mathias Kondolf, et al., "Freshwater Gravel Mining and Dredging Issues," *White Paper Prepared for Washington Department of Fish and Wildlife*, April 4, 2002, 49, 64.
[28] Peduzzi, "Sand, rarer than one thinks," 4.
[29] Global Witness, "Shifting Sand," May 2010, 18.
[30] Wildlife Conservation Society Cambodia, "Cambodia's Royal Turtle Facing Increased Threats to Survival," https://cambodia.wcs.org/About-Us/Latest-News/articleType/ArticleView/articleId/8888/Cambodias-Royal-Turtle-Facing-Increased-Threats-to-Survival.aspx.
[31] Kondolf, et al., "Freshwater Gravel Mining and Dredging Issues," 71, 81–88.
[32] Felicity James, "NT sand mining destroying environmentally significant area without impact assessment, EPA confirms," ABC News, November 1, 2015; http://www.abc.net.au/news/2015-11-01/no-environmental-assessment-of-nt-sand-mining/6901840.
[33] Kiran Pereira, "Curbing Illegal Sand Mining in Sri Lanka," *Water Integrity in Action* report, 2013, 14–15.
[34] Supreme Court of India, *Deepak Kumar and Others v. State of Haryana and Others*, 2012.
[35] Kondolf, et al., "Freshwater Gravel Mining and Dredging Issues," 108.

原註

本書を執筆する調査の過程で、100人以上にインタビューし、1000を超える研究や報告書、ニュース記事、その他の資料に目を通しながら作業を進めてきた。特に明記しない限り、すべての引用には、対面または電話でのインタビューの発言を使用している。注釈は、特に信じがたい事実関係、議論のあるもの、あるいは読者による確認が困難かもしれないと考えられる場合に限定した。

第1章　世界で最も重要な固体

〔1〕 "World Construction Aggregates," Freedonia Group, 2016.

〔2〕『砂』マイケル・ウェランド著、林裕美子訳、築地書館、2011年、6～8ページ。

〔3〕『砂』マイケル・ウェランド著、293ページ。

〔4〕 Tom's of Maine, "*Hydrated Silica*," http://www.tomsofmaine.com/ingredients/overlay/hydrated-silica; American Dental Association, "Oral Health Topics-Toothpastes," http://www.ada.org/en/science-research/ada-seal-of-acceptance/product-category-information/toothpaste.

〔5〕 Pascal Peduzzi, "Sand, rarer than one thinks," *United Nations Environment Programme Report*, March 2014, 3.
（こちらからダウンロード可能：https://archive-ouverte.unige.ch/unige:75919）

〔6〕 "World Construction Aggregates," 2016.

〔7〕 United Nations Department of Economic and Social Affairs, "World Urbanization Prospects," 2014.

〔8〕 Peduzzi, "Sand, rarer than one thinks," 1.

〔9〕 Ana Swanson, "How China used more cement in 3 years than the U.S. did in the entire 20th Century." *Washington Post*, March 24, 2015. https://www.washingtonpost.com/news/wonk/wp/2015/03/24/how-china-used-more-cement-in-3-years-than-the-u-s-did-in-the-entire-20th-century/?utm_term=.bbae0f4bc08a.

〔10〕『砂』マイケル・ウェランド著、309～310ページ。

〔11〕 Peduzzi, "Sand, rarer than one thinks," 6.

〔12〕『砂の科学』レイモンド・シーバー著、立石雅昭訳、東京化学同人、1995年、18ページ。

〔13〕『砂』マイケル・ウェランド著、25ページ。

〔14〕『人類を変えた素晴らしき10の材料：その内なる宇宙を探険する』マーク・ミーオドヴニク著、松井信彦訳、インターシフト、2015年、167ページ。

著者略歴

ヴィンス・バイザー（VINCE BEISER）

ジャーナリスト。『WIRED』、『ハーパーズ』、『アトランティック』、『マザー・ジョーンズ』、そして『ニューヨーク・タイムズ』をはじめとする雑誌や新聞に寄稿している。カリフォルニア大学バークレー校の出身で、現在ロサンゼルスで暮らしている。

訳者略歴

藤崎百合（ふじさき・ゆり）

高知県生まれ。名古屋大学理学部物理学科卒業。同大学大学院人間情報学研究科にて博士課程単位取得退学。技術系企業や図書館での勤務を経て、技術文書や人道支援活動に関する資料の翻訳、字幕翻訳などに携わってきた。近年は、科学や映画に関する書籍の翻訳が中心となっている。訳書に『すごく科学的』、『ディープラーニング革命』、『生体分子の統計力学入門』（共訳）などがある。

装　丁　木庭貴信＋岩元　萌（オクターヴ）
翻訳協力　株式会社トランネット
編集協力　品川　亮

砂と人類

いかにして砂が文明を変容させたか

二〇二〇年三月四日　第一刷発行

著　者　ヴィンス・バイザー
訳　者　藤崎百合
発行者　藤田　博
発行所　株式会社　草思社
〒一六〇-〇〇二二
東京都新宿区新宿一-一〇-一
電話［営業］〇三（四五八〇）七六七六
［編集］〇三（四五八〇）七六八〇
印刷所　中央精版印刷　株式会社
製本所　大口製本印刷　株式会社

ISBN978-4-7942-2444-6　Printed in Japan
http://www.soshisha.com/　検印省略